인간은
의례를
갈망한다

RITUAL
by Dimitris Xygalatas

Korean translation edition is published by arrangement with
Profile Books, Ltd. through EYA.

인간은 의례를 갈망한다

삶을 의미 있게 만드는 리추얼의 모든 것

디미트리스 지갈라타스

김미선 옮김

민음사

부모님께

차례

일러두기

1 단행본은『 』로, 논문, 기사, 영화 등 개별 작품은「 」로, 잡지 등 연속간행물은《 》로 표시했다.

2 외래어 표기는 국립국어원의 외래어 표기법을 따랐으며 일부 관례로 굳어진 것은 예외로 두었다.

1장

의례에는 이유가 없다

에게해의 조그만 그리스 섬 티노스. 피레우스에서 출발한 여객선이 매일 이곳 주 항구로 부르르 떨며 들어온다. 물가에는 회칠한 상자처럼 늘어선 하얀 집들이 그 뒤로 불쑥 솟은 황톳빛 거친 언덕과 극명한 대비를 이룬다. 여행객들이 통로를 따라 쏟아져 나오자 트럭과 승용차 몇몇도 털털거리며 아래 갑판을 빠져나온다. 부둣가의 택시 운전사들과 여행사 직원들은 호텔 이름이 적힌 표지판을 든 채 여행객 주위로 모여들고 다른 이들은 막판 방값 흥정에 나선다. 어느 틈에 관광객들 대부분은 인근 해변과 박물관으로 홀연히 사라진다. 그러면 이제 휴가 분위기가 묘하게 반전된다.

대부분 검은 옷을 입은 나머지 방문객들은 다른 속도로 움직인다. 그들은 엄숙하고 결연해 보인다. 부둣가에 모이자마자 하나둘 손과 무릎을 짚고 기어서 시내 중심가를 통과하기 시작한다. 일부는 배를 대고 엎드려 팔꿈치를 써서 몸을 앞으로 끈다. 다른 이들은 길에 가로눕더니 몸을 비틀고 뒤집고 팔꿈치로 밀어 끌면서 거의 시시포스처럼 가파른 언덕을 굴러 올라간다. 한 여자는 기운 없이 주저앉았는데, 남자 둘이 팔을 붙들고 질질 끌고 간다. 작은 아이를 등에 업고 네 발로 다니는 사람도 있다.

때는 한여름. 그늘은 드물고 자갈길은 햇빛에 달궈져 있다. 가파른 경사면을 조금씩 오르면서 피가 흐르는 무릎과 팔꿈치, 그슬린 손발, 멍든 몸뚱이와 고통에 찬 얼굴 따위가 전쟁터의 광경을 방불케 한다. 많은 사람이 더위에 지쳐 쓰러진다. 하지만 그들은 계속 나아간다. 동행한 가족이 달려와 물을 주면 정신을 차리고 등정을 이어 간다.

목적지는 티노스의 성모마리아 정교회다. 언덕 꼭대기에 우뚝 선 이 눈부신 사원은 인근 델로스섬에서 들여온 흰 대리석으로 전체를 지었다. 수많은 아치형 주랑 현관과 난간동자 조각, 화려하게 장식한 창문으로 에워싸인 외양은 멀리서 보면 최고급 자수 레이스 같다. 전설에 따르면 1823년 이 지역 수녀가 예지몽을 꾸었고, 꿈에 본 장소에서 고대 성상을 찾았다고 한다. 성상을 안치하고자 같은 장소에 지은 교회는 머지않아 주요한 성지 순례지가 되었다. 기적을 행한다고 소문난 이 성상을 보러 해마다 세계 각지에서 사람들이 떼 지어 모여든다.

순례자들은 손과 무릎으로 언덕 꼭대기에 도달한 후에도 두 무더기의 대리석 계단을 더 올라야만 성상에 경의를 표할 수 있다. 정교하게 세공한 성상은 수태 고지를 묘사한다. 하지만 방문객들이 바친 보석으로 완전히 뒤덮여 거의 보이지 않는다. 천장에는 맹세와 기적을 상기시키는 은제 봉헌물이 수백 개 매달려 있다. 심장, 다리, 눈(目), 요람, 배(船)가 대롱대롱 흔들린다.

무의미해 보이는 이 고행의 장면은 주목할 만할지 모르지만 이에 비견되는 것들이 온 세계에서 발견된다. 중동의 시아파 이슬람교도는 이맘 후세인의 순교를 애도하고자 칼로 살을 벤다. 필리핀의 가톨릭교도는 예수 그리스도의 고난을 기념하기 위해 손바닥과 발바닥에 못을 박는다. 태국의 도교 신자가 기념하는 구황대제(九皇大祭)에서는 칼과 꼬챙이부터 사슴뿔과 우산에 이르기까지 무엇으로든 피를 내고 몸을 찔러 중국 신에게 존경을 표한다. 과거 중앙아메리카의 마야인이 행한 사혈 의식에서는 남자들이 가오리 가시로 음경을 찔렀다. 그리고 오늘날 미국 애팔래치아 남부 주의 오순절파는 교회에서 독사를 다루며 무아지경으로 춤을 춘다. 꼬리에 매달린 뱀은 언제든 마음껏 공격할 수 있고, 실제로 종종 그런다. 뱀을 다루던 사람 중 지금껏 기록된 사망자만 100명이 넘는다. 하지만 이런 관행은 대개 은밀하게 이뤄지므로 실제 숫자는 훨씬 많을 수 있다. 이러한 공동체를 연구해 온 사회심리학자 랠프 후드는 말한다. "뱀을 다루는 교회에 가면 어디든 손이 마비된 사람, 손가락이 없는 사람을 볼 수 있다. 뱀을 다루는 가족은 모두 그런 일을 겪어 왔다."[1]

이 밖에 세계 곳곳에서 사람들은 고통은 덜하나 대가가

전혀 적지 않은 의례에 참여한다. 티베트 승려는 조용히 사색하는 삶을 위해 세상과 담 쌓은 채 명상을 완벽히 실천하려 수십 년간 노력한다. 전 세계 이슬람교도는 라마단 기간에 해가 뜰 때부터 질 때까지 먹지도 마시지도 않으며, 인도의 결혼 의식은 꼬박 일주일간 계속될 수 있다. 준비에만 여러 달이 걸리고 하객은 수백 수천 명에 이른다. 일반적인 가정은 비용을 감당하지 못한다. 인도의 NGO인 진보적 마을 사업과 사회복지 연구소는 전체 인도 가정의 60퍼센트 이상이 자녀의 결혼 자금을 대기 위해 대금업자에게 의존한다고 추산한다. 이율이 터무니없이 높기 일쑤인 이런 융자를 보증할 수단이 없는 사람들은 빚을 갚으려 어쩔 수 없이 종살이로 들어가곤 한다.[2]

지금껏 나는 종교적 의식만 언급했다. 그러나 의례는 사실상 모든 인간 사회 제도의 핵심이다. 의사봉을 두드리는 판사나 취임 선서를 하는 신임 대통령을 생각해 보자. 군대, 정부, 기업은 입대식, 퍼레이드, 값비싼 헌신의 표현으로 의식을 행한다. 중요한 경기에서 늘 같은 양말을 신는 운동선수도, 판돈이 클 때 주사위에 입을 맞추거나 행운의 부적에 매달리는 도박꾼도 마찬가지다. 그리고 일상에서 축배를 들거나 졸업식에 참석하거나 생일 축하 모임을 할 때 우리 한 사람 한 사람이 의례를 실천한다. 의례의 욕구는 원시적이며, 앞으로 살펴보겠지

1 Handwerk(2003).

2 https://www.pgsindia.org/SinglePage.php?PageID=15

만 인류 문명에서 중추적 역할을 했을 것이다.

하지만 당장 명백한 이득도 없이 유형의 대가만 뒤따르는 이런 행동에 관여하도록 우리를 몰아가는 것은 무엇일까? 그리고 이런 활동은 대체로 목적이 불분명한데도 왜 그토록 의미심장하게 여겨지곤 할까?

*

몇 년 전 덴마크에서 교환 학생으로 있던 시절 나는 코펜하겐의 명소인 뉘 칼스버그 글립토테크 미술관을 찾았다. 고대 지중해 문화의 유물이 포함된 골동품 사이를 거닐던 중 미국에서 온 고고학과 학생 일행을 마주쳤다. 그들은 전시물에 대해 논평하는 키 크고 정력적인 중년의 여성 교수를 에워싸고 있었다. 교수의 열정은 전염성이 있어 학생들은 그가 말해 줄 모든 것에 주의와 관심을 쏟는 듯 보였다. 나는 그들을 따라가 공짜 가이드에 편승하기로 했다.

교수는 소크라테스식 문답법으로 알려진 방법을 사용하고 있었다. 다시 말해 그저 강연하기보다 학생들이 이미 아는 지식을 살피고 새롭게 추론하도록 돕고자 질문을 던졌다. 다양한 물건을 가리키며 그 기원과 용도에 대해 논의하던 끝에 교수는 이상하게 생긴 고대 그리스산 토기 쪽을 향했다. "이건 뭘까?" 그가 물었다. 학생들은 어리둥절한 모양이었다. 그 물건은 속이 빈 뿔 모양인데 너무 작고 바닥에 구멍도 있으니 분명 잔은 아니었다. 세밀하게 장식적으로 조각되었지만 분명 그것을 만드는 데 들었을 갖은 노력에도 불구하고 쓸모라고는 없어 보였다. 교수는 몸을 돌려 한 학생을 꼭 집어 물었다. "자네는 이것이 무슨 용도라고 생각하지? 무엇을 **위한** 물건일까?" 학생은 당황한 얼굴로 "모르겠습니다."라고 대답했다. "모른다는군." 하고 교수가 되풀이해 말했다. "그렇다면 물건의 기능이 뭔지 모를 때 우린 뭐라고 하지?" 학생의 얼굴이 갑자기 환해졌다. "제례용이라고 합니다!" 그가 외쳤다. "맞아, 이건 제례용이야!" 가르친 사람이 흐뭇하게 말했다. "아마도 어떤 의식의 맥락에서 쓰였을 거야."

교수의 대답은 나의 심금을 울렸다. 의례는 참으로 인간의 보편적인 특성이라는, 인간 본성에서 가장 호기심을 자아내는 측면을 확인시켜 주었기 때문이다. 단 하나의 예외 없이 과거와 현재를 막론하고 모든 인간 사회에는 인생에서 문턱을 넘는 순간을 표시하는 고도로 짜여지고 공식화되고 정확하게 집행되는 행동을 수반한 다양한 전통이 있다. 우리가 의례라 부르는 이런 행동은 명시적인 용도가 전혀 없거나, 설령 있더라도 언급되는 목표가 그것을 달성하기 위해 착수하는 행위와 인과적으로 분리되어 있다. 기우제 춤을 춘다고 하늘에서 물이 떨어지지는 않는다. 저주 인형 찌르기로는 멀리 있는 사람을 해치지 못하고, 타로 점술가가 믿을 만하게 예측하는 것이라고는 상담 후 당신 지갑이 가벼워지리라는 점뿐이다. 교수가 힘든 노동이 필요한 물건에 명백한 기능이 없으니 아마도 의례적 목적에 이바지했으리라 추론한 까닭은 바로 이 수단과 목표 사이의 공백에 있었다.

모든 종류의 의례는 이 영문 모를 행위와 목표의 괴리에도 불구하고 수천 년 동안 존속해 왔다. 실은 아무리 세속적인 사회에서도, 또 우리가 알든 모르든 의례는 먼 과거와 마찬가지로 오늘날에도 흔하다. 나무 두드리기(knocking on wood, "Knock on wood!"라고 말하거나 실제 나무로 된 물건을 두드려 행운이 계속되기를 비는 영어권의 관용적 표현 — 옮긴이)부터 소리 내어 기도하기까지, 신년 하례부터 대통령 취임식까지 의례는 우리의 사적, 공적 생활의 중요한 측면마다 속속들이 퍼져 있다. 그리고 종교적 맥락에서 수행하든 세속적 맥락에서 수행하든 의례는 의미와 중요성이 깊이 주입된, 인간 활동을 통틀어 가장 특별한 것 중 하나다.

이런 특징은 습관처럼 덜 특별한 다른 행위와 의례를 구별되도록 한다. 둘 다 고정된 반복적 패턴을 동반한다는 점에서 정형화된 행동이지만, 습관은 이런 동작이 세상에 직접적 결과를 낳는 데 반해 의례는 그런 동작이 상징적 의미를 지니며 보통 그 자체를 위해 수행된다. 우리가 잠자리에 들기 전에 이를 닦는 습관을 들일 때 이 행위의 목표는 그것의 즉각적 기능에 있다. 말하자면 그 행위는 **인과적으로 투명하다**. 상징적인 솔을 허공에 흔드는 행동은 치아를 깨끗하게 유지하는 데 도움이 되지 않을 것이다. 습관은 이런 과정을 하나의 루틴으로 바꾸어 우리가 그 행동을 생각 없이 규칙적으로 수행하게 한다.

반면에 의례는 **인과적으로 불투명하다**. 의례는 집중과 주의를 요구하는데, 이는 의례란 정확하게 집행되어야 하며 정확한 수행을 위해 기억해야 하는 상징적 동작을 포함하기 때문이다. 실례로 그리스 정교의 결혼식에서 신랑 신부의 들러리는 결혼반지를 교환하여 신부와 신랑의 손가락에 끼우고, 머리에 왕관 씌우기를 세 번 반복한다. 사제는 세 가지 기도문을 읽어야 하고 부부는 같은 잔에 따른 포도주를 세 모금 마시고 제단을 세 번 돌아야 한다. 이 동작들은 글자 그대로 따라야 하는 한 시간 길이의 정교한 절차 중 일부일 뿐이며, 정확도를 높이려면 까다로운 지도와 예행 연습이 필요하다. 공교롭게도 그중 법적으로 중요한 동작은 하나도 없다. 다시 말해 두 사람을 기혼자로 만드는 것은 법적 서류에 서명하기와 도장 찍기 같은 다른 절차다. 하지만 결혼 의식의 상징주의와 겉치레는 그 행사를 중대하고 기억할 만한 것으로 만드는 요인이며, 우리는 결혼을 입증하는 것이 서류 작업이 아닌 의례라는 인상을 받는다. 습관은 중요한 과제를 일상화하고 재미없는 것으로 만들어 이를 체계화하는 데 도움을 주는 반면 의례는 일정한 것을 특별하게 만들어 우리 삶에 의미를 불어넣는다.

사회학자 조지 호만스의 입을 빌려 구체적으로 다시 말하자면 "의례적인 동작은 외부 세계에 실제적인 결과를 낳지 않는다. 바로 그 점이 우리가 그것을 의례라고 부르는 이유 중 하나다." 실은 명백한 목표를 염두에 두고 행하는 의례는 많은 종교 공동체에서 대개 마법으로 여겨진다. "하지만 이 말은 의례에 기능이 없다는 뜻이 아니다. (……) 그것은 사회 구성원에게 신뢰를 주고, 불안을 제거하고, 사회 조직을 단련한다."[3]

인류학자들은 수많은 매혹적인 관찰 결과를 꼼꼼하게 수집하며 이런 의례의 기능을 한 세기가 넘도록 탐구해 왔다. 이 학자들은 의례가 개인적 성취, 역량 강화, 변신을 위한 수단이자 협력과 사회 질서 유지를 위한 메커니즘으로 엄청난 잠재력이 있음을 인식했다. 그들은 통찰력 있는 이론들을 수립했지만 이를 시험해 볼 능력 또는 의지가 거의 없었다. 문화인류학자들은 사회적 세계란 복잡하고 무질서한 곳이며, 사람들의 삶에서 가장 의미 있는 것들 일부는 쉽게 수량화되지 않는다는 가정에서 출발한다. 그들은 현지에서 민족지학적 연구를 수행하고, 자연스러운 맥락에서 사람들의 의례적 실천을 관찰한다. 학자들의 주안점은 해당 관습이 그러한 맥락에서 현지 실천자에게 어떻게 경험되는가를 이해하는 데 있다.

반면 심리학자를 비롯해 실험에 관심 있는 다른 학자들

3 Homans(1941).

은 측정이 고도의 통제력을 요구하고, 이러한 통제력은 실생활에서 쉽게 얻어질 수 없다는 점을 인정한다. 이들은 전형적으로 실험실에서 일하고 어느 때든 행동의 아주 작은 측면에 초점을 맞춘다. 이를 위해 연구자들은 사람들을 보통의 환경에서 끄집어내 실험실로 데려간다. 실험실에서는 연구를 복잡하게 만들지도 모르는 모든 외부 요인으로부터 사람들을 분리할 수 있다. 이 과정에서 실험자는 필연적으로 이 맥락에 따라붙는 다양한 의미를 접할 수 없게 된다.

아마도 부분적으로는 이처럼 의미 있는 활동을 실험실에서 연구하기가 어려운 탓에 의례는 심리학자 사이에서 인기 있는 주제가 되지 못했다. 의례는 인간 행동의 아둔한 일면, 결국은 사라질 정신적 결함 혹은 과학적으로 조사하기가 거의 불가능한 막연한 주제로 여겨졌다. 그 결과 최근까지 인간 본성의 가장 보편적인 측면 중 하나에 관한 과학적 지식은 드물고 단편적이었다.

이러한 경향은 최근 몇 년 사이 달라지기 시작했다. 인류학이 발전함에 따라 민족지학자들은 사람들의 주장을 진지하게 받아들일 필요와 그러한 주장을 경험적으로 검증할 방법을 찾는 것이 중요하다는 사실을 더 잘 알게 되었다. 그리고 심리학자들은 피험자들이 대학 실험실의 좁은 테두리 안에서 털어놓는 말보다 더 많은 것이 인간 정신에 있음을 깨달으면서 문화의 조언에 점점 더 관심을 두게 되었다.

많은 경우 다양한 학문 분야 출신의 사회과학자들이 함께 일하고 서로 배우기 시작했다. 새로운 방법과 기술의 발달은 그들이 이전에는 범접할 수 없던 문제를 탐구하게 해 주었다. 착용식 센서는 사람들이 실제 의례에 참가하는 동안 몸에서 일어나는 일을 연구할 수 있게 했고, 생화학과 뇌 영상술의 발전은 연구자가 실험실과 현장에서 사람들의 뇌를 들여다보게 해 주었으며, 인지과학의 혁신은 사람들의 마음에서 진행되는 일을 평가하는 새로운 방법을 제공했고, 향상된 컴퓨터 성능과 결합한 새로운 범용 소프트웨어 제품 덕분에 통계학자들이 이러한 복잡한 데이터 세트를 이해할 수 있게 되었다. 처음으로 의례의 과학적 연구가 본격적으로 진행되고 있다. 우리는 마침내 해묵은 수수께끼에 대한 해답을 짜 맞출 수 있게 되었다. 이 모든 해괴한 짓은 무슨 의미를 지니는 것일까?

*

의례는 어린 시절부터 나를 매혹했다. 그리스에서 성장한 나는 한 달에 한 번 어머니와 함께 버스를 타고 시내로 갔다. 어머니는 재봉 용품을 사고, 공과금을 내고, 다양한 볼일을 보았다. 어머니와 동행하여 내가 받는 보상은 시에서 가장 큰 서점 중 한 곳에 들르는 것이었다. 《내셔널 지오그래픽》을 살 수 있는 유일한 곳이었다. 인터넷이 대중화되기 몇 년 전이었고,

당시 그리스에는 케이블 텔레비전이 없었다. 《내셔널 지오그래픽》의 반들거리는 지면은 마음을 사로잡는 인류학의 세계로 뚫린 나의 첫 번째 창이었다. 그 지면들은 나를 먼 곳으로 싣고 가 이국적인 문화를 소개했다. 나는 인도의 대규모 순례와 안데스의 민간 치유자, 아이티의 부두교 의례에 관해 읽었고 니제르의 워다베족의 구애 의식과 과테말라 마야족의 점술, 아마존의 여러 부족이 수행하는 고통스러운 성년식의 인상적인 사진들에 탄복했다. 그리고 케냐와 탄자니아의 마사이족 소년들이 성년 의례의 일부로 사자를 죽여야 한다는 것을 알게 되었다. 사냥에 성공한 사냥꾼은 사자 갈기를 의례용 머리 장식으로 쓸 권리를 얻었다.

이 모든 관습은 먼 곳에서 행해졌기에 시간적으로도 동떨어진 일처럼 느껴졌다. 그것들은 마치 지나간 낭만주의 시대의 소멸해 가는 유물처럼 보였다. 나는 의례가 나 자신의 사회에도 널리 퍼져 있다는 사실을 별로 생각해 보지 않았다. 그러거나 말거나 내가 다닌 학교는 그리스의 모든 학교가 그렇듯 축성식으로 학년도를 시작했다. 가끔 동네 교회에 들르는 일과 마찬가지로 우리는 매일 의무적으로 아침 기도에 출석했다. 그런 종교 의식에 더해 국기 게양식도 지켰고, 국가도 불렀고, 국경일에 모든 마을에서 개최된 학생 퍼레이드에서 행진도 했다. 하지만 그런 의례들은 왠지 달라 보였다. 어쩌면 나에게 별 의미가 없었던 때문인지도 모른다. 그 의식들은 선생들이 나에게 강제한 것들이었다. 나는 해야만 했기에 참여했고, 늘 피할 핑곗거리를 찾았다. 그런 의례의 반복적이고 무덤덤한 본성은 《내셔널 지오그래픽》 지면에 특별히 게재된 화려한 의식과는 전혀 닮은 구석이 없었다. 아니면 그저 나에게서 너무 가깝다 보니 어쩌다 눈에 보이지 않게 되었을지도 모른다.

공영 텔레비전에서 티노스섬의 순례에 관한 뉴스를 보았을 때 나는 10대 초반이었다. 남녀노소가 어느 신성한 우상을 보겠다고 무릎이 멍들고 팔에서 피를 흘리며 언덕을 기어 올라가고 있었다. 목적지에 도달한 순간 많은 순례자가 울음을 터뜨렸고, 일그러진 얼굴은 행복한 표정으로 바뀌었다. 기자가 인터뷰한 사람들은 이 순례가 자신에게 얼마나 중요한지 강조했다. 그중 일부는 이 여행을 위해 몇 년 동안 돈을 모았노라고 했다. 이유를 묻자 자신이 한 서약의 이행이라고 말했다. 성모에게 구체적인 청이 있는 이들도 있었다. 이를테면 아이를 갖게 해 달라고 호소하거나 자식이 시험에 합격하게 해 달라고 기원하거나 병이 낫게 해 달라고 간청했다. 다른 이들은 구체적인 이유가 없었다. 말하자면 순례 자체가 목적이었다.

나는 할아버지에게 이 관행에 대해 들은 적이 있는지 물었다. 할아버지는 정교회에 관한 모든 문제에 정통했으며 내가 아는 이 중 가장 종교적인 사람으로 세간에서 진정한 '교인'이라 칭할 만한 분이었다. 당신은 물론 들어 보았다고 하셨다. 실제로 당신 마을에서 순례를 다녀온 사람을 여럿 거명할 수도 있었고, 심지어 몇몇은 나도 아는 사람이었다. 이에 대해 생각을 이어 가던 할아버지는 크레타섬 남부의 고통스러운 순례부터 북부 시골 마을에서 열리는 불 건너기 의식에 이르기까지 그리스의 다른 지역에서 비슷한 전통이 발견된다는 점을 떠올리셨다. 이런 전통은 과거사나 어떤 멀고 이국적인 부족의 관습이 아니라 지금 여기에 존재했고, 나와 같은 문화에 속한 사람들이 실천 중이었다. 하지만 왜일까? 과학 기술이 발달하고 세속화된 현대에 왜 그토록 많은 이상한 전통이 존속할까? 그리고 무엇이 전 세계 사람을 그토록 많은 시간과 자원을 의례 활동에 소비하도록 밀어붙이는 걸까? 그 시간을 돈을 벌면서, 사랑을 나누면서, 사람들과 어울리면서, 가족을 돌보면서 또는 그냥 잘 살면서 보내도 되지 않는가?

몇 년 뒤 아리스토텔레스 대학교에 입학한 나는 종교학 교수 파나요티스 파키스의 지도를 받으면서 마침내 이 질문을 탐구해 볼 기회를 얻었다. 나는 학생으로서 이 주제와 관련해 찾을 수 있는 모든 수업을 듣고 손에 넣을 수 있는 모든 책을 읽으며 의례의 역사와 심리학을 깊이 파고들었다. 어느 날 지도 교수가 종교의 인지과학 분야에 새 연구 프로그램이 막 설립된 덴마크의 오르후스 대학교에서 공부할 기회를 언급했다. 두말할 필요가 없었다. 나는 따뜻한 외투를 사고 짐을 꾸려 새 천년의 첫날 생애 첫 외국 여행에 나서 난생처음으로 비행기에 탑승했다. 이는 진정한 통과의례였다.

오르후스에서는 문화를 보는 근본적으로 다른 관점을 알게 되었다. 전통적으로 인문학의 범주에 속하는 주제를 연구하고자 심리 과학과 진화 과학에서 개발한 방법과 이론을 사용한 것이다. 나는 첫눈에 사랑에 빠졌다. 인지심리학, 진화인류학, 신경과학 같은 분야의 최신 이론들에 관해 읽기 시작했다. 상징적 사고의 진화에 대해, 극심한 시련이 기억으로 부호화하는 방식에 관해, 일정한 종교 체험과 관련된 뇌 부위에 관해 알게 되었다.

하지만 나는 여전히 결정적인 뭔가를 놓치고 있었다. 내가 품은 의문에 나름의 답을 찾으려면 책상이나 도서관, 실험실에서는 불가능했다. 자연스러운 환경에서 이런 의례를 연구해야 했다. 진짜 사람들을 만나고, 그들의 이야기를 듣고, 그들의 일상적인 활동에 참여해야 한다는 뜻이었다. 다시 말해 나는 인류학자가 되어야 할 터였다.

석사 과정을 마친 뒤 퀸스 대학교의 인류학자이자 의례 전문가인 하비 화이트하우스의 가르침을 받으러 벨파스트로 갔다. 나는 박사 학위 주제로 극한 의례를 조사하기로 했다. 의례의 실천자가 비범하거나 그에게 비정상인 뭔가가 있다는 의미에서가 아니라(사실 이런 의식이 존재하는 곳에는 모든 사회 경제적 배경의 사람들이 폭넓게 의례에 참석하는 경향이 있다.) 극한 스포츠와 마찬가지로 그 의례가 엄청난 노력을 요구한다는 점에서 극한이다. 다시 말해 만약 누군가 세상 모든 의식의 목록을 작성하고 각각에 따른 정서적 스트레스나 신체적 통증, 에너지 소비 정도를 측정한다면 이런 의례는 스펙트럼의 맨 위에 있을 것이다.

필요한 예비 교육을 마친 뒤 나는 할아버지가 이야기한 의례 중 하나인 '불 건너기'를 조사하겠다는 박사 학위 연구 제안서를 제출했다. 전 세계의 다양한 공동체가 불타는 석탄을 맨발로 걸어 건너기를 포함한 의식을 실행한다. 이런 관행 일부를 연구하기 위해 그리스와 불가리아, 나중에는 스페인의 얼마 안 되는 작은 시골 공동체 사이에서 현지 조사를 수행할 계획이었다. 머지않아 나는 다시 짐을 꾸렸다. 이번에는 현지로 들어가기 위해서였다.

1년 6개월 동안 나는 인류학자들이 하는 일을 했다. 질문 말이다. 날이면 날마다 사람들의 집에 들어갔고, 수백 명을 인터뷰했고, 정기적인 주일 미사부터 짜릿한 불 건너기 의례에 이르는 무수한 의식에 참석했다. 개중에 범상치 않은 사람들을 만났고, 마음을 사로잡는 대화를 나누었으며 매혹적인 이야기도 들었다. 하지만 내게 가장 중요했던 한 가지 질문이 가장 답하기 어려운 질문으로 드러나고 있었다. 이는 가장 간단하면서도 그 무엇보다 중요했다. **왜?** 사람들은 왜 그 모든 대가 큰 의례에 관여하는 걸까? 알고 보니 그 답은 내가 상상했던 것보다 더 복잡했다.

*

알레한드로는 산페드로만리케라는 작은 스페인 마을 출신의 일흔세 살 먹은 노인이다. 알레한드로와 가족 대부분은 그가 10대일 때부터 지역의 불 건너기 의례에 늘 참석해 왔다. 나는 여러 해에 걸쳐 수많은 불 건너기 의식에 참석했는데 그곳에서 벌어지는 것만큼 격렬한 의식은 없었다. 알루미늄을 녹일 정도로 뜨거운 불을 피우기 위해 2톤이 넘는 오크를 쓰고, 참가자는 다른 사람을 등에 업은 채 맨발로 불을 밟는다. 그중 다수는 아이를 업는다. 하지만 알레한드로는 아니다. 그는 자기보다 더 무거운 성인을 업었다. 알레한드로는 불을 건너는 사람이라는 자부심이 대단했다. 쉰세 해 동안 의식을 놓친 적이 없었다. 언젠가 그만두기는 할 거냐고 묻자 그는 생각에 잠겼다. 그리고 한참 뒤 이렇게 말했다. "언젠가 그걸 하기에 너무 늙을 줄은 알아. 하지만 그날이 오면 거기 안 가고 집에 있을 테야. 참여하지 못하고 구경만 했다가는 종탑에서 뛰어내려 자살하고 말 테니까."

그 이듬해 건강 진단 결과에서 알레한드로의 심장이 부정맥 징후를 보여 의사는 그에게 의식을 수행하지 말라고 했다. 지나치게 흥분되는 일일 터라 그의 몸 상태로는 위험을 감수하지 않는 게 최선이라는 것이었다. 불을 건널 수 없게 된 노인은 자신이 한 말대로 그날 밤 집에 있기로 했다. 똑같이 고통스러운 일이지만 불 건너기에 참가할 수 없다면 지켜보지도 않을 작정이었다.

그러나 아들 마멜에게는 다른 계획이 있었다.

그해 나는 축제에 참석하러 산페드로를 다시 찾았다. 나는 행렬에 동참하라는 청을 받았다. 주민들은 마을 회관 광장에 모여 손을 잡고 인간 사슬을 이루어 레신토(recinto), 즉 장작더미가 불타는 땅바닥을 중심으로 한 야외 원형극장의 구조물에 도착할 때까지 리듬에 맞춰 언덕을 올랐다. 내 순서는 마멜 다음이었고 우리는 손을 맞잡았다. 마멜의 아버지 집에 가까워졌을 때 그가 나를 사슬에서 끌어냈다. 나는 마멜이 행렬을 떠나려는 줄 알고 몹시 놀랐다. "어디로 가는 겁니까?" 하고 묻자 그가 답했다. "곧 알게 될 겁니다."

우리는 알레한드로의 집에 들어가 창가에 앉아 있는 그를 찾았다. 그는 우리를 보고 놀란 듯 올려다보았다. 마멜은 아버지 앞에 서서 "아버지, 아버지가 불 위를 걸을 수 없다면 제가 아버지를 업고 불을 건너겠습니다."라고 선언했다. 노인은 아무 말도 하지 않았다. 그저 일어나 눈물이 그렁그렁한 눈으로 아들을 껴안았다.

그날 밤 알레한드로가 마멜의 등에 업히자 군중은 갈채를 보냈다. 아들이 작고 꾸준한 걸음으로 불꽃을 가로질러 그를 업고 가는 동안 알레한드로는 공작새처럼 자랑스러워 보였다. 마을 사람 전체가 응원을 보냈고 가족은 둘을 포옹하러 달려왔다. 하지만 알레한드로는 끝난 게 아니었다. 그는 날카롭게 손을 흔들어 모두를 자리에 멈춰 세웠다. 그가 돌아서서 다시 한번 불을 마주한 순간 모든 사람이 헉 소리를 내뱉었다. 그의 의도가 무엇인지 정확히 알 수 있었다. 그는 두 걸음을 내디딘 다음 발을 구르기 시작했다. 어느덧 미소가 사라진 얼굴은 더욱 진지해 보였다. 마치 의지로 불을 굴복시키려는 사람처럼 강렬한 눈길로 불을 노려보았다. 주저 없이 이글거리는 불덩이를 가로질러 걷기 시작했다. 잠시 후 그는 불구덩이 반대편으로 의기양양하게 빠져나왔다. 군중은 이제 광란했고 불을 건넌 다른 사람들도 그를 칭송하고 축하했다. 가족들만은 마지못한 미소로 불만과 자부심이 뒤섞인 착잡함을 전달했지만 말이다.

내가 알레한드로에게 왜 의사의 지시를 어기기로 했는지 묻자 그는 말했다. "의사 양반은 내가 불 건너기를 하면 심장에 끔찍한 일이 생길지 모른다고 했지. 하지만 내가 그 의례를 하지 **않으면** 심장에 어떤 일이 생길지 그 양반이 알까?" 아닌 게 아니라 알레한드로에게 이 의식보다 더 중요한 일은 거의 없는 듯했다. 그는 이것이 생애에서 가장 중요한 일 중 하나라고 수도 없이 말했다. 하지만 왜 그토록 중요하냐고 묻자 당황한 듯했다. 그는 나를 빤히 바라보더니 한참 있다가 무슨 말을 해야 할지 모르는 사람처럼 질문을 되풀이했다. "그걸 왜 할까? ……글쎄, 딱히 왜인지는 말 못 하겠군. 어린 시절부터 봐 와서가 아닐까. 우리 아버지도 했고, 할아버지도 했고, 그래서 꼬맹

이 때부터 언제나 그 불을 건너고 싶었어."

인류학자들은 그런 진술을 마주치고 또 마주친다. 사람들에게 의식을 왜 수행하냐고 물으면 가장 전형적인 반응은 당혹스러운 표정, 긴 멈춤 그리고 마침내 다음의 말과 일맥상통하는 것들이다. "우리가 이 의례를 왜 하느냐니 무슨 말이죠? 그냥 해요. 그건 우리 전통이에요. 그게 우리라고요. 그건 우리의 본분이에요."

이것이 의례의 역설이다. 다시 말해 사람들은 예로부터 내려왔다는 점 외에는 그것이 왜 그렇게 중요한지 잘 알지 못하면서 자기네 의례의 중요성을 맹세하곤 한다. 의례는 소용이 없어 보이는데도 진정으로 없어서는 안 되고 신성한 뭔가로 경험된다. 하지만 음악, 미술, 스포츠 등 인간 활동의 다른 의미심장한 영역과 마찬가지로 처음에는 기괴하거나 부질없어 보일지 모르는 것이 사실은 사람을 변화시키는 힘을 지닐 수 있다.

*

의례의 역설을 풀어 보고자 나는 많은 평범한 의례는 물론 세상에서 가장 극단적인 의례들을 연구하기 위한 20년의 여정에 나섰다. 인간의 의례 충동을 이해하기 위해 지역 공동체와 함께 생활하며 수많은 의례를 참관하고 일련의 실험실 실험과 현장 실험을 병행했다. 실천자를 실험실에 두어 그를 맥락에서 끄집어내기보다 실험실을 현지로 옮겨 실험실 쪽을 맥락에 맞춘 경우가 더 많았다. 그 결과 나는 세계 곳곳의 공동체를 찾고 기도처럼 평범한 것부터 검 타기(sword-climbing)처럼 극단적인 것까지, 집단 순례 같은 대규모 행사부터 사적이고 비밀스러운 흑마술 의식에 이르기까지 많은 의례적 전통을 연구하는 데 여러 해를 보냈다. 생체 측정 센서와 호르몬 표본 추출은 다양한 의례의 신경생리학적 효과를 탐구하게 해 주었다. 행동적 측정은 이런 신체적 과정이 사람들의 상호 작용 방식에 어떻게 영향을 미치는지 연구하는 데 도움을 주었다. 심리 측정 검사와 설문 조사는 의례적 실천 이면의 동기 일부를 드러냈으며, 참가자 관찰은 사람들이 어떻게 이런 실천을 경험하고 어떻게 의미를 찾는가에 대한 통찰을 제공했다.

나의 연구 결과뿐 아니라 갖가지 과학적 학문 분야가 융합한 발견은 의례가 인류의 진화사에 깊이 뿌리박고 있다는 점을 드러낸다. 사실 의례는 우리 종만큼이나 오래되었으며, 그럴 만한 합당한 이유가 있다. 의례적 동작은 물리적 세계에 직접 영향을 미치지 않지만 우리 내면세계를 변화시키고 사회적 세계를 형성하는 데 결정적 역할을 할 수 있다. 이 책은 의례의 내막과 개인과 공동체를 위해 의례가 제공하는 중요한 기능을 드러내는 과학적 발견을 알려 줄 것이다. 의례의 과학은 인간을 인간으로 만드는 것의 원시적이고 근본적인 측면을 이해하고 기념하는 데 도움을 줄 수 있다. 오직 의례에 대한 우리 자신의 집착을 받아들일 때만 우리 삶에서 의례의 잠재력을 충분히 활용할 수 있기 때문이다.

2장

인간은 의례적인 종이다

매년 탄자니아 북부 나트론호 연안에서 오래된 의식이 열린다. 100만 명이 넘는 참가자가 이 축제에 참석하려고 멀리서부터 오는데, 어떤 이는 수천 킬로미터에 달하는 거리를 여행한다. 도착한 사람들은 본 행사를 고대하며 함께 어울리고 마음껏 먹는다. 대담한 분홍빛으로 차려입은 이들이 범상치 않은 춤을 추기 위해 더 작은 집단으로 쪼개진다. 그들은 고개를 높이 쳐들고 숙이고 좌우로 돌리면서 우아하게 원을 그린다. 때때로 파트너를 바꾸어 전체 순서를 반복한다. 점차 흥분이 증폭되고 춤은 더 미쳐 간다. 그들은 빙글빙글 돌기 시작하고, 가끔 흥에 겨워 고함을 지르며 공중에 발을 높이 차 올린다. 이윽고 군중 전체가 하나의 고동치는 단위체처럼 행동한다. 의식이 정점에 이르면 이들은 대형을 이루고 동시에 구호를 거듭 외치며 발맞추어 행진하기에 이른다. 결코 경박한 연극이 아니다. 실은 위험 부담이 더할 나위 없이 크다. 의식을 마칠 때 젊은 여성들은 자신의 섹스 파트너가 될 가장 마음에 드는 남성 춤꾼을 고르고, 이들의 관계는 종종 평생토록 이어진다. 이는 무수한 세대를 통해 전해 내려온 관습이며 오늘날까지 변함없이 유지되고 있다.

최근에는 프랑스의 조류학자들이 이러한 짝짓기 의례를 연구했다. 여기서 주인공은 홍학이고, 그 무대는 장난질을 가리키는 스웨덴어에서 유래한 단어인 '레크(lek)'로 알려져 있다. 이와 같은 짝짓기 무대는 전 세계에서 발견되며, 다양한 동물 종이 구애 의례에 참여하러 떼 지어 모여든다. 연구자들은 얕은 석호가 가득해 홍학에게 이상적인 서식지인 프랑스 남부 론 삼각주의 카마르그 지역에서 꼬리표 달린 새 3000마리를 활용했다. 꼬리표를 이용하면 새의 성별, 나이, 생활사를 알 수 있어 새들을 방해하지 않고도 멀리서 연구할 수 있다. 2년에 걸쳐 연구자들은 고해상도 비디오카메라를 사용해 짝짓기 기간 동안 수컷 50마리와 암컷 50마리, 총 100마리의 행동을 관찰하고 기록했다. 새들의 교미와 번식 성공률에서 각 새가 추는 춤 동작의 유형, 빈도, 타이밍까지 꼼꼼하게 기록했다. 그들은 가장 능숙한 춤꾼, 다시 말해 레퍼토리가 가장 많고 동작의 조합이 가장 다양한 춤꾼이 짝을 찾을 확률이 훨씬 더 높다는 사실을 알게 되었다.[1] 일찍 일어나는 새는 먹이를 얻겠지만 즐길 줄 아는 새는 새끼를 얻는다.

홍학이 레크에서 하는 행동은 더 친숙한 형태의 구애 의

1 Perrot et al.(2016).

식과 비슷하다. 동시에 고개를 늘였다 돌렸다 숙이면서 원무를 추는 새 한 쌍의 움직임에 초점을 맞추면 비엔나 왈츠와 현저하게 유사하다는 것을 알 수 있다. 또 일제히 춤추는 황홀한 새 떼를 살펴보려고 줌아웃을 했다면 광란의 파티나 록 콘서트가 떠오를 것이다. 조류의 그러한 행동과 마찬가지로 인간의 행동도 동시에 수행되는 유사한 움직임을 포함하며 유사한 빈도로 짝짓기를 유발한다. 하지만 많은 사회과학자가 여기서 서둘러 경고할 것이다. 새들의 의례는 내장된 본능의 산물이라고 말이다. 홍학이 춤추는 이유는 그렇게 하도록 프로그램이 짜여 있기 때문이다. 홍학의 뇌가 그렇게 하라고 시키고, 홍학은 그대로 따른다. 이와 달리 인간의 의례는 복잡하고 미묘한 상징주의로 가득하며, 이는 우리가 지닌 세련된 문화의 산물이라고 그들은 말한다.

하지만 이어질 논의가 보여 주듯이 의례는 새의 본성의 일부인 것처럼 인간 본성의 일부다. 실은 아마도 훨씬 더 확실히 그럴 것이다. 의례는 진정으로 보편적인 인간적 행동이다. 만약 당신이 의례가 없는 인간 사회를 찾을 수 있다면 나는 기꺼이 이 책의 금액을 배상하겠다. 모든 문화에 걸쳐 의례는 유년 시절에 자발적으로 나타나는데 쉽게 학습되고 전달되며 종교인과 세속인이 모두 똑같이 수행한다.

게다가 모든 새의 의례를 단순한 자동 행동으로 치부할 수도 없다. 호주가 주 서식지인 바우어새는 수컷이 공들여 지은 사랑의 보금자리에서 그들 나름의 짝짓기 의례를 수행한다. 춤 동작, 노래, 치장하는 스타일의 복잡한 세부 사항을 포함한 그 의식의 모든 측면은 바우어새 개체군에 따라 다르고 문화적으로 전수된다. 한 새가 다른 영역으로 이주하면 그 지역 개체군의 관습에 맞게 짝짓기 의례를 개조한다.[2] 까치, 큰까마귀, 까마귀 같은 다른 새는 죽음 의례가 있는 것으로 보인다. 이들은 밤샘이라도 하듯 죽은 집단 구성원의 시체 위로 떼 지어 모여들고, 막대기 따위를 물어다 시체 주위에 늘어놓는 모습도 관찰되었다.[3]

새의 의식과 인간의 의식을 비교할 때 또 다른 문제는 새가 계통 발생적으로 우리와 매우 동떨어진 먼 친척이라는 점에 있다. 만약 새의 의례와 우리의 의례가 실제로 관련 있다면 우리는 다른 포유류, 특히 다른 유인원과 같은 가장 가까운 친척 사이에서도 유사한 행동을 찾을 수 있어야 한다.

여기에는 두 가지 가능성이 있다. 첫째는 새와 인간의 의례가 직접 관련된 것이 아니라 **수렴 진화** 과정에서 독립적으로 진화했다는 것이다. 수렴 진화란 서로 다른 종이 비슷한 문제를 해결하려 할 때마다 그들 사이에서 비슷한 형질과 행동이 진화하는 경향이 있다는 뜻이다. 예컨대 돌고래는 고릴라와 청어가 유전적으로 가깝지 않은 것처럼 상어와 유전적으로 가깝

2 Madden(2008).
3 Bekoff(2009).

지 않다. 하지만 돌고래와 상어 모두 물속에서 빠른 속도로 움직이는 일과 관련된 비슷한 적응적 문제에 대처해야 했기 때문에 서로 매우 유사한 유선형 체형으로 진화했다. 비슷한 방식으로 새와 인간도 과도한 의례화에서 결정적인 역할을 할 특정한 유사점이 있다. 구체적으로 말하자면 새는 시각과 청각을 1차 감각으로 사용하고, 사회적 종인 경향이 있고, 짝 결속을 하고, 일부일처인 경우가 많으며, 모방에 뛰어나고 리듬, 동조, 발성과 관련된 특정 성향을 지닌다. 앞으로 보겠지만 이런 특질은 모두 인간의 의례에도 결정적이다.

또 다른 가능성은 새가 아닌 다른 동물의 의례적 행동에 대해 우리가 충분히 자세히 살펴본 적 없을 뿐이라는 것이다. 아닌 게 아니라 전에는 인간에게 고유하다고 생각했던 많은 특질이 요즘은 다른 동물에서도 발견되고 있다. 적어도 감정, 성격, 도구의 사용과 제작, 공감, 도덕성, 전쟁은 최근까지 인간적 고유성의 단골 후보에 포함되었다. 하지만 과학자들이 다른 동물을 자연환경에서 체계적으로 연구하기 시작하자 이런 특질 모두가 다른 종에서도 이런저런 형태로 발견될 수 있음을 알 수 있었다. 이와 유사하게 최근까지 포유류 사이의 의례적 행동에 대한 증거는 거의 없었다. 오늘날에는 풍부할뿐더러 증가하고 있다. 돌고래는 동시에 수면을 뚫고 나오면서 일종의 군무에 참여하고 혹등고래는 단체로 노래를 부른다. 다양한 해양 포유류가 죽은 동족을 며칠 동안 데리고 다니거나 그를 에워싸고 일제히 헤엄치면서 애도 의식을 치르는 듯하다. 심지어 돌고래들은 죽은 새끼를 배 쪽으로 밀어 놓고 선원들이 끌어 올리기를 기다린 다음 배 주변에서 원을 그리며 헤엄치다 사라지는 모습이 관찰되기도 했다.[4]

*

공중과 바다에 더해 육상 동물 사이에도 의례는 넘쳐 난다. 기린은 구애할 때 암수가 나란히 걸으며 긴 목을 비비고 들이받고 휘감으면서 탱고를 닮은 사랑의 춤을 춘다. 늑대 무리는 먼 거리에서 일제히 울부짖으며 함께 노래한다. 코끼리는 죽은 동족을 애도하고 경의를 표하는 의례를 거행한다.

코끼리는 사실 죽음을 이해하는 듯한 몇 안 되는 동물에 속한다. 흙을 뿌리거나 잎과 꽃으로 덮어서 집단의 죽은 구성원을 매장하는 코끼리는 자주 관찰되어 왔다. 심지어 인간을 포함해 우연히 마주친 다른 죽은 동물을 묻으려 하는 코끼리에 대한 보고도 있다.[5] 영화 「야성의 엘자」에 영감을 준 가족의 일원인 야생동물 보호 활동가 조지 애덤슨은 나무 밑에서 쉬다 잠든 어느 케냐 여성의 이야기를 들려주었다. 그녀가 깨어났을 때 코끼리 무리가 근처에 서 있고 그중 한 마리가 그녀

4 Reggente et al.(2016); Watson(2016).
5 Poole(1996).

를 살살 찌르며 냄새를 맡고 있었다. 여자는 겁에 질려 가만히 죽은 척했다. 그 후피 동물들은 곧 그녀 주위에 모여 큰 소리로 울부짖기 시작했다. 그들은 나무에서 가지와 잎을 따 모아 그녀의 몸을 완전히 덮었다. 다음 날 아침 인근 목동들이 커다란 나뭇가지 더미 아래에서 여전히 겁에 질려 꼼짝 못 하고 있던 여자를 발견했다.[6]

동족 중 하나가 죽으면, 특히 가모장처럼 집단의 중요한 구성원이라면 코끼리들은 며칠간 시신을 떠나지 않으려 하고 자꾸만 시체로 돌아간다. 심지어 수십 년 뒤에도 먼 거리를 여행해 죽은 친척의 뼈를 찾는다. 유골 근처에 도착한 코끼리 집단은 전체가 조용히 서서 뼈들을 어루만지고 뒤집고 냄새 맡으며 차례로 유해를 점검한다. 애덤슨은 케냐에서 수컷 코끼리 한 마리가 정부의 정원에 계속 침입해 사살되었다고 보고했다. 코끼리 사체는 800미터 떨어진 곳까지 질질 끌려가 도축되었고 고기는 인근 부족 사람들에게 나누어 주었다. 그날 밤 다른 코끼리들이 사체를 찾아 뼈를 주워다 그가 살해된 장소에 다시 옮겨 놓았다.

장례는 우리가 속하고 현생 유인원과 멸종한 유인원도 포함하는 사람과(科)의 구성원 사이에서도 흔하다. 침팬지도 코끼리처럼 자기 집단의 죽은 구성원 주위에 모여 평소 행동거

6 Meredith(2004).

지와 달리 몇 시간 동안 조용히 머물곤 한다. 그들은 차례로 시신의 털을 골라 주다가 이따금 소리를 지르고 껑충껑충 뛰어다니며 정적을 깬다.[7] 이런 행동은 많은 인간 문화에서 발견되는 장례 관습과 놀랍도록 비슷하다. 상제가 고인의 시신을 두고 밤을 지새우거나 울부짖고 흐느끼는 등의 형태로 곡을 하는 관습 말이다.

인간이 아닌 영장류를 자연환경에서 체계적으로 연구한 최초의 과학자인 영장류학자 제인 구달은 유인원들 사이의 갖가지 인상적인 행동을 묘사했다. 그녀는 탄자니아의 곰베국립공원에서 침팬지와 함께 생활하며 여러 해를 보냈다. 그러다 침팬지들이 어떤 장소를 방문할 때면 좀 특이한 행동에 몰입한다는 점에 주목했다. 예컨대 큰 폭포에 다가갈 때 길면 15분까지도 이어지는 볼만한 공연을 선보였다. 구달은 이를 '폭포 춤'이라 불렀다. 침팬지들은 이 공연을 하는 동안 곧추서서 바짝 긴장한 상태로 리듬에 맞춰 발을 번갈아 구르며 몸을 흔들고, 나무 덩굴을 타고서 폭포의 물보라를 통과하고, 큰 돌을 물속에 던졌다. 일단 야단법석이 끝나면 앉아서 몇 분간 폭포를 조용히 응시했다. 침팬지들은 "비가 아주 심하게 쏟아지기 시작하면 팔을 뻗어 어린나무나 낮은 가지를 리듬에 맞춰 앞뒤로 흔들고는 손으로 바닥을 철썩 때리고, 발을 쿵쿵 구르고, 돌

7 Harrod(2014).

을 연거푸 던지며 느린 동작으로 전진하면서" 비슷한 춤을 췄다. "이런 퍼포먼스가 경탄이나 경외와 유사한 느낌으로 자극을 불러일으킬 가능성은 없을까?" 구달은 궁금해했다.[8]

더 최근에는 서아프리카 여러 지역에서 침팬지들이 돌을 모아 특정한 나무로 가져가는 모습이 기록되었다. 그들은 이 돌들을 빈 구멍 안에 넣고, 나무 몸통을 두드리는 데 사용하고, 나무 둥치에 쌓기도 했다. 연구자들은 이런 돌무더기를 다양한 문화의 사람들이 신성한 장소를 표시하는 데 사용하는 이정표나 돌무덤에 비교했다.[9] 실제로 이런 나무는 침팬지들에게 어떤 특별한 의미가 있는 듯 무리는 그 지역을 돌아다니다가도 기꺼이 경로를 변경해 나무에 들렀다가 여행을 재개하곤 한다. 이때 그들은 나무 앞에 곧추서서 열에 들뜬 상태로 헐떡거리고 꽥꽥거리고 펄쩍펄쩍 뛰면서 몸을 앞뒤로 흔들기 시작한다. 이 퍼포먼스가 절정에 달하면 발이나 돌로 나무 몸통을 두드리기 시작한다.

영장류는 대부분 사회적인 종이고 그런 만큼 사회적인 의례가 있다. 그중 일부는 인류학자들이 분열융합 사회라고 부르는 환경에서 생활한다. 이런 사회에서는 개체들이 소속 집단과 유연한 제휴를 맺고 있어서 먹이를 찾기 위해 더 작은 집단으로 쪼개졌다가 다시 뭉친다. 인간이 하는 것과 비슷하다.

8 Goodall(2005).
9 Kühl et al.(2016).

우리는 자신의 욕구, 관심사, 가치를 기반으로 핵가족과 확대 가족, 친구, 동료를 비롯한 다양한 집단에 자유 시간을 배분한다. 분열융합 사회를 형성하는 종의 개체들은 다시 만나기 전까지 집단에서 긴 시간 분리되어 있을 수 있다. 그래서 재회할 때면 서로 유대를 재확인하는 데 도움이 되는 인사 의례를 수행한다. 인간은 악수, 입맞춤, 포옹 따위를 한다. 침팬지, 보노보, 거미원숭이도 이런 것을 다 한다.[10] 그들도 끌어안고 입 맞추고 서로 털을 골라 주고, 헐떡거리며 꽥꽥거린다. 이런 모습은 흥분해서 "웬일이니!" 하고 꺅꺅거리는 10대 무리와 좀 비슷해 보인다. 침팬지도 집단마다 독특한 비밀 악수인 '손 움켜잡기'를 한다. 수컷 개코원숭이는 정형화된 '음낭 움켜잡기'를 하는데 이는 말 그대로이고 일종의 신뢰 구축 의례로 기능한다.[11] 인류학자 머빈 메긧은 오스트레일리아 원주민 부족인 왈비리족 사이에서 비슷한 의례를 관찰했다. 그들은 음경 움켜쥐기 의례를 남자들 사이의 긴장을 완화할 의도로 사용했다. "그렇지만 만약 사안이 앞서 벌어진 살인 혹은 마법에서 기인한 것으로 추정되는 죽음과 관련된 심각한 것이면 피해자는 방문자의 음경 움켜쥐기를 거절할 수 있다." 그런 거절은 유혈사태로 이어질 수 있는 중대한 모욕이라고 메긧은 보고했다.[12]

10 Rossano(2006; 2010).

11 van Leeuwen et al.(2012); Dal Pesco and Fischer(2018).

12 Meggitt(1966).

영장류학자 프란스 드 발은 심지어 인간을 향해서도 의례화된 인사를 하는 침팬지를 관찰해 왔다. 조지아에 있는 여키스 야외연구소의 침팬지는 관리인이 멀리서 다가오는 모습을 보면 꽥꽥거리며 고함을 터뜨리곤 했다. "뒤따라 한바탕 끌어안고 뽀뽀하기 따위를 하느라 온통 아수라장이 된다. 친밀한 신체 접촉이 100배, 지위 신호가 75배 증가한다. 부하들은 지배자, 특히 우두머리 수컷에게 다가가 절하기와 헐떡거리며 그르렁거리기로 인사한다. 모순적이지만 이 유인원들은 사실상 서열을 해제하기 직전에 확인하는 중이다. 나는 이 반응을 일종의 경례라고 부른다."[13]

이런 관찰 결과는 의례가 동물계에 널리 퍼져 있음을 시사한다. 그런데 또 다른 흥미로운 패턴을 가리키기도 한다. 지능이 가장 높은 몇몇 동물은 의례의 레퍼토리가 가장 풍부한 동물로 보인다는 것이다. 말할 필요도 없이 동물의 지능 측정이란 까다롭고 논쟁적인 과제다. 동물의 정신적 능력에 순위를 매길 모종의 '모든 생물의 지능지수'를 고안하려는 시도는 많았다. 예컨대 더 큰 뇌는 더 높은 지능을 의미한다는 발상은 직관적 호소력이 있어 오랜 시간 인기를 누렸다. 하지만 이 발상의 명백한 문제는 더 큰 유기체일수록 뇌 부피가 크다는 점에 있다. 그들은 체온 조절과 대근육 제어 같은 기본적 필요를 충

13 de Waal, Frans(1996), p.151.

족하기 위해 뇌 부피가 더 크다. 소는 침팬지보다 뇌가 커도 일반적으로 더 영리하다고 여겨지지 않는다.

다른 지표, 이를테면 신경세포의 수 혹은 포유류에서만 발견되는 대뇌피질이나 신피질 같은 특정 뇌 구조의 크기를 살펴볼 때도 비슷한 문제가 발생한다. 그리고 몸 크기를 가감해 체질량 대 뇌질량 비라고 불리는 지표를 만들어 내면 이제 새로운 특이 사항이 생긴다. 우선 몸이 큰 유기체일수록 뇌는 나머지 몸에 비해 **더 작은** 경향이 있다. 대표적 사례로 체질량 대 뇌질량 비는 코끼리보다 개구리가 더 크다. 대뇌화 지수(Encephalization Quotient, EQ)는 한 종의 뇌 크기를 체구가 엇비슷한 다른 종의 뇌 크기와 비교해 이 점을 참작한다.

이런 짜맞춘 지표는 개코원숭이와 다람쥐원숭이, 큰까마귀와 개똥지빠귀를 비교할 때처럼 같은 목에 속하는 동물 사이에서는 시사하는 바가 있을 수 있지만 코끼리와 카리부, 땃쥐와 고래처럼 거리가 더 먼 종을 비교할 때는 무의미해지곤 한다. 그리고 이는 문제의 절반에 불과하다. 서로 다른 종의 의례화를 수량화하는 과제도 그에 못지 않은 난제일 수 있다. 그래도 일반적으로 우리가 자연계에서 의례를 관찰할 때는 가장 지능이 높은 일부 동물에게서 나타나는 의례가 더 풍성하고 사치스러운 경향이 있다. 유인원, 돌고래, 코끼리, 까마귀를 비롯한 동물계의 많은 스타가 심하게 의례화된 생활을 주도하는 것처럼 보인다.

이는 모순적으로 보일지도 모른다. 그토록 지적인 생명체가 왜 그들의 문제에 대해 더 직접적인 해결책을 찾을 수도 있을 때 그토록 많은 시간과 에너지를 소용없어 보이는 활동에 낭비하곤 할까? 하지만 이것이 바로 의례의 힘이다. 말하자면 의례는 사용자가 불분명한 수단을 통해 바람직한 결과물을 얻게 해 주는 정신적 도구다. 지적인 유기체가 이처럼 얼핏 낭비적인 행동에 참여하는 것은 이런 이유에서다. 단지 어쩔 수 없어서가 아니라 여력이 있기 때문이다. 그 동물들은 근본적으로 그들 자신을 한 수 앞서게 하는, 인지적 장치로 기능하는 행동에 참여하는 데 필요한 정신적 여유분을 갖고 있다. 그들은 상황에 따라 직접 기능하는 과제에서 관심을 거두고 그 대신 간접적으로나마 안정적으로 자신에게 이득을 주는 행동에 초점을 맞출 수 있다. 의례가 그러한 동물들이 복잡한 심리를 지님으로써 겪게 되는 난제들, 이를테면 짝짓기와 짝 결속, 상실과 불안 극복하기, 협력과 사회적 조직화 달성하기를 처리해 주기 때문이다. 이러한 관점에서 가장 지적인 동물이 누구보다 의례화된 동물이기도 하다는 사실은 전혀 놀랄 일이 아니다.

다른 어떤 동물도 호모 사피엔스만큼 의례를 광범위하고 강박적으로 사용하지는 않는다. 의례는 상징적 사고 능력과 관

련되기에 사실 고고학자들은 현생 인류를 행동 면에서 정의할 때 의례를 핵심 특징 중 하나로 여기곤 한다. 우리 인간은 지금 여기뿐 아니라 다른 시간과 장소, 심지어 가상과 관련된 복잡한 추상적 관념과 개념을 전하는 능력이 독보적인 것으로 보인다. 우리는 미술, 설화, 신화만 아니라 의례를 통해서도 이 능력을 발휘한다. 실은 인간적 인지의 기원에 관한 다양한 이론은 의례와 지능이 나란히 진화한다는 의견을 개진해 왔다.

생물인류학자의 의견에 따르면 집단 의식은 언어를 사용하기 이전 사회의 문화적 지식 전달에 주요한 역할을 했을 수 있다. 집단적 설화의 상징적 재연을 통해 의례는 각 개인의 인지에 '외부 지원 체계'를 제공하는 일종의 체화된 원시 언어로 기능했다. 여기서 외부 지원 체계란 언어 자체를 향하는 노선에서 결정적인 단계를 차지한다.[14] 신경과학자 멀린 도널드가 주장해 온 바에 따르면 의례는 초기 인류가 사회적 관례를 이용해 그들의 마음을 일치시키게 해 준, 사회적 인지 진화를 위한 정신적 초석의 하나였다. 의례는 집단 경험과 상징적 의미를 공유하는 하나의 체계를 확립함으로써 사고와 기억을 조화롭게 해 인간 집단이 단일한 유기체로 기능하게 했다. 그리고 의례는 비범한 것과 평범한 것을 구분하는 역할은 물론 상징성, 리듬, 움직임과의 밀접한 연관성 때문에 예술의 진화와도

14 Deacon(1997); Knight(1994).

연계되어 왔다.[15]

만약 이런 이론에 일리가 있다면 의례는 인류가 어떤 종인가에 관한 한 핵심적인 부분이며 우리의 진화에 중추적 역할을 한 셈이다. 먼 과거에 관한 이론을 검증하기란 물론 어렵다. 문자 사용 이전의 사회는 당연히 문서를 남기지 않았으므로 우리는 그들의 언어, 믿음, 신화와 설화에 관해 아무것도 알 수 없다. 하지만 마음은 화석화되지 않는 데 반해 예술과 의례는 고고학적 기록에 흔적을 남길 수 있고 또 실제로 남아 있다.

600~700만 년 전 침팬지와 분리된 인류의 진화적 혈통에서 가장 이른 의례의 증거는 매장에서 찾을 수 있다. 고고학자들은 시마 데 로스 우에소스, 즉 '뼈의 구덩이'라고 명명한 스페인 북부 아타푸에르카 지역 동굴에서 적어도 스물여덟 명의 유골을 발견했다. 그곳은 광대한 동굴 시스템의 일부인데도 모든 해골이 입구에서 멀리 떨어진 작은 방 안에 있었고, 섬세하게 조각한 석영 손도끼가 함께 놓여 있었다. 동굴 안 어디에도 거주의 증거가 없다는 점은 시체들이 일부러 운반되었다는 것을 시사한다. 7000점이 넘는 뼈에서 추출한 DNA는 해골의 주인이 43만 년 전에 살았던, 네안데르탈인의 가장 오래된 친척으로 알려진 호모 하이델베르겐시스임을 드러냈다.

남아프리카 가우텡주의 동굴 안에서도 비슷한 무덤이 발

15 Dissanayake(1988).

견되었다. 이번 유해는 호모 날레디라는 고인류 종의 것이었다. 동굴에는 열다섯 명의 전신 골격이 있었고, 탄소 연대 측정 결과 약 25만 년 전에 살았던 사람들로 밝혀졌다. 그 유적은 완전무결했다. 말하자면 뼈에 난 이빨 자국처럼 포식자가 동굴에 들어왔다는 표시도, 돌무더기가 무너진 잔해나 홍수의 흔적도 없었다. 해골은 말짱한 상태로 시신이 있었을 위치에 그대로 누워 있었다. 마치 다른 호모 날레디들이 고립된 방에 들어가려고 12미터 높이의 가파른 바위를 기어오른 뒤 좁은 틈을 뚫고 내려가면서까지 동굴의 캄캄한 꼬부랑길을 따라 시신을 나르고, 그곳에서 쉬도록 내려놓은 후 나가는 입구를 막은 듯이 말이다. 또 이는 결코 유일무이한 일화가 아니었다. 사체는 그곳에 대대로 매장되었다. 이곳은 선사 시대의 공동묘지였던 듯하다.

모든 과학자가 이를 의도적인 매장의 증거라고 확신하지는 않는다. 다른 여러 설명이 배제되어 왔음에도 여전히 확실한 증거는 없다. 별로 그럴싸하지 않기는 하나 열다섯 명이 제각기 그 방에 떨어졌는데 뼈가 부러지지 않은 채 거기서 죽었을 가능성도 여전히 있다. 어쩌면 당시에는 동굴의 지형이 달랐고 시체가 홍수로 쓸려 들어갔을지도 모른다. 아니면 훗날 조사로 밝혀질 다른 설명이 있을 수도 있다. 단 한 곳을 근거로 주장하기는 어렵다.

논란의 여지가 적은 증거는 우리의 멸종한 근친 네안데르탈인에게서 나온다. 이라크, 이스라엘, 크로아티아, 프랑스 각지에서 매장지가 발견되었는데 이 집단은 죽은 동족을 그냥 버리지 않은 게 분명하다. 네안데르탈인은 죽은 동족의 유해를 묘지에 정성스럽게 안치했으며, 특히 어린아이의 시체는 태아의 자세로 눕히기도 했다. 또 청소동물로부터 무덤을 지키려고 갖은 노력을 다 했다. 가끔 곰의 두개골과 뼈가 있고 때로는 둥글게 배열되었다는 점을 근거로 어떤 고고학자들은 네안데르탈인이 토테미즘이나 동물숭배도 행했다고 가정한다. 예컨대 프랑스 남서부 브뤼니켈 동굴에서 석순을 떼어 지하 깊은 곳에 만든 커다란 원형 구조물은 일종의 집단 의례를 위한 회합 장소였을 수 있다.[16]

일부는 네안데르탈인의 의례적 실천이 과연 얼마나 정교했을지 의심하는 태도를 견지한다. 어쨌건 물적 증거는 제한되었고, 사랑하는 사람을 묻는 동안 그들 마음속에 어떤 생각이 스쳤는지 우리는 결코 알 수 없다. 다만 한 가지는 확실하다. 우리 인류 종이 나타날 무렵에 이르면 의례 활동을 뒷받침하는 증거에 논란의 여지가 없어진다는 것이다. 해부학적 현생 인류인 호모 사피엔스는 죽은 동족을 그냥 묻지 않았다. 이들은 망자를 붉은 황토로 꾸몄고 장신구와 미술품, 아끼던 물건과 동물을 무덤 안에 넣었다. 또 많은 경우 유해를 무덤에 정

16 Jaubert et al.(2016).

성스럽게 안치하기 전에 시신을 까맣게 태우거나 다른 방법으로 살을 제거하거나 시신을 부패하도록 내버려 두어 2차 매장을 했다. 수많은 암각화와 상징적 인공물, 도자기를 비롯한 귀중품의 의도적인 파괴가 시사하듯 그들은 그 밖에 갖가지 집단 의례도 수행했다.

프랑스의 사회학자 에밀 뒤르켐은 원주민 사회의 생활이 두 가지 양상을 오간다고 언급했다.

> 어떤 때는 독립적으로 직분을 돌보는 소집단들로 인구가 흩어져 있다. 한 가족 한 가족이 사냥이든 낚시든, 요컨대 가능한 모든 수단을 동원해 필요한 식량을 얻고자 분투하며 가족밖에 모르고 산다. 반대로 어떤 때는 전 인구가 지정된 장소에 집결한다. (……) 이런 집결은 어느 씨족 또는 부족 일부를 소집해 (……) 종교 의식을 수행할 때 일어난다.[17]

뒤르켐은 이 두 가지 다른 양상이 신성한 것과 세속적인 것이라는 매우 다른 두 영역을 구성한다고 주장했다. 세속적인 것은 노동, 식량 조달, 일상생활 등 모든 평범하고 재미없고 단조로운 나날의 생존 활동을 포함한다. 반대로 의례를 통해 창조되는 신성한 영역은 특별하다고 여겨지는 것에 바쳐진다. 집

17 Durkheim(1915), pp.216~217.

단 의식은 사람들이 일상의 근심을 제쳐 두고 잠시나마 다른 상태로 옮겨 가게 해 주었다. 그리고 의례는 언제나 엄격한 구조를 고수해야 하므로 이러한 의식 참여는 초기 인류를 위한 최초의 사회적 관례를 확립했다. 의식을 시행하러 모인 실천자들은 이제 오합지졸이 아니라 규범, 규칙, 가치를 공유한 **공동체**가 되었다. 이런 이유로 인류학자 로이 라파포트는 의례가 "인류의 기본적인 사회적 행위"라고 선언했다.[18] 이는 사회 자체가 생겨나는 방식이다. 그리고 사실상 문자 그대로 역사적으로도 사실일 수 있다.

*

괴베클리 테페는 시리아 국경에서 몇 킬로미터밖에 떨어지지 않은 튀르키예 남동부의 고고학 유적지다. 1963년에 처음 발견되었을 때는 중세의 공동묘지로 오인되어 그다지 관심을 끌지 않았다. 하지만 독일의 고고학자 클라우스 슈미트는 1994년에 현장을 방문하자마자 자신이 훨씬 더 중요한 뭔가를 마주쳤음을 깨달았다. 원래 비잔틴 양식의 묘비로 생각되던 것은 실은 신석기 시대의 거대한 T자형 기둥 끝부분이었다. 이런 석회암 거석들은 9만 제곱미터의 면적에 걸쳐 펼쳐진 원형 구

18 Rappaport(1999), p.107.

조물 스무 개를 짓는 데 사용되었다. 유적지는 수십 년 뒤에도 그중 일부만 완전히 발굴되었을 만큼 컸다. 돌들은 이례적으로 세밀하게 조각되었다. 여우, 멧돼지, 황소, 가젤, 두루미, 독수리 등 다양한 야수들이 돋을새김으로 묘사되었다. 끌로 새긴 뱀들이 거대한 기둥을 휘감고, 전갈과 곤충이 그 위를 기어가는 듯했다. 반인반수의 환상적인 피조물도 있었다. 당시 사람들이 횃불이나 모닥불의 일렁이는 불빛 아래 그 형상들이 살아나는 광경을 보며 얼마나 경외감을 느꼈을지 상상하지 않을 수 없다. 이것은 분명 모종의 기념비적인 사원이었다.

그러나 이 유적지의 가장 놀라운 점은 거대한 규모도 정교한 미술품도 아닌 바로 그 연대다. 괴베클리 테페는 1만 2000년도 더 전에 지어져 세상에 알려진 모든 의식용 구조물 중 가장 오래되었다. 이집트 피라미드보다 세 배, 스톤헨지보다 두 배 이상 오래되었다. 사실 이곳은 농업, 문자, 토기, 바퀴 등 문명의 전형적 특징이라고 하는 것을 하나부터 열까지 앞선다.

슈미트에 따르면 이 거대한 구조물은 이스라엘, 요르단, 이집트만큼 먼 거리를 여행한 수렵채집인들이 순례지로 사용한 듯하다. 이 지역에는 영구적인 주거지가 없었던 것으로 추정된다. 식물이나 동물을 키운 흔적이 발견된 적도 없고, 사원 주변에 처음 나타난 주거지도 거의 1000년 뒤에야 지어졌다.

괴베클리 테페는 우리가 선사 시대 인간에 관해 안다고

생각했던 모든 것을 바꿔 놓았다. 이 유적지는 문명의 탄생 시점을 수천 년 앞당길 뿐 아니라 농경이 영구히 정착하고 사회를 조직한 이유였다는 널리 퍼진 관념과도 어긋나는 듯하다. 오랫동안 농업이 인류 문명을 점화한 불꽃이라는 이론이 우세했다. 이야기인즉 식물 재배는 인간이 더 오래 한곳에 머무는 생활에 안주하게 해 주었다. 이는 급속한 인구 증가와 협력하는 대규모 공동체의 발달을 촉진해 여분의 식량과 도구를 생산하고 전문화된 형태의 새로운 노동에 종사하는 것을 가능하게 했다. 복잡한 사회 구조를 지탱하고, 고급 기술을 개발하고, 종교적 사상을 정립하고, 기념비적 사원을 짓는 데 필요한 시간과 자원, 조직을 제공했다. 이런 획기적 변화 때문에 그 시대는 흔히 '신석기 혁명' 또는 '농업 혁명'으로 불린다. 괴베클리 테페의 발견은 이런 서사에 심각한 도전을 제기한다.

생각해 보면 농업이 인간 사회를 갑자기 새로운 수준의 진보와 번영으로 몰고 갔다는 발상 자체가 다소 의심스럽다. 오늘날처럼 상호 연결된 거대 세계에서는 정주형 생활의 이점이 명백해 보인다. 영구 정착과 대규모 사회는 선진 과학과 기술, 체계적인 교육과 보건, 풍부한 예술과 여가 추구, 높은 수준의 안전과 (거의 틀림없이) 대단히 향상된 삶의 질 등 인류 문명의 모든 대단한 축복을 가능케 한다. 뿔뿔이 흩어져 살던 수렵채집인 소집단은 이 가운데 어느 하나도 누릴 수 없었을 것이다. 그러나 우리가 누리는 정착 생활의 안락함은 오로지 우리보다 앞서 농경 사회에 살았던 수천 세대의 노력과 업적이 누적된 덕분이라는 점도 분명하다. 그들에게 정착은 어떤 이점을 제공했을까?

우리가 지금 알기로 이른바 농업 혁명은 사실 최초의 농부들에게 대단히 파괴적인 영향을 미쳤다. 동시대와 고대 사회 양쪽에서 나온 인류학적 증거는 유목에서 정주로의 생활 방식 전환이 생활 조건을 급격하게 쇠퇴시켰음을 시사한다.[19] 수렵채집인은 광범위한 환경을 활용해 비교적 균형 잡힌 식단과 건강하고 활동적인 생활양식을 확보했다. 끊임없는 이동이 자원의 비축을 막았기 때문에 이들 사회는 두드러지게 평등했다. 그들은 더 적게 일하면서도 필요한 영양분을 충족할 수 있었고 더 많은 자유 시간을 누렸다.

반대로 농업은 대체로 소수 주곡에 한정된 훨씬 더 제한적인 식단에 의존하게 된 인구 집단이 유당불내증을 겪거나 발효와 낙농 같은 요리법을 발견하게 하는 결과를 가져왔다. 이는 최초의 정착민들이 자연재해에 취약하게 만들었고 심각한 영양 결핍을 초래했다. 농부들은 기본 수요를 맞추려면 훨씬 더 많이 일해야 했는데 부분적으로는 농경 생활이 어려워서였고, 부분적으로는 과잉 생산된 식량을 빼앗기지 않도록 지킬 추가 자원이 필요해서였다. 소수 엘리트의 손에 부가 축적

19 Sahlins(1968; 1972).

되고 군대가 형성되자 불평등이 생겨나고 대중을 착취하기 위한 조건이 조성되었다. 사람들은 가축 및 다른 사람과 인접해 살았으므로 질병에 취약해져 전염병으로 전 인구가 말살되곤 했다. 자녀 수는 두 배 이상이었지만 성인기까지 살아남는 자식은 극소수였다.[20]

농업의 도래가 불러온 건강 악화와 기대수명 단축, 아동 사망률 증가는 실로 놀랄 만하다. 평균 키는 10센티미터나 감소했고, 20세기에 이를 때까지 신석기 시대 이전 수준으로 돌아오지 않았다. 농경민들은 질병, 심각한 비타민 결핍, 다양한 기형과 병적 증상을 경험했다.[21] 화석 증거에 따르면 뼈의 밀도와 강도가 감소한 사람들은 상습적으로 골다공증, 골관절염 및 퇴행성 증세로 시달렸다. 영양 결핍의 징후로 법랑질이 얇아진 치관에는 깊거나 가느다란 함몰부가 많아졌다. 탄수화물이 많은 식물을 더 많이 먹은 결과로 충치가 생기고 이가 빠졌다. 골격의 염증은 결핵, 매독, 나병과 같은 감염성 질병의 유행을 암시한다. 철분 결핍과 빈혈의 결과로 두개골은 다공성이 되었다. 신석기 시대 정착지의 발굴 결과는 그들의 토양과 물이 동물 배설물로 심하게 오염되었고 거주지에 기생충이 들끓었음을 보여 준다.[22] 그리하여 신석기 혁명은 즉각적 인구 증

20 Bocquet-Appel(2011).
21 Scott(2017).
22 Larsen(2006).

가도, 대도시와 선진 문명의 번영도 동반하지 않았다. 수천 년 동안 초기 농부의 삶은 어느 모로 보나 수렵채집인의 삶보다 단적으로 열악했던 것처럼 보인다.

그렇다면 영구 정착의 동기는 무엇이었을까? 신석기인이 수천 년 뒤에 후손이 자신들의 희생으로부터 혜택을 누리라고 안락한 최저 생활과 농경이라는 등골 빠지는 노역을 맞바꾼 것은 분명 아닐 것이다. 자연 선택의 힘은 생물학적이든 문화적이든 예지력이 없다. 당장 쓸모가 없는 행동은 미래 세대에게 어떤 혜택을 주든 퍼지지 않는다.

괴베클리 테페와 같은 터의 발견은 한 가지 흥미로운 설명을 제시한다. 이러한 전환의 원동력은 경제적이라기보다 사회적이라는 설명이다. 사람들은 거대한 사원에서 개최되는 대규모 집단 의례를 수행하려 다양한 곳에서 모여들었다. 하지만 그런 사원을 지으려면 인류 역사상 유례없는 규모의 협력이 필요했을 것이다. 인근 채석장에서 조각되어 괴베클리 테페의 건축에 쓰인 돌 일부는 높이는 6미터가 넘었고 무게는 15톤이나 나갔다. 그런 돌덩어리를 정교한 기술도 없이 캐고 운반하고 조각하고 설치하는 일은 여러 해 동안 함께 일할 큰 집단을 필요로 했으며, 이는 복잡한 사회의 발달을 위한 초석을 제공했을 것이다. 일단 완공된 사원은 종신 사제와 수많은 순례자를 먹여 살리기 위해 농사에 혜택을 제공했을 것이다. 아니나 다를까 유전적 증거도 괴베클리 테페가 건설된 시점에서 500년

안짝에 그곳에서 그리 멀지 않은 지역에 세계에서 가장 오래된 재배종 밀이 발견되었음을 보여 준다. 그로부터 몇 세기 뒤에 사람들은 그 지역의 가축을 울타리 안으로 몰아넣기 시작했다. 슈미트의 표현을 빌리자면 "사원이 먼저고 도시는 그다음이다."

이는 엄청나게 급진적인 제안이다. 수 세기 동안 물질적 힘이 문명을 주도한다는 생각이 우세했다. 일부 고고학자들은 신석기 시대에 사회적 변화가 일어난 원인을 인간이 식량 생산을 늘릴 방법을 찾을 수밖에 없게 한 인구학적 압력에서 찾았다. 다른 이들은 기후 변화로 인해 더 많은 사냥 동물을 부양할 비옥한 땅을 찾아 나서야 했다고 생각했다. 아니면 반대였을지도 모른다. 말하자면 생존을 위해 생계 수단을 혁신할 수밖에 없었던 쪽은 바로 불모의 환경에 처한 집단이었을 수도 있다. 열량을 더 잘 쓰도록 한 기술적 진전의 결과로 변화가 일어났다고 주장하는 사람들도 있다. 아니면 규모를 키우도록 그들을 설득 또는 강요한 장본인은 정치적 야욕을 채우려던 초기 사회의 우두머리 수컷이었을 수도 있다.

철학자와 정치 이론가는 먹을 것을 찾아다니던 생활에서 정착 생활로 전환한 것이 좋은 생각이었는지 아니었는지에 대해 오래전부터 격렬한 공방을 벌여 왔다. 토머스 홉스처럼 그것이 인류를 더 도덕적이고 의미 있는 존재로 격상시킨 중추적 순간이었다고 보는 사람들이 있다. 장자크 루소나 카를 마르크스 같은 다른 이들에게는 인간성이 부패하고 대중의 착취를 위한 길이 열린 끔찍한 실수였다. 하지만 그들 역시 사회의 규범, 종교적 믿음, 예술적 노력, 의례적 관행이라는 **상부 구조**의 출현을 낳은 것은 물질적 기반, 즉 경제적 생산 수단과 관련된 조건이었다는 점에 너나없이 동의한다. 슈미트의 해석은 이 정설을 뒤집어엎는다. 그것이 사실이라면 우리 종 역사의 주요한 장을 수정해야 한다. 만일 최초의 위대한 문명을 창조한 저항할 수 없는 추진력이 식량에 대한 갈망이 아니라 의례에 대한 충동이었다면 어쩔 것인가?

*

인간은 의식에 집착한다. 어떤 경우 이런 집착은 병적이 될 수도 있다. 강박 장애란 거슬리는 생각과 두려움, 이러한 걱정을 완화하기 위해 매우 의례화된 동작을 수행하려는 충동으로 특징지어지는 증세다. 이런 동작은 문화적 의례의 핵심 속성 몇 가지를 지닌다. 다시 말해 경직성, 반복성, 중복성으로 특징지어지고 뚜렷한 목적이 없다. 그런데도 강박 장애를 앓는 사람은 그런 동작을 하려는 충동을 느끼고 그렇게 할 수 없으면 몹시 불안해한다.

인류학자 앨런 피스크와 그 동료들은 고대 국가부터 당대의 수렵채집인, 산업화된 사람들에 이르기까지 수많은 문화의 역사적 기록과 민족지적 기록을 조사했다. 그들은 이러한 문화 전반에 걸쳐 강박 장애와 관련된 동작의 내용 및 형식이 지역적으로 널리 퍼진 의례의 내용 및 형식과 유사하다는 점을 발견했다.[23] 둘 다 세정 및 정화 행위와 같은 예방적 행동(오염 처리), 반복성 및 중복성(위험 점검), 경직성(새로움 회피와 정확성 강조)을 중심으로 했다.

어떤 학자들은 이런 유사성을 근거로 의례적 행동이 진화적 우연, 즉 아무 적응적 가치도 없는 일종의 정신적 결함이라고 주장했다. 예컨대 파스칼 보이어와 피에르 리에나르드는 인간이 의례에 집착하는 이유를 환경에서 위험을 탐지하는 우리 정신 체계의 잘못된 발화에서 찾았다.[24] 이 '위험 예방 체계'는 포식자, 오염원, 사회적 배척과 같은 잠재적 위협을 추론하고 적절한 보호 행동을 촉발하도록 진화했다. 보이어와 리에나르에 따르면 의례화가 그토록 강제적인 이유는 실제 위험이 전혀 없는 순간에도 해당 체계의 입력을 모방하기 때문이다.

정신적 결함 가설도 고려할 가치는 있지만 더 자세히 살펴보면 개연성이 다소 떨어지는 듯하다. 진화는 낭비를 좋아하지 않는다. 비현실적이거나 부적응적인 행동은 영원히 지속되지 않는 경향이 있다는 말이다. 물론 진화적 결함은 드물지 않고, 환경 조건이 자연 선택이 따라잡기 힘들 만큼 빠르게 변할

23 Dulaney & Fiske(1994).
24 Boyer & Liénard(2006).

때는 특히 더 그러하다. 부실한 음식에 대한 우리의 갈망이 대표적 사례다. 가공식품이 등장하기 전 설탕, 소금, 지방은 우리 조상의 생존에 필수적인 귀한 식품이었다. 그런 환경에서 만약 벌집을 발견한다면 언제 다음 기회가 올지 아무도 모르기 때문에 앉은자리에서 허겁지겁 먹어 치우는 편이 나을 것이다. 오늘날 설탕, 소금, 지방은 매우 찾기 쉬우며 종종 같은 접시에 담겨 있지만, 우리 뇌는 여전히 예전과 똑같은 과식 충동에 복종하는 경향이 있다.

그렇지만 의례는 부실한 음식과 다르다. 유사 이래 의례는 오늘날 우리에게 제공하는 것과 똑같은 기능 일부를 조상에게 제공해 왔다. 그리고 이를 과학적으로 연구하면 할수록 그 기능이 비용을 능가할 만큼 중요하다는 증거가 더 많이 발견된다. 의례는 적응 체계의 우발적 발화가 아닌 그 반대라고 피스크는 주장한다. 강박 장애는 단순히 의례를 수행하고 이에 감동하는 인간의 기본 역량이 과장되어 병적으로 표출되었을 뿐이다.[25] 이 이론에 따르면 우리 종은 의례를 발명하고 시행하고 또 전달하려는 성향을 타고난다. 의식에 대한 뿌리 깊은 욕구는 전 세계 인간 문화가 사적, 공적 삶의 가장 중요한 순간을 기념하는 무수한 방식에서 명백히 드러난다.

도대체 왜 의례가 그토록 대수로워야 할까? 우리가 문명

25 Fiske & Haslam(1997).

의 여명기뿐 아니라 우리 각자의 인생 초기에도 의식을 중요하게 여긴다는 점에서 그 단서를 찾을 수 있다.[26] 아이들은 전형적으로 두 살 무렵부터 강박적으로 따르는 자기만의 갖가지 규칙과 루틴이 있다. 예컨대 아이들은 흔히 특정한 식사 시간을 비롯해 매일 밤 똑같은 이야기 듣기, 제일 좋아하는 장난감에 입 맞추기, 달에 잘 자라고 인사하기 같은 취침 시간의 의례를 요구하면서 고정된 가사 일정을 고집하곤 한다. 아이들은 특정 장난감과 여타 물건에 애착을 나타내고 특별하게 대한다. 마치 모든 것에 자기가 '제일 좋아하는' 버전이 있는 듯하다. 아이들은 음식을 엄격히 가려 먹고 밥도 특정한 방식으로 먹기를 좋아한다. 같은 행위를 하고 또 하며 반복에 집착하고, 물건을 특정 패턴으로 배열하고 재정돈하기를 선호한다. 그리고 어떤 동작이 꼭 맞는 방식으로 수행될 때까지 절대 만족하는 일 없이 규칙을 엄격하게 고수하기를 요구한다.[27]

아이들은 의례가 외부 세계에 인과적으로 영향을 미친다고 믿는 것처럼 보인다는 점도 주목할 만하다. 예컨대 이스라엘과 미국에서 미취학 아동을 대상으로 연구한 결과로 아이들은 흔히 생일잔치를 하면 사람들이 실제로 한 살을 더 먹는다고 믿는다.[28] 연구자들은 아이들에게 어느 여자아이가 첫 번째

26 Zohar & Felz(2001).

27 Evans et al.(2002).

28 Klavir & Leiser(2002); Woolley & Rhoads(2017).

와 두 번째 생일에 잔치를 했지만 한 해 뒤에는 부모님이 축하 행사를 마련해 줄 수 없었다는 이야기를 들려주었다. 여자아이가 몇 살이냐고 물었을 때 많은 아이가 아직 두 살이라고 답했다. 돌아오는 세 번째 생일에 생일잔치를 두 번 하게 된 여자아이에 관해 비슷한 이야기를 들려주었을 때는 많은 아이가 그 여자아이는 네 살이 될 거라고 말했다. 또 연구자들이 아이들에게 생일을 축하하는 이유를 묻자 많은 아이가 인과적 언어를 사용했다. 그래야 **우리가 나이를 먹을 수 있어서**라고 말이다. 왜 그래야 할까?

아이들이 제구실하는 사회 구성원이 되려면 사회 집단의 규범과 관례 지키기를 얼른 학습해야 한다.[29] 이런 이유로 아이들은 규범적 규칙과 처방을 열심히 채택하고 사회 규범을 위반하면 즉시 항의한다.[30] 이들은 다른 사람, 특히 자신이 속한 사회 집단 구성원의 행동을 모방한다. 실은 아이들은 행동을 충실히 따라 하는 데 능숙해서 심지어 그 행동이 당면 과제와 무관할 때도 기꺼이 따라 하려 한다.

세인트앤드루스 대학교에서 일군의 심리학자들은 아동과 어린 침팬지의 모방 행동을 비교했다.[31] 그들은 퍼즐을 풀면 아이들과 침팬지가 모두 탐내는 보상인 곰 젤리가 나오는

29 Watson-Jones, Whitehouse, & Legare(2015); Legare et al.(2015).

30 Rakoczy, Warneken, & Tomasello(2008).

31 Horner & Whiten(2004).

퍼즐 상자를 제작했다. 연구자들은 네 단계로 이루어진 해답을 시범으로 보였다. 첫째, 빗장을 열어 상자 위 구멍을 드러낸다. 둘째, 막대를 구멍에 꽂고 세 번 탁탁탁 두드린다. 셋째, 상자 앞쪽의 문을 옆으로 밀어 두 번째 구멍을 드러낸다. 넷째, 쇠막대를 사용해 구멍에서 간식을 빼낸다. 그런 다음 참가자들에게 상자를 내주었다.

사례의 절반은 퍼즐 상자가 불투명해서 참가자들은 각각의 동작이 결과에 정확히 어떻게 영향을 미치는지 보지 못했다. 이 사례에서는 침팬지와 아이들 모두 동작을 정확히 따라하고 보상을 얻었다. 나머지 참가자는 상자가 투명한 아크릴 유리로 만들어졌다는 점만 제외하면 정확히 똑같은 시범을 보았다. 이는 전체 과정 중 첫 두 단계가 목표와 무관하다는 것을 드러낸다. 상자 위 천장은 가짜여서 위쪽 구멍에 막대기를 찔러 넣는 행동은 이후 단계에 아무 영향을 미치지 않았다. 약삭빠른 침팬지들은 이를 깨닫자마자 본론으로 들어갔다. 그들은 불필요한 동작을 생략하고 간식을 얻는 데 필요한 마지막 단계들로 즉시 건너뛰었다. 먹을 것에 관한 한 예절을 위한 여지 따위는 없었다. 반면에 아이들은 최종 목표와 무관한 단계를 포함해 전체 순서를 여전히 충실하게 따라 했다. 다른 연구에서 과제에 유의미한 동작만 따라 하라고 구체적으로 말해 주었을 때조차 아이들은 기능이 없는 동작을 포함해 전체 절차를 충실하게 모방하는 것으로 나타났다.[32]

따라서 원숭이도 생각 없이 원숭이 짓을 하지는 않지만 인간 아이들은 그렇게 하는 것처럼 보인다. 실제로 후속 연구에 따르면 아이들의 과도한 모방 성향은 사실상 나이를 먹을수록 증가했다.[33] 연구자들은 아이들이 인지적으로 더 발달해 인과 관계를 더 잘 이해하게 되면 따라 할 동작과 따라 하지 않을 동작을 더 가릴 것이라고 예상했다. 결과는 정반대였다. 모든 아이가 높은 충실도로 동작을 모방하는 동안 세 살배기는 종종 무관한 과제 일부를 실행하지 않고 생략했다. 반대로 다섯 살배기는 인과 관계가 없는 동작을 포함해 시범의 일거수일투족을 고스란히 따라 했다.

그러나 여기에는 주목할 만한 반전이 있다. 다섯 살배기는 성숙해진 덕에 그 단계가 **의도적**이니 정확히 실행되어야 한다는 점을 이해했을 수도 있어 보인다. 연구를 보면 아이들은 의도적인 동작은 별로 이해가 안 가도 따라 하지만 실수는 따라 하지 않는다. 연구자들이 일부 동작을 할 때 "이런!"이라는 말로 의도한 것이 아님을 표시했을 때 그 실험에 참여한 아이들은 해당 동작을 순서에서 생략했다.[34]

이 같은 과잉 모방은 인간이 사회적 학습을 촉진하기 위해 진화시킨 적응 전략이라고 생각된다.[35] 우리는 다른 어떤

32 Lyons et al.(2011).
33 McGuigan, Makinson, & Whiten(2011).
34 Over & Carpenter(2012).

동물보다도 문화적 지식에 의존하기에 주위 사람의 행동을 따라 하는 것은 그 행동의 의미를 완전히 이해하지 못하는 순간에도 매우 편리한 전략일 수 있다. 우리는 종종 그 일이 충분히 타당하게 느껴진다는 사실 말고는 왜 일을 그런 식으로 하는지 이해하지 못할 수 있다. 어쨌거나 어떤 솜씨를 배우는 일에 관한 한 아무리 많은 이론도 수습 기간을 통한 경험적 학습을 대체하지 못한다. 같은 이유로 우리는 과정의 단계를 일일이 의심하는 수고를 하지 않는다. 어떤 조리법이나 전통 요법을 따를 때 전 순서를 따라 한다. 바스마티 쌀이 아니라 아르보리오 쌀을 쓰는 것이나 냄비에 물을 반만 채워서 파스타를 삶는 것이 왜 중요한지는 모르지만 이유가 있다고 믿고 지시대로 한다.

심지어 성인으로서도 우리가 알아야 할 것 대부분은 인과관계에 대한 심층 파악이 아니라 사회적 관례에 대한 이해를 기반으로 한다. 그러므로 모방은 우리 삶에서 내내 중요한 사회적 역할을 한다. 그런데 우리도 누구를 모방하느냐에 관해서는 까다로운 편이다. 아이든 어른이든 같은 집단의 구성원이나 자신과 닮은 사람을 더 따라 하는 경향이 있다. 예컨대 사람들은 자신과 언어, 말투나 민족성을 공유하는 사람에게서 배우는 편을 선호한다. 소수 집단 대학생은 자신과 배경이 비슷한 강

35 Legare & Nielsen(2015).

사가 가르칠 때 더 나은 성적을 받고 졸업할 확률이 더 높다는 점을 연구가 보여 주기도 한다.[36]

텍사스 대학교 부속 학습 진화·변이·개체발생 연구소에서 수행한 실험에서는 연구자들이 5~6세 아동을 모집해 아이들이 사회적으로 배제된다고 느낄 때 어떻게 행동할지 조사했다.[37] 아이들은 실험이 노랑 집단과 초록 집단으로 나뉘고, 그들은 노란 쪽에 속할 것이라고 들었다. 아이들은 휘장으로 착용할 노란색 모자, 셔츠, 손목 띠를 받았다. 그런 다음 노랑 또는 초록 집단에 속한 다른 구성원과 공을 던지는 가상 게임을 했다. 연구가 보여 주는 바에 따르면 게임 중 공을 받지 못하는 선수는 배제되고 따돌림당한다고 느꼈다. 하지만 아이들은 자신이 속한 집단에서 배제되었을 때 더 많은 불만을 표출하고 더 많은 불안감을 느꼈다고 말했다.

게임 후 아이들은 노랑 또는 초록 집단에 속한 어른이 탁자 위 물건들을 임의적인 일련의 동작을 하며 정리하는 모습을 지켜보았다. 정육면체를 옮기기 전에 두 번 두드리거나 이마에 대기, 손을 턱 밑에 괴기 등의 동작이었다. 아이들은 단순히 "이 집단은 이렇게 한단다."라는 말을 들었고, 시범이 끝난 후 "이제 네 차례야."라는 말을 들었다. 게임 중 내집단에서 배제되었던 아이는 포함되었던 아이보다 더 충실하게 시범을 모

36 Fairlie, Hoffmann, & Oreopoulos(2014).
37 Watson-Jones, Whitehouse, &Legare(2015).

방했다. 그들은 외집단에 의해 배제되었던 아이보다 더 높은 충실도를 보여 주었다. 특히 자기 집단에서 명확히 기피되는 상황은 집단의 규범을 가장 충실히 지키는 결과로 이어졌다. 다른 실험 결과에 따르면 아이들은 심지어 내집단에서 따돌림 당하는 주인공에 관한 만화 영화를 본 것만으로도 과잉 모방에 들어간다.[38] 이는 어린아이가 행동적 모방을 중요한 사회적 유대 강화의 수단으로 사용할 수 있음을 시사한다.

*

의례화의 특별한 호소력은 유아기를 훨씬 넘어선다. 발달기 내내 그리고 성인기에 들어서서도 우리 삶의 주요한 일부분으로 남아 있고, 모든 문화에서 인간이 사적, 공적 삶의 가장 중요한 순간을 기념하는 무수한 방식으로 연마된다. 사실 의례는 모든 인간 사회에서 가장 쉽게 예측되는 특징 중 하나다. 인류학자 도널드 브라운은 인간의 보편적 특성 목록을 작성했다. "모든 사람, 모든 사회, 모든 문화, 모든 언어의 공통점은 무엇일까?" 그는 이 질문에 대해 자신이 보편인(Universal People)이라 부르는 인물을 묘사하며 답을 제시했다. "모든 사람 혹은 일반적인 사람에 대한 묘사는 존재한다." 이 목록에 포함된 언어,

38 Over & Carpenter(2009).

요리, 친족 관계, 음악, 춤, 미술과 인간을 표현하는 그 밖의 많은 측면에 대해서는 알려진 예외가 없다. 그 목록에는 혼례, 출산 관습, 매장, 서약 등 수많은 의식 행위도 있다. "보편인에게는 의례가 있고, 여기에는 개인이 한 지위에서 다른 지위로 넘어갈 때 경계를 표시하는 통과의례가 포함된다."

의례학자들은 생애의 주요 단계와 변화를 표시하는 행사를 기술하기 위해 '통과의례'라는 용어를 사용한다. 인류학자 아르놀드 방주네프는 모든 통과의례가 비슷한 구조를 따르고 비슷한 역할을 한다는 점에 처음으로 주목한 사람이다. 그런 의례는 세 단계를 포함한다. 첫째, 입문자가 이전 생활 방식과 상징적으로 분리되어 새로운 정체성과 지위를 향해 나아가기 시작한다. 예컨대 삭발은 여러 통과의례에서 흔히 볼 수 있는 요소로 새로운 사람이 되기 위해 자신의 일부를 남겨 두는 것을 상징한다. 군대나 종교 공동체에 들어갈 때를 생각해 보자. 둘째, 흔히 '경계' 단계라 불리는 이 단계는 입문자가 이전 지위를 떠났으나 아직 새로운 지위를 얻지 않은 다른 두 단계 사이의 과도기다. 이 기간에 청소년은 소년도 남자도 아니고, 신부는 독신도 기혼도 아니며, 고인은 이승 사람도 저승 사람도 아니다. 그들은 이도 저도 아닌 상태다. 마지막 셋째 단계에서는 과도기가 끝나고 입문자가 새 사람으로 사회에 다시 합쳐진다. 졸업식이 끝나면 문하생은 전문가가 되고, 입소식에서 민간인은 군인이 되며, 장례식에서 고인은 조상이 된다. 통과의례는 단지 새로운 상태로의 전환을 축하하는 것이 아니다. 사회적 관점에서 새로운 상태를 **창출해 낸다.**

이런 관행은 맨 처음에 시작된다. 모든 문화에서 아이의 탄생은 의례로 둘러싸여 있다. 흔한 관습으로 아기의 첫 머리털 밀기, 세정 의례 수행하기, 보호용 부적 사용하기 등이 있다. 발리에서는 아기가 생후 첫 석 달 동안 땅바닥에 닿지 못하게 한다. 다른 탄생 의례는 더 기이할 수 있다. 스페인 카스트리요 데 무르시아 마을에서는 길거리에 매트리스를 깔고 갓난 아기들을 늘어놓은 다음에 악마 복장을 한 남자들이 그 위를 펄쩍펄쩍 뛰어넘는다. 인도의 솔라푸르 마을에서는 바바 우메다가라는 이슬람교 사당 옥상에서 아기를 던지며 15미터 아래의 홑이불 한 장을 붙든 사람들이 어떻게든 아기를 잡아 주기를 바란다.

네바다 대학교의 인류학자 샤론 영과 대니얼 베니셰크는 179개 사회를 조사하여 그중 대부분에 묻기, 태우기, 나무에 걸기, 먹기 등 출산 후 태반을 처분하는 특정한 의례가 있음을 알아냈다.[39] 비슷한 전통이 출산 후 탯줄의 취급, 보관 또는 처분을 규정한다. 그런 의례들은 특별한 형태의 세정과 보호를 도입해 부모가 출산 후 경험하는 위험과 오염의 공포를 완화시킨다. 이것이 우리의 첫 통과의례다.

39 Young & Benyshek(2010).

그러나 태어난 것만으로는 사회 집단에 수용되기에 항상 충분하지 않다. 많은 사회에서 영아는 작명 의식을 치를 때까지 완전한 사람으로 여겨지지 않고 사회적 지위도 없다. 조상들 때는 영아 사망률이 훨씬 높았으므로 출생이 생존을 보장하지 않았다. 따라서 출생 후 여러 날 혹은 여러 달, 심지어 여러 해 동안 작명을 미루는 것은 사망 확률이 낮아질 때까지 감정적 투자를 연기함으로써 잠재적 상실에 대처하기 위한 심리적 메커니즘을 제공했다. 조사가 보여 주는 바로도 과연 영아 사망률은 작명 의식 전에 흘려보내는 시간과 상관관계가 있다. 다시 말해 조기 사망 확률이 높을수록 의식은 더 늦게 치러진다.[40]

성년도 소년을 남자로, 소녀를 여자로 바꾸는 데 도움을 주는 의례에 의해 널리 기념된다. 서아프리카 풀라족 소녀들은 고통스러운 얼굴 문신을 견딤으로써 여자로 거듭나는 한편 소년들은 또래의 모진 매질을 견뎌야 한다. 하지만 모든 성년 의식이 그렇게 겁나는 것은 아니다. 바르미츠바, 견진 성사, 킨세아네라, 스위트 식스틴 파티는 성인으로의 전환을 기념하는 많은 축제 방식 중 일부에 불과하다.

성년은 혼기가 되었음을 의미한다. 모든 사회에 있는 결혼 의식은 통과의례 중 가장 호화로운 쪽에 속한다. 1981년 영국 찰스 왕세자와 다이애나 스펜서의 결혼식에는 세계에서 가

40 McCormick(2010).

장 가난한 일부 국가의 연간 국내총생산보다 더 큰 비용이 들었다. 왕족이야 그런 호사를 위해 납세자에게 청구서를 보내면 그만이지만 세상 사람들은 사치스러운 결혼식을 위해 저축한 돈을 거덜 내고도 모자라 여러 해에 걸쳐 갚아야 할 빚을 진다. 인도의 결혼식은 일주일까지 이어지고 하객이 수백에서 수천 명에 이를 수 있다. 자메이카의 전통 혼례에는 마을 사람이 전부 초대된다. 그리고 스와질란드에서는 신랑이 신부의 가족에게 소 열여덟 마리를 지불해야 하는데 이는 현지 기준으로 막대한 비용이다. 이런 비용을 감당할 형편이 안 되는 사람들은 의례적 의무를 다하기 위해 돈을 빌리곤 한다.

일생일대의 모든 전환이 그렇듯 궁극적 전환도 의례로 표시된다. 인도네시아의 토라자족은 망자를 위해 공들인 장례를 준비할 때까지 죽은 친척의 시신을 몇 달, 심지어 몇 년 동안 집에 보관하는 주목할 만한 전통이 있다. 시신은 그동안 말라서 미라가 되지만 친척들은 마치 살아 있는 듯 대한다. 시신을 침대 위에 두고 옷을 갈아입히며, 먹을 것과 마실 것을 권하고 또 날마다 대화를 나눈다. 모든 준비가 완료되었을 때 전체 공동체가 큰 공개 모임에 참석해 마침내 시신을 안치한다. 하지만 고인과의 상호 작용은 장례식으로 끝나지 않는다. 그들은 해마다 미라가 된 시신을 파낸 뒤 정장을 입혀 온 마을을 행진한다.

토라자족의 관행이 유별나게 보일 수 있지만 비슷한 전

통은 전 세계에 얼마든지 있다. 많은 문화가 유해를 파내고 두 번째 의식에서 땅에 다시 묻는 '2차 매장'을 실행한다. 그리고 많은 사회에서 사람들은 산 사람을 위해서는 동일한 기준을 충족할 형편이 안 될 때마저 죽은 동족을 위해 기념비적인 건축물을 짓는다. 나는 마다가스카르에서 주민들은 갈대나 점토로 창문도 없이 코딱지만 하게 지어 포식자와 태풍, 기타 재난에 취약한 오두막에서 사는 한편 그들의 죽은 조상은 그 지역에서 유일하게 안전하고 널찍하고 튼튼한 벽돌과 회반죽으로 지은 건물에 거주하는 곳들을 방문한 적이 있다. 그리고 요르단의 고대 도시 페트라를 본 사람이라면 누구나 바위에 직접 새겨진 셀 수 없이 많은 대궐 같은 구조물이 무덤으로 쓰인 것을 떠올리고 혀를 내두를 것이다. 죽은 자들이 이런 걸작품 안에서 쉬는 동안 주민인 나바테아족은 염소 가죽 천막에서 살았다.

죽은 사람들에 대한 이런 집착은 참으로 종잡을 수 없다. 죽은 동족을 애도하는 생명체인 우리 관점에서는 자연스러워 보일 수 있다. 하지만 진화가 왜 죽은 이를 애도하는 데 그토록 수고를 아끼지 않는, 어쨌거나 실제로 망자를 애도하는 생명체를 창조하겠는가? 초사회적 동물인 우리는 사회적인 삶을 위한 적응적 특성을 많이 갖고 있다. 특별히 강한 형태의 애착과 결속도 여기에 포함되는데 이 특성은 핵가족에서 출발해 더 먼 친척, 성적 파트너, 사회적 동지와 친구까지 연장된다. 어린아이는 부모와 분리되면 흔히 분리 불안으로 알려진 극심한 스트레스 반응을 경험하고, 이는 자식의 행방을 놓친 부모도 마찬가지다. 우리 뇌가 한 가지 명백한 적응적 기능, 곧 부모와 자식에게 서로 가까이 있을 동기를 부여하는 스트레스 호르몬의 분비를 촉발하기 때문이다. 연인들도 헤어진 후에 비슷한 스트레스를 경험할 수 있고, 친한 친구끼리 틀어진 후에도 그럴 수 있다. 이 스트레스는 사회적 관계망의 해체를 막기 위해 사람들이 화해하기를 장려한다.[41] 하지만 죽음이 발생하면 더는 재결합이 불가능하므로 분리 불안은 의도된 목적에 달하지 못한 채 고통을 악화시키기만 한다. 이 견해는 코끼리와 침팬지처럼 죽은 동족을 애도하는 것처럼 보이는 인간 외 모든 동물이 매우 사회적인 생명체이기도 하다는 사실로 뒷받침되는 듯하다.

이런 관점에서 볼 때 슬픔 그 자체는 적응과 무관할지 몰라도 슬픔을 위한 **역량**은 자연 선택을 통해 형성된 진화적 적응 특성에서 비롯된 것일 수 있다. 그것은 분리가 죽음보다 훨씬 더 자주 일어나기에, 그래서 이러한 불안의 누적적 이득이 슬픔의 비용보다 더 크기에 존속한다. 상실의 경험과 죽음의 공포처럼 심신을 약하게 하는 감정을 극복하기 위해 모든 인간 문화는 죽음 의례를 개발해 왔다.

41 Archer(1999).

죽음은 이런 일이 일어나는 유일한 영역이 아니다. 앞으로 보겠지만 좀 더 일반적인 패턴이 있다. 즉 의례는 우리가 애초에 일정 수준의 사회적 정교화를 통해서만 자각할 수 있는 몹시 걱정스러운 전망에 대처하는 데 도움을 줄 수 있다. 우리의 진화한 메커니즘이 인생의 난관에 다소 적합하지 않은 다양한 영역에서 의례는 그런 메커니즘을 우회하거나 재조정함으로써 난관을 극복하도록 돕는 정신적 도구의 역할을 하게 된다. 이런 쓸모 덕분에 인간의 영혼은 의례에 대한 갈망이 깊다. 우리가 의례를 수행하는 데 끌리는 이유는 단지 그러기를 좋아해서가 아니라, 그럴 필요가 있기 때문이다.

3장

무질서 속의 질서

1914년 어린 폴란드 학생이 인류학 분야를 탈바꿈시킬 여행길에 올랐다. 그의 이름은 브로니스와프 말리노프스키였고, 목적지는 태평양의 뉴기니섬이었다.

말리노프스키의 학문적 이력은 여러모로 우연한 발견을 통해 형성되었다.[1] 어린 시절 그는 호흡기 문제와 나쁜 시력으로 고생하는 병약한 아이였다. 어머니는 의사의 충고에 따라 그를 데리고 더 따뜻한 기후로 장기 여행을 다녔다. 모자는 지중해, 북아프리카, 소아시아, 마데이라 제도와 카나리아 제도 등지로 한 번에 여러 달씩 여행을 떠나곤 했다. 이런 이국적 장소에서의 생활은 지워지지 않는 인상을 남겼고, 이방의 사람과 관습에 관심을 쏟게 자극했다. 그는 베네치아의 중세 궁전과 달마티아 해변의 그림 같은 어촌에 넋을 잃었다. 테네리페섬에서는 평소의 금욕적 생활 방식을 깨고 두 주 동안 이어진 사육제의 넘치는 활기에 휩쓸리기도 했다. 그가 병에서 회복하는

1 Wayne(1985).

동안 어머니는 몇 시간씩 책을 읽어 주곤 했다. 후년에 그는 특히 영향을 받은 책으로 세계의 신화와 의례에 대한 최초의 광범위한 연구서인 제임스 프레이저의 『황금가지』를 꼽았다.

말리노프스키는 아팠지만 재기발랄한 학생이었다. 그는 크라쿠프의 야기엘론스키 대학교에서 과학철학 박사 학위를 받았다. 실은 그의 학위 논문이 굉장히 호평을 받아 최고로 명망 있는 상인 수브 아우스피키스 임페라토리스를 수상했다. 특별한 의식에서 다름 아닌 프란츠 요제프 황제가 시상하며 그에게 황금과 다이아몬드로 된 반지를 수여했다. 이 비범한 영예가 많은 길을 열어 주어 말리노프스키는 원하는 것은 무엇이든 자유롭게 연구할 수 있다는 것을 알게 되었다. 그는 어머니의 낭독을 통해 몸에 밴 인류학에 대한 열정을 뒤쫓기로 했다. 현대 심리학의 창립자인 빌헬름 분트와 저명한 경제학자이자 저널리즘의 아버지인 카를 뷔허로부터 훈련을 받으며 당대의 가장 저명한 몇몇 학자 밑에서 공부한 후 마침내 유명한 런던 정치경제대학교 인류학과에서 그 분야의 쌍벽인 찰스 셀리그먼과 에드바르드 베스테르마르크의 지도 아래 박사후 연구에 착수했다.

말리노프스키는 연구를 위해 수단에서 현지 조사를 할 계획을 세웠다. 그는 관련 문헌을 읽고 아랍어를 배우기 시작했지만 학과의 관리자들이 아프리카 연구 계획을 너무 많이 후원했다고 느낀 탓에 결국 자금을 확보할 수 없었다. 그 대신 셀

리그먼은 몇 년 전 자신이 현지 조사를 했던 뉴기니로 가기 위한 보조금을 어렵사리 따냈다. 말리노프스키는 기회를 덥석 붙잡았다. 하지만 시작은 그리 순탄치 않았다.

현지로 가는 길에 1차 세계 대전이 터졌다. 당시 그 지역은 영국 식민지인 오스트레일리아 관할이었고, 말리노프스키는 폴란드에서 태어나 영국에서 살았음에도 오스트리아헝가리제국 여권을 갖고 있었다. 엄밀히 말해 적국의 국민이 된 그는 전쟁이 끝날 때까지 유럽으로 돌아갈 수 없었다. 추방은 4년간 계속될 운명이었다. 그 덕에 연구를 위한 다양한 선택지를 탐색할 시간이 생긴 말리노프스키는 결국 뉴기니의 동해안 앞바다에 자리 잡은 작은 환상 산호섬의 군도인 트로브리안드 제도에 상륙했다. 그는 바로 거기서 가장 선구적인 현지 조사를 수행했다. 그 연구가 선구적인 까닭은 그것이 현지 조사**였기** 때문이다.

*

학문 분야 초기에 문화인류학은 놀라울 만큼 탁상공론에 가까웠다. 당시 인류학자의 전형은 브리튼섬 어딘가의 자기 서재에 편안히 앉아 파이프를 피우며 여행자, 선교사, 식민지 관리자가 이국의 원주민에 관해 보낸 보고서를 읽고 있는 수염 기른 노인이었다. 그런 이야기에서 기술되는 관행이란 관찰자에 의해 과장되기 일쑤였다. 관찰자들은 빅토리아 시대 사회의 고상한 체하는 자민족 중심적 기준으로 원주민의 관행을 비이성적이거나 원시적이지 않으면 이교도적이라고 판단했다.

그런 서술에 근거하면 원주민의 관습은 틀림없이 영국 상류층 지식인의 것과 근본적으로 달라 보였을 것이다. 영국 상류층 지식인들은 이 차이가 타고난 생물학적 요인에서 나온다고 쉽사리 결론지었다. 그들은 자신들 문명이 위에 있고 '원시적' 문화는 아래에 있는 자연적 위계가 존재한다고 주장했다. 그들의 인종주의적 견해는 자신들이 연구하는 사람을 절대 만나지 않는다는 사실에 의해 더욱 악화되었다. 요즘 그런 학자는 흔히 '안락의자 인류학자'로 일컬어진다. 19세기 가장 저명한 인류학자 중 한 명인 제임스 프레이저 경이 글에서 다루는 사람들을 실제로 직접 만나 본 적이 있느냐는 질문에 "그럴 리가 있나!"라고 답했다는 유명한 일화도 있다.[2]

20세기 초 무렵 인류학자들은 자신들이 연구하는 문화에 관해 배우고자 안락의자를 떠나 여행하기 시작했다. 하지만 현지인과 상호 작용은 여전히 제한적이었다. 그들은 도착하자마자 대개 선교촌이나 식민지 총독이 소유한 저택에 거주했고, 그곳에서는 그들을 위한 모든 것이 제공되었다. 이 시대의 정형화된 인류학자들은 외교관, 선교사, 무관을 비롯한 식민지

2 Evans-Pritchard(1951).

동포들과 사귀고 행정 기록과 보고서를 읽으며 나날을 보냈다. 원주민과의 상호 작용은 대부분 저택 입구 쪽 베란다에서 차를 홀짝이는 동안 현지의 하인을 관찰하는 식으로 이루어졌다. 그들은 가끔 하인 몇 명을 소집하고 통역사의 도움을 받아 궁금한 사항을 묻곤 했다. 이 시대는 '베란다 인류학'으로 명명되었다.

말리노프스키는 베란다에서 내려와 자신이 연구 중인 사람들 사이에서 생활한 최초의 인류학자 중 한 명이었다. 그는 트로브리안드에서 어느 영국인 상인의 집에 머물 기회가 있었음에도 저택의 안락함을 포기하고 숲속에 천막을 치기로 했고, 그곳에서 원주민과 살며 그들의 문화와 처신에 대한 직접적인 경험을 얻었다. 그가 얼마간 문학적 재능을 동원해 쓴 인류학자의 모습이란 이랬다.

> 모름지기 선교촌, 관공서, 농장 방갈로의 베란다에 놓인 긴 의자의 안락한 위치를 포기해야 한다. 그는 그곳에서 연필과 공책, 때로는 위스키와 소다로 무장한 뒤 정보원의 진술을 모으고, 이야기를 받아 적고, 야만인의 문자로 종이를 채워 넣는데 익숙해졌다. 그는 마을로 나가 밭에서, 바닷가에서, 밀림에서 일하는 원주민을 보아야 한다. 그들과 함께 먼 모래톱으로, 이방 부족에게로 항해하고 고기잡이, 거래, 해외 원정식을 하는 동안 그들을 관찰해야 한다. 정보는 원주민 생활에 대한 그

> 자신의 관찰로부터 풍미가 완전한 상태로 도달해야 하며, 마지못한 정보원으로부터 간신히 이어진 담화의 형태로 쥐어짜서는 안 된다.[3]

그는 당시의 흔한 방법이었던 '풍문 필기'에서 급진적으로 벗어난 이 접근법을 '야외 인류학'이라고 불렀다.

말리노프스키는 트로브리안드인과 함께 지내는 동안 가족 구조, 거래 체계, 도덕, 성적 관행을 비롯한 일상생활의 다양한 측면을 꼼꼼히 기록했다. 이 과정에서 그들이 안락의자 인류학자들이 묘사했던 비이성적 바보이기는커녕 자신들의 환경에 대해 광범위한 지식을 갖고 있으며 생계와 관련된 자연의 힘과 원리에 대해서도 확실히 파악하고 있음을 알게 되었다. 농부들은 어떤 선진 기술도 없었지만 지역 주민이 먹기에 충분한 양뿐 아니라 다른 부족과 거래할 잉여분을 생산하는 데 필요한 식물학적, 지질학적, 기상학적 지식을 모두 갖추고 있었다. 어부들은 천체, 바람, 해류를 항해에 이용하는 요령을 알고 있었다. 카누를 만드는 사람들은 견고한 선박을 건조하는 데 필요한 구조 역학과 유체 역학에 대한 이해력이 있었다. 비록 논리가 서 있지는 않았지만 말이다. 말리노프스키는 흡족한 듯이 이렇게 썼다.

3 Malinowski(1948), pp.122~123.

배 만드는 사람 각각은 수많은 부품을 모두 갖고 있으며 그것들을 상당한 정확도로, 게다가 정확한 측정 수단 없이 끼워 맞춰야 한다. 그는 오랜 경험과 훌륭한 솜씨에 기반해 널빤지의 상대적 모양과 크기, 늑골의 각도와 규모, 다양한 기둥의 길이를 감으로 추산한다.[4]

하지만 트로브리안드 사람들은 이런 솜씨에만 의존하지 않았다. 만약을 위해 말리노프스키가 '주술적 의례'로 일컬은 방편도 사용했다. 이는 특정 상황에서만 실행하는 의례였다. 예컨대 현지 어부들은 망망대해에서 고기를 잡기 전에는 공들인 의식을 수행했지만 석호에서 고기를 잡기 전에는 그런 세부 사항에 전혀 개의치 않았다. 말리노프스키는 두 활동이 공동체의 연명과 경제생활에 똑같이 필수적이지만 현실적으로 매우 다르다는 점에 주목했다. 석호의 얕은 물은 산호초로 보호되어 1년 내내 안전하게 운항할 수 있었다. 석호에서의 고기잡이란 연체동물을 줍거나 독이 있는 뿌리 추출물을 써서 작은 물고기를 기절시킨 다음 어망에 몰아넣는 식으로 이루어졌다. 노련한 어부들은 석호 물고기의 습성을 알고 있어서 사실상 쉬운 어획이 보장되었다.

반면에 심해 고기잡이는 위험했다. 부서지기 쉬운 카누를

4 앞의 책, p.136.

예측 불가능한 열대 기후의 처분에 맡긴 채 위험한 파도와 싸우는 동안 상어를 작살로 찍어 잡거나 찾아올 것이 조금도 확실치 않은 고기 떼를 쫓아다니는 일이었다. 어부들이 풍어와 함께 돌아오리라는, 혹은 어쨌거나 돌아오리라는 보장은 전혀 없었다. 젊은 선원들이 바다 괴물, 뛰어다니는 암초, 돌이 된 카누와 기타 전설적 불운에 관해 선배들이 들려주는 무서운 이야기로 경고받곤 했을 만큼 바다는 너무도 변덕스러웠다.

위험한 여정에 나서기 전 선원들은 고된 준비에 들어갔다. 그들은 금기를 지켰고 밤에는 경비를 섰다. 특별한 약초를 썼고, 돼지를 바쳤으며, 돗자리로 카누를 덮고 귀신에게 공물을 올렸다. 승선하자마자 카누를 박하로 문질렀고, 바나나 잎으로 배를 때렸고, 돛대에 판다누스 띠를 묶고서 주문을 외웠다. 그들은 특별한 물감으로 몸을 색칠했고 소라고둥을 불었으며 동시에 일제히 거듭 외쳤고 오래된 감자를 사용해 카누의 무게감을 줄이는 의식을 치렀다. 출항, 항해, 목적지 도착, 마지막 접근, 무사 귀환과 관련된 일련의 특별한 의례가 있었다.

의례는 선박 건조에도 스며 있었다. 카누용으로 선택된 나무를 베어 넘어뜨리기 전에 나무에 사는 목재의 악령인 토쿠아이를 몰아내기 위한 주문과 공양을 행했다. 운반 도중에 건초 다발로 통나무를 두 번 때렸는데 통나무가 가벼워지라는 의미에서였다. 건조의 시작을 알리는 공개 의식은 통나무가 마침내 마을에 도착했을 때 개최되었다. 통나무 운반에 사용한

덩굴식물은 약초로 날을 둘러싼 도끼로 잘랐다. 이 약초는 같은 날 저녁 카누와 그 아래 가로놓인 통나무들 사이에도 놓았다. 통나무를 파내기에 앞서 조각에 쓰일 도구인 카빌라리를 두고도 특별한 문구를 암송했다. 조각이 끝나면 코코넛 기름에 적신 잎사귀 다발을 두고 주문을 암송하고 카누 안쪽에 잎사귀를 놓은 다음 도끼로 찍었다. 그동안 늑골, 돛, 서까래, 뱃전을 만드는 널빤지 등 카누의 다양한 다른 부품을 준비했으며, 각각에 그것만의 의례 모음이 동반되었다. 마침내 모든 요소를 짜맞추면 카누의 장식을 달기 전에 그것을 성스러운 돌로 쿵쿵 치고 박하 잔가지로 덮는 또 다른 의식을 수행했다. 틈 메우기, 칠하기와 다른 과정에 관련된 무수한 추가 의례가 뒤따랐다. 마침내 건조를 마치면 다 같이 노래하고 춤추고, 공동 식사를 포함한 공들인 명명식과 진수식이 개최되었다.

대양 원정에 사용하는 카누의 이 강박적 의례화와는 뚜렷이 다르게 안전한 석호에서의 고기잡이에 사용하는 배나 해안을 따라 물자를 수송하는 데 쓰이는 배는 어떤 특별한 의식도 요구하지 않았다. 이와 마찬가지로 심해용 카누 건조처럼 고되고 기술적으로 복잡한 집 짓기와 같은 공작도 의례를 요구하지 않았다.

말리노프스키는 트로브리안드 제도에서 다양한 생활 영역을 조사한 후 분명한 패턴을 구분하기 시작했다. 일반적으로 의례는 예측 가능한 결과물이 있는 영역에는 대체로 없었지만 전쟁, 질병, 사랑과 자연 현상처럼 위험 및 통제 불능의 상황과 결부되는 영역에는 풍부했다. 예컨대 병이나 악천후에 취약한 밭작물을 심을 때는 의례가 필수적이었지만 과일나무처럼 더 강한 식물을 돌볼 때는 불필요했다. "우리는 우연과 사고의 요소 그리고 희망과 공포 간 감정놀음의 요소가 광범위하고 폭넓게 적용되는 모든 곳에서 주술을 발견한다."라고 그는 썼다. "추구하는 것이 확실하고 믿을 만하며, 합리적 방법과 기술적 과정으로 잘 통제되는 곳에서는 주술이 발견되지 않는다."[5]

이런 관찰을 기반으로 말리노프스키는 주술적 의례가 트로브리안드족의 생활에서 중요한 심리적 기능을 제공한다는 의견을 내놓았다. 그의 주장에 따르면 의례는 우리가 과학적 발견을 추구하려는 욕구와 똑같이 세계를 통제하려는 뿌리 깊은 욕구에서 유래한다. 이러한 욕구는 세계 속 현상들 사이에서 인과 관계를 인식하고 그런 관계에 영향을 미칠 방법을 모색할 동기를 부여한다. 의례의 경우 인과적 연계성은 환상일지 몰라도 그 동작은 여전히 치료적 가치가 있을 수 있다.

> 그것은 사람들이 치미는 화, 미움, 짝사랑, 절망과 불안으로 고통스러울 때도 침착함과 정신적 온전함을 유지하며 중요한 과제를 자신 있게 실행하도록 해 준다. 주술은 사람의 낙관주의

5 앞의 책, p.116.

를 의례화하도록, 희망이 공포를 이긴다는 믿음을 키우도록 한다. 주술은 의심보다 확신이, 흔들림보다 견실함이, 비관주의보다 낙관주의가 인간에게 훨씬 더 가치 있음을 표현한다.[6]

그리고 그는 이것이 자신의 사회에서 발견되는 바와 그리 다르지 않음을 깨달았다. 우리의 믿음과 관행의 내용은 문화에 따라 크게 다를 수 있어도 온 세상 사람은 기본적으로 비슷한 방식으로 생각하고 행동하며, 모든 문화의 구성원은 삶의 스트레스와 불확실성을 극복하기 위해 의례를 이용한다.

*

아닌 게 아니라 우리 사회를 조사해 봐도 스트레스와 불안을 많이 수반하는 생활 영역이 또한 의례화되고 미신에 에워싸이는 경향이 있음을 알게 된다. 만약 개인적 의례의 자발적 탄생을 관찰하고 싶다면 높은 위험 부담, 높은 불확실성, 제한된 통제력과 결부되는 영역이 좋은 출발점이 될 것이다. 카지노, 운동 경기장이나 교전 지역을 떠올려 보자.

도박사들은 미신적인 것으로 악명 높다. 카지노로 들어가는 순간 당신은 입구에서 모든 통제권을 포기한다. 도박은 본

6 앞의 책, p.70.

디 확률 게임이므로 플레이어는 운명에 대한 통제권이 제한적이거나 전혀 없고, 이는 불안을 유발할 수 있다. 이런 불안을 극복하기 위해 도박사는 온갖 맞춤형 의례를 개발한다.[7] 룰렛이 돌아가는 동안 눈을 감을 수도 있고, 슬롯머신에 말을 걸 수도 있고, 주사위를 굴리기 전에 주사위에 입김을 불 수도 있다. 그리고 도박사는 더 미신적이기만 한 것이 아니다. 도박에 소비하는 시간이 많은 도박사일수록 의례와 미신을 더 많이 시행하기도 한다.[8]

사회학자 제임스 헨슬린은 미주리주 세인트루이스에서 주사위 두 개로 하는 도박의 일종인 크랩스 플레이어들의 의례를 연구했다. 그가 관찰한 플레이어들은 바라는 결과에 따라 주사위를 던지는 특정한 방법을 개발했다.[9] 그는 "세게 던지면 큰 수가 나오고 살살 던지면 낮은 수가 나오는 것이 (……) 원리로 여겨진다."라는 데 주목했다. 플레이어들은 주사위의 액면가와 운동 속도 사이에 은유적 유사성을 설정함으로써 하나를 조종해 다른 하나에 영향을 미치고자 했다. 다른 일부는 연승 중인 누군가의 몸에 자신의 주사위를 대거나 문질러 다른 플레이어의 행운을 얻어 오려 했다. 여기에는 물리적 접촉을 통해 행운이 한 사람에게서 다른 사람에게로 옮겨 갈 수 있으

7 Delfabbro & Winefeld(2000).
8 Joukhador, Blaszczynski, & Maccallum(2004).
9 Henslin(1967).

리라는 직관적 통찰이 있다.

이런 행동은 제임스 프레이저의 공감적 주술에 대한 정의와 잘 들어맞는다.[10] 그는 관련 동작이 유사성과 전염성이라는 두 가지 주요 원리에 기초한다고 주장했다. 유사성의 법칙은 '비슷한 것에서 비슷한 결과가 나온다'거나, 달리 말해 물리적 유사성이 기능의 유사성을 함축한다는 발상이다. 이런 이유로 어떤 지역 사람들은 코뿔소 뿔이 남자의 발기에 도움이 된다고 믿고, 또 어딘가의 누군가는 저주 인형을 찌르면 적을 해칠 수 있다고 믿는다. 이는 '비슷한 것이 비슷한 것을 치유한다'는 전제를 기반으로 한 동종요법의 기본 발상이기도 하다.

전염성의 법칙은 사물에 접촉을 통해 전염되는 불변의 본질이 실려 있다는 생각이다. 심리학 연구에 따르면 이런 유형의 주술적 사고는 매우 흔하다. 예컨대 한 실험 결과를 보면 사람들은 대량 학살자가 입었던 스웨터를 설령 철저히 세탁하고 소독했다 해도 입기 싫어한다. 살인자와 접촉한 적만 없다면 기꺼이 입을지 몰라도 말이다.[11] 물론 이 참가자들은 가상의 각본에 응답한 것이었다. 하지만 이런 결과는 실제 데이터로도 확증된다. 어느 집에서 살인, 자살, 치명적 사고 등으로 부자연스러운 사망이 발생하면 그 부동산의 가치는 자그마치 25퍼센트나 하락하고 심지어 그 동네가 전반적으로 어느 정도 가치

10 Frazer(1890).

11 Nemeroff & Rozin(1994).

를 상실한다.[12]

궁정적 본질도 전염될 수 있다. 몇 년 전 나는 옥스퍼드 대학교에서 강연을 해 달라는 청을 받았다. 박사 과정을 지도해 주신 분이 그 무렵 인류학과의 학과장으로 부임한 터라 나는 자연스럽게 그를 찾아뵈었다. 지도 교수의 사무실은 내 기대와 달랐다. 가구도 낡았고 보수도 필요해 보였다. 내가 앉은 빨간 소파도 몹시 불편하고 망가진 느낌이었다. 나는 그가 세계에서 가장 명망 있는 대학 연구소 중 하나에 있으니 분명 더 좋은 소파를 살 여유가 있으리라 생각했다. 감추는 데 소질이 없는 내가 놀란 것을 눈치챈 듯 방 주인은 소파가 실제로 망가졌다고 말했다. 그가 새 소파를 사고 싶지 않은 이유는 이것이 과거 그와 같은 자리를 맡은 저명한 인류학자 에드워드 에번스프리처드 경이 쓰던 소파이기 때문이었다.

우리는 모두 어떤 형태의 주술적 사고에 관여한다. 이런 이유로 존 레넌의 피아노는 200만 달러가 넘는 가격에 팔리고, 연주회에 가는 사람은 의식적으로든 무의식적으로든 스타 연주자의 카리스마 일부가 전해지기를 바라며 종종 그를 만지려 한다. 2015년 프란치스코 교황이 미국 의회에서 연설했을 때 이런 종류의 사고를 보여 주는 더 기막힌 사례가 있었다. 교황이 연설을 마친 뒤 로버트 브래디 의원이 연단으로 달려가더

12 Chang & Li(2018).

니 성하의 물잔을 낚아챘다. 그는 물잔을 사무실로 몰래 빼돌려 자기가 한 모금 마시고는 아내와 직원에게 나눠 주었다. 남은 물은 집으로 가져가 손주들 몸에 뿌렸다. 언론이 이에 관해 물었을 때 그는 답했다. "저는 그것을 성수로 여겨요. 교황이 마시던 물이고, 교황이 다룬 물이잖아요. 교황이 마신 물이라면 축복을 받았을 게 틀림없어요." 신학적 관점에서 브래디의 주장은 틀렸다. 물이 성수가 되려면 소금, 구마, 축복을 포함한 특별한 의례가 필요하기 때문이다. 여하간 그의 직관적 통찰은 매우 흔하다. 사실 신약 성서에 나오는 어떤 구절과도 닮은 구석이 있다. 신약에서 예수의 추종자들은 예수를 만지면 다양한 병이 나으리라는 믿음으로 그렇게 하려 했다. 실제로 「마가복음」 5장 29절에서 예수는 자신의 능력 일부가 빠져나가는 것을 느끼고서 어느 여자가 그의 옷을 만졌다는 사실을 깨달았다고 전한다.

운동 경기도 도박처럼 높은 위험 부담과 높은 불확실성을 수반할 수 있고, 이에 대처하기 위해 운동선수는 의례화에 치우치는 경향이 있다. 설문 조사는 비운동선수보다 운동선수에게 의례와 미신이 더 많음을 보여 준다. 그런데 트로브리안드 제도 사람들의 주술적 관행과 마찬가지로 스포츠 의례도 무차별하게 수행되지는 않는다. 인류학자 조지 그멜치는 미신이 많기로 유명한 집단인 야구 선수들을 연구했다. 그는 선수들의 의례가 투구와 타격처럼 경기에서 가장 불확실한 동작과 압도적으로 연관되지만 수비처럼 승산과 관련이 적은 동작은 그렇지 않음을 발견했다.[13] 골프, 육상, 테니스, 펜싱 선수들은 물론 농구, 축구, 배구, 하키를 포함한 수많은 다른 스포츠에서도 비슷했다. 게다가 운동선수 사이에서의 의례적 행동도 그들이 더 힘든 상대를 마주하거나 더 수준 높은 경기에서 경쟁할 때 증가하는 듯하다.[14]

누군가는 일류 운동선수가 기량에 더 의지하고 미신에는 덜 의존하리라고 예상할지도 모른다. 실은 그 반대다. 정예 운동선수는 더 큰 위험 부담을 마주하는 만큼 보통 운동선수보다 미신적 행동을 **더 많이** 한다.[15] 운동선수들은 흔히 게임 전과 도중에 시행하는 정교한 루틴을 개발한다. 역대 최고의 테니스 선수 중 하나인 라파엘 나달을 예로 들자. 그는 강박 장애 환자를 연상케 하는 정교한 의례 목록을 갖고 있다. 매 시합 전 언제나 얼음장 같은 물로 샤워한다. 경기장에 도착하면 오른손으로 라켓을 들고 라인을 절대 밟지 않도록 극도로 조심하며 항상 모든 라인을 오른발 먼저 넘어가면서 코트에 들어간다. 그런 다음 가방을 벤치에 놓고 토너먼트 신분증을 얼굴이 위로 가게 뒤집는다. 그의 의자는 사이드라인과 완벽하게 수직이

13 Gmelch(1978).

14 Zaugg(1980); Schippers & Van Lange(2006); Wright & Erdal(2008); Todd & Brown(2003); Brevers et al.(2011); Dömötör, Ruíz-Barquín, & Szabo(2016).

15 Flanagan(2013).

어야 한다. 준비 운동을 하는 동안에는 늘 경기 임원들이 그를 기다리게 한다. 군중을 마주 보고 하는 준비 운동 루틴 도중에 위아래로 뛰며 재킷을 벗는다. 에너지 젤은 가져다 따서 늘 한 번 접고 네 번 짜는 정확히 똑같은 방식으로 먹는다. 양말이 종아리에 완벽하게 나란한지 점검한다. 동전을 던지는 동안 네트를 마주 보고 제자리에서 뛰기 시작해 동전이 떨어진 직후 베이스라인으로 달려가서 단번에 휩쓰는 동작으로 발을 끌며 라인 전체를 가로지르고 라켓으로 신발을 한 짝씩 때린다. 게임이 시작되면 천주교 신자의 성호 긋는 손짓을 닮은 반복적인 손동작을 하기 시작한다. 오른손으로 반바지의 뒤쪽과 앞쪽, 다음에는 왼쪽 어깨, 다음에는 오른쪽 어깨, 다음에는 코, 왼쪽 귀, 다시 코, 오른쪽 귀 그리고 마지막으로 오른쪽 허벅지를 만진다. 이 순서를 모든 서브 전에 반복한다. 모든 포인트 후에는 수건으로 간다. 모든 체인지오버(매 홀수 게임이 끝나고 코트 사이드를 바꿀 때 허용되는 시간 90초 — 옮긴이)에서는 수건을 두 장 집는다. 상대 선수가 라인을 넘기를 기다린 다음에 오른발을 먼저 넘겨 자리를 잡는다. 수건 하나는 조심스럽게 접어 쓰지 않고 뒤에 둔다. 그런 다음 두 번째 수건을 접어 무릎 위에 얹는다. 한 물병에서 물을 한 모금 마신 다음 두 번째 병에서 또 한 모금을 마신다. 매우 조심스럽게 두 병을 정확히 같은 위치에 두고 라벨이 같은 방향을 보도록 돌려놓는다. 게임이 재개되면 수건 하나를 볼 보이에게 준 다음 반대쪽으로 건너가 다른 볼 보이에게 두 번째 수건을 준다. 이 순서를 시합 내내 반복한다.

일류 테니스 선수 세리나 윌리엄스는 매 시합 전에 손을 철저히 씻는다. 매 토너먼트 내내 같은 샤워실을 사용하고 같은 양말 신기를 고집하므로 그 양말은 그녀가 지기 전까지 빨지 못한다. 그녀는 반드시 신발 끈을 정확히 같은 식으로 묶고 늘 아이린 카라의 「플래시댄스…… 왓 어 필링」을 들으며 코트로 들어간다. 골프의 전설 타이거 우즈는 토너먼트의 일요일 경기에 늘 빨간 셔츠를 입는다. 그리고 역대 최고의 농구 선수 마이클 조던은 NBA 선수 시절 내내 시카고 불스 유니폼 밑에 노스캐롤라이나 대학교 반바지를 입고 경기를 치렀다고 한다.

정말 이상하게도 그런 의례에 집착하는 선수들은 보통 자신을 미신적이라고 보지 않는다.[16] 나달은 자서전에서 이렇게 말했다. "어떤 사람들은 그것을 미신이라고 부르지만 미신은 아니다. 미신이라면 내가 왜 승패와 상관없이 같은 짓을 끊임없이 하고 또 하겠는가? 그것은 나를 시합에 임하게 하는 방법, 내 주변과 내가 머릿속에서 추구하는 질서가 일치하도록 정리하는 한 방법이다."[17]

다른 많은 사람처럼 나달도 '미신'이라는 부정적 어감을

16 Bleak & Frederick(1998).

17 Nadal & Carlin(2011).

지닌 용어를 거부한다. 그 단어는 보통 우리가 종교적이라고 부르는 것과 비슷하지만 눈살을 찌푸리게 하는 종교 단체의 믿음과 행동을 가리킨다. 그러므로 어떤 믿음이나 행동이 미신적이냐 아니냐는 누군가의 문화적 틀과 관점에 달렸다. 어쨌든 나달의 동작은 우리가 의례화된 행동이라 부르는 것을 구성한다. 다시 말해 분명한 인과적 결과가 없을지라도 없어서는 안 될 것으로 보이는 정형화된 동작들이다. 그 동작은 수행**되어야만 한다**.

운동 경기도 많은 스트레스를 유발하지만 전쟁보다 더 스트레스가 심한 상황은 거의 없다. 1948년 개전 이래 영구 전쟁 상태에 있는 이스라엘에서 의례와 불안에 관한 연구가 여러 건 수행됐다. 심리학자 지오라 케이난은 걸프전 기간인 1990년부터 1991년 사이 이스라엘인 174명을 대상으로 갖가지 미신적 믿음과 행동에 관한 설문을 돌렸다. 그녀는 이라크 국경 가까이에 살아서 미사일 공격에 더 취약한 사람과 미사일의 사정거리 밖에 사는 사람을 비교했다.[18] 그리고 스트레스가 심한 지역에 사는 사람들이 미사일 공격 중에 적의 사진을 찢거나 방공호에 오른발부터 들어가기 등 미신 행위를 할 가능성이 30퍼센트 이상 더 크다는 사실을 발견했다. 10년 뒤 2000년부터 2005년까지 이어진 2차 팔레스타인 봉기(인티파다) 기간에도 이스라

18 Keinan(1994).

엘인은 다시 끊임없이 공격을 두려워하며 살았다. 인류학자 리처드 소시스는 이스라엘 여성 367명을 인터뷰해 전쟁에서 누군가를 잃거나 재정적 피해를 겪는 등 전쟁 관련 스트레스 요인에 더 많이 노출된 여성이 시편을 더 자주 암송한다는 사실을 알아냈다.[19]

이런 관찰 결과는 스트레스가 많고 불확실한 생활 영역에 의례가 풍부하다는 생각을 굳혀 준다. 하지만 모든 결과는 **상호 관계**가 있어서 우리에게 두 가지가 같은 무렵에 일어나는 경향이 있음을 알려 줄 뿐, 둘 중 하나가 다른 하나를 일으키는 원인인지 아닌지는 알려 주지 않는다. 일례로 아이스크림 판매량은 익사자 수와 상관관계가 있으니 아이스크림 소비가 더 많은 날에는 사망자가 더 많다고 하자. 이 말이 아이스크림 먹기가 사람들의 익사를 **초래한다**는 것을 뜻할까? 분명 가장 그럴싸한 설명이 아니다. 이 두 변인 모두에 독립적으로 영향을 미치는 제3의 요인이 있을 가능성이 훨씬 더 크며, 이 경우에는 온도일 것이다. 사람들은 더 더울수록 아이스크림을 먹을 가능성이 커지지만 수영할 가능성도 마찬가지이므로 익사할 가능성도 더 크다. 그렇다면 의례도 여기에 해당하지 않는다고 어떻게 확신하겠는가? 예컨대 많은 스포츠에서 스트레스가 가장 심하고 불확실한 순간은 농구 경기 마지막의 타임

19 Sosis(2007).

아웃이나 축구에서 페널티킥을 하기 전 긴 휴식 시간처럼 몸을 쓰지 않는 기간과 상관이 있다. 이런 고대하는 순간이 불안을 강조하는 동시에 선수들에게 의례를 수행할 여유 시간을 주지 않을까? 혹은 전쟁의 맥락에서 더 많은 불안과 더 많은 의례화를 초래하는 사회 경제적 요인이나 성격 요인이 있을지도 모른다. 예컨대 보수적인 사람일수록 군에 복무하는 가족이 있을 가능성이 더 크니 당장 전쟁에서 누군가를 잃을 위험성이 더 클 뿐 아니라 종교 의례를 실천할 가능성도 더 크지 않을까?

이런 거짓된 상관관계의 문제를 피하려고 과학자들은 통제 실험을 한다. 이들은 인과적 요인으로 의심되는 변인을 조작해 이 조작이 예상한 결과를 가져오는지 알아본다. 2002년에 수행한 실험에서 지오라 케이난은 두 집단에 종류가 다른 질문을 한 다음 그들의 행동을 관찰했다. 첫 번째 집단은 "직계가족 중 폐암에 걸린 사람이 있습니까?" "치명적인 교통사고를 당한 적이 있습니까?" 같은 불안감을 유발하는 질문을 받았다. 두 번째 집단은 "가장 좋아하는 텔레비전 프로그램은 무엇입니까?"처럼 더 중립적인 종류의 질문을 받았다. 그다음 응답자들은 스트레스 수준을 평가하는 설문 척도를 작성했다. 케이난이 발견한 바에 따르면 스트레스를 주는 질문에 노출되었던 첫 번째 집단이 더 중립적인 질문을 받았던 사람들보다 인터뷰 중 목재를 두드릴 가능성이 더 컸다. 대체로 불안감을 더 많

이 이야기한 사람은 '나무를 두드릴' 가능성이 더 컸다.[20]

물론 '나무 두드리기'는 매우 특정한 문화적 관행이며, 여러 사회를 막론하고 사람들은 스트레스를 극복하기 위해 얼마든지 의례화된 행동을 할 수 있다. 하지만 우리가 실험적으로 측정할 수 있는 의례화의 보편적 특징이 존재할까? 몇 년 전 나는 체코 공화국 브르노에 있는 종교의 실험적 연구를 위한 연구실(Laboratory for the Experimental Research of Religion, LEVYNA) 동료들과 함께 바로 이를 측정하기 위한 실험을 설계했다.

*

인류학자가 오래전부터 알고 있었다시피 서로 매우 달라 보이는, 그리고 전혀 무관한 영역에서 일어나는 의례조차 주목할 만한 유사성이 있을 수 있다. 이는 특정 결과와 명백한 관련이 없는 인과적으로 불투명한 동작을 포함한다는 점만이 아니다. 어린아이들의 일일 루틴, 도박사와 운동선수가 하는 미신, 다양한 신을 향한 기도, 종교적이고 세속적인 집단 의례, 심지어 강박 장애 환자의 병적으로 과도한 의례화도 모두 몇 가지 핵심적인 구조적 요소를 공유하는 듯하다.[21]

20 Keinan(2002).

21 Lang et al.(2019).

우선 첫째로 의례화는 **엄격성**으로 특징지어진다. 즉 의례적 행위는 늘 똑같은 방식, **옳은** 방식으로 수행해야 한다. 충실도가 결정적이므로 대본에서 벗어나는 일은 용납되지 않는다. 차 마시기는 거의 모든 맥락에서 무수한 방식으로 할 수 있다. 필요한 것이라고는 찻잎 조금과 뭐든 물 끓일 수단이 전부다. 하지만 일본의 다도는 정확하게 연출되어야 한다. 엄밀한 프로토콜에 따라 손님은 언제 도착해야 하는지, 그를 어떻게 맞이해야 하는지, 어디에 앉혀야 하는지가 규정된다. 다실은 정사각형이어야 하고 한쪽에 벽감이 있어야 한다. 벽에는 화로와 꽃꽂이에 어울리는 족자를 갖춰야 한다. 주최자는 특별한 옷을 입는다. 준비에는 지극히 조심스럽게 다루어야 하는 특정 기구가 필요하다. 기구들은 보통 장갑을 낀 손으로만 만져야 하고 사용 전후에 깨끗이 씻어야 한다. 손님도 정결해야 한다. 손님은 신발을 벗고 조용히 절하며 세정식을 한다. 의식의 다양한 단계를 표시하기 위해 종을 울린다. 차는 바닥에 차린다. 차는 오른손으로 집어 올려 왼손바닥 위에 놓고, 시계 방향으로 두 번 돌린 뒤 고개를 숙여 절한다. 그 밖에도 수건을 건네는 법부터 주전자 위에 뚜껑을 놓는 방식까지 무수한 규칙이 몹시 소소한 세부 사항을 규정한다. 그 결과 다도는 네 시간까지도 이어질 수 있다.

대본 고수하기의 사회적 중요성은 2009년 미국 대통령 버락 오바마의 취임식 중에 만천하에 드러났다. 대통령에게 선서를 시키던 대법원장 존 로버트 주니어가 아주 사소한 실수를 저질렀다. 미국 헌법에 지시된 자구는 "나는 미국의 대통령 직무를 충실히 수행할 것을 (……) 엄숙히 선서합니다."인데 선서문을 암송하던 로버트는 "나는 미국에 대한 대통령의 직무 수행을 충실히 할 것을……."이라고 말했다. 실수를 인지한 오바마는 대법원장이 선서를 다시 읊을 수 있도록 잠깐 멈추었다. 로버트가 한 번 더 말을 더듬자 오바마는 마침내 "나는 미국의 대통령 직무 수행을 충실히 하겠습니다."라고 선언했다. 세 문장 모두 똑같은 의미를 전달하지만 의례에서 중요한 것은 글자이지 정신이 아니다. 취임식 후 공개적인 논란이 불거졌고, 일부에서는 그야말로 대통령직의 정당성에 의문을 제기하고 나섰다. 헌법 전문 변호사 잭 비어만은 "그가 대통령이냐 아니냐는 선서를 제대로 할 때까지 미결 문제다."라고 했고 다른 법학자들도 비슷한 우려를 표명했다. 오바마는 처음에 이런 염려를 일축했지만 결국 백악관에서 로버트를 만났고, 대통령 선서를 다시 했다. 백악관에 따르면 "엄중한 주의"를 기울여 행해진 이 행사를 기록하기 위해 언론인들도 초대되었다.

오바마의 선서 실수는 즉시 발견되었고 그는 싼값에 풀려났다. 하지만 매슈 후드 신부의 경우는 사정이 조금 더 복잡했다. 그는 미시간주 유티카의 세인트로렌스 교구에서 주임 사제로 봉직하고 있던 터였다. 2020년에 그는 부친이 모아 둔 가족 비디오들을 훑어보다가 자신의 유아 세례 장면이 담긴 오래된 테이프를 발견했다. 후드는 세례식을 수행한 부제가 그가 익히 아는 '내가 너에게 세례를 주노라.' 대신 '우리가 너에게 세례를 주노라.'라는 말을 사용했다는 것을 알아차렸다. 불안해진 그는 디트로이트의 대교구로 갔다. "신학자와 교회법학자 몇 분과 의논했는데 우리는 그 말도 유효하다고 생각했어요." 하지만 바티칸에서 온 통지는 달랐다. 대본에서 벗어났다는 것은 후드가 세례를 받은 적이 없다는 것을 뜻했다. 결과적으로 그의 견진 성사는 무효였고, 이는 그의 부제 서품 역시 무효이며, 따라서 사제 서품도 법적 효력이 없다는 뜻이었다.

후드가 다시 자기 직업으로 돌아가려면 세례를 새로 받고, 견진 성사를 받고, 부제가 되고, 사제로 서품되는 전 과정을 다시 거쳐야 했다. 그는 이 모두를 일주일 안에 마쳤지만 더 큰 문제가 있었다. 이 실수는 그가 전에는 진짜 사제가 아니었음을 뜻했고, 따라서 임기 동안 집전한 모든 성사는 무효가 되었다. 그의 성당에서는 수천 명에게 연락해 뜻밖의 소식을 전해야 했다. 후드 신부에게 견진 성사를 받은 사람들은 가톨릭 교회의 정회원이 아니라는 공지를 받았다. 그에게 서품을 받은 사람들은 졸지에 불법 성직자가 되었다. 그에게 고해성사한 사람들은 자신의 죄가 사면되지 않았음을 알게 되었다. 성찬식에 참석했던 사람들은 그들의 생각과 달리 성찬을 받은 것이 아니라는 말을 들었다. 그가 주례를 선 결혼에 대해 말하자면 상황이 불분명했는데 어떤 경우는 서품되지 않은 가톨릭 신자의 결혼식 집행도 허용되기 때문이었다. 역설적으로 그에게 세례를 받은 사람들은 걱정할 이유가 없었다. 세례식에 관한 한 옳은 공식을 사용하기만 하면 누가 집행했느냐는 중요하지 않기 때문이었다.

의례화의 두 번째 특징은 **반복성**이다. 어떤 만트라는 108번 반복될지도 모르고, 정교회 신자는 성호를 세 번 그으며 나무를 두드리는 사람들은 늘 한 번 이상 한다. 이런 내적 반복성에 더해 의례 자체도 대개 정기적으로 재현된다. 시편에는 "저녁과 아침과 정오에 내가 근심하여 탄식하리니."(55편 17절) 또는 "내가 하루 일곱 번씩 주를 찬양하나이다."(119편 164절)와 같은 구절이 있다. 이와 유사하게 이슬람교도는 하루에 다섯 번 기도하고 군인은 날마다 깃발을 올렸다가 내리며, 학교에서는 해마다 졸업식을 개최한다.

마지막으로 의례화의 또 한 가지 특징은 **중복성**이다. 즉 의례적 동작은 직접적인 인과적 효과가 있다고 할 수 있을 때조차 실용적 목적을 위해 통상적으로 기대되는 선을 넘어서곤 한다. 손 씻기는 20초 정도만 하면 충분히 위생적이지만 세정 의례는 네 시간 동안 지속될 수 있다. 내가 현지 조사 중에 참석한 힌두교 의식들은 일주일까지 이어졌고 수많은 의례 동작을 수반했다. 유사하게 인도의 철학 교수 프리츠 스탈이 기록한 바에 따르면 인도에서 수행되는 베다 의례인 아그니는 12일 동안 계속되며 총 80시간의 집단 암송과 찬가를 포함한다.

의식의 빈도와 기간을 관찰하기는 꽤 간단하다. 하지만 엄격성과 중복성 같은 것은 어떻게 측정할 수 있으며 무엇을 반복으로 간주할까? 전통적인 방법은 사람들의 행동을 관찰하거나 촬영해 새로운 움직임이나 일련의 움직임이 일어날 때마다 수첩에 적는 것이다. 하지만 이는 엄청난 노력, 끊임없는 주의, 많은 주관적 결정을 요구하므로 착오의 여지가 많다. 다행히 기술이 발전한 덕에 이제 우리는 이 과정을 자동화할 수 있다. 우리 연구에서는 사람들의 동작에서 의례화를 측정하기 위해 모션 캡처 기술을 사용했다.[22] 우리는 스트레스를 많이 받은 사람일수록 움직임의 반복성(두드리기, 흔들기, 긁기 등), 엄격성(예측 가능한 동작 패턴 따르기), 중복성(필요 이상으로 오래 끌기)이 커지리라는 가설을 세웠다.

이 가설을 평가하려면 먼저 불안을 유도해야, 즉 스트레스를 주는 상황을 만들어야 했다. 그 점을 염두에 두어 사람들을 실험실로 데려와 어떤 장식물을 보여 주고 몇 가지를 질문했다. 참가자 중 절반은 3분 동안 답에 관해 생각한 다음 실험자와 논의하라는 말을 들었다. 이는 딱히 스트레스를 주는 과제가 아니었다. 하지만 나머지 절반은 매우 다른 경험을 했다. 그들은 옆방에서 기다리는 예술 비평 전문가들 앞에서 공개 연설의 형태로 답을 발표해야 한다는 말을 들었다. 이 연설을 준

22 Lang et al.(2015).

비하기까지 주어진 시간은 3분이었다. 사람들은 어려운 질문에 답해야 하는 상황을 두려워하는데 준비되지 않은 데다 청중이 전문가로 구성되면 특히 그러하다. 공개 발언에 대한 사람들의 공포는 '말하기 공포증'이라는 특별한 단어가 있을 정도로 대단하다. 참가자들은 또한 심박수 측정 장치를 차고 있어 그들의 경험이 정말로 스트레스를 준다는 사실을 입증할 수 있었다.

장식품은 참가자들이 방에 들어왔을 때 이미 깨끗했지만 우리는 발표하기 전 천 조각으로 그것을 닦아 달라고 요청했다. 바로 이 시간 동안 움직임 감지 장치로 참가자의 동작을 분석했다. 그 결과 스트레스를 더 많이 받은 사람들은 의례화된 행동을 더 많이 보여 주었다. 그들의 손 움직임은 같은 동작 패턴을 끌어들이고 또 끌어들이면서 반복성과 예측 가능성이 더 커졌다. 그리고 실험 중 불안을 더 많이 느낀 사람일수록 물체를 닦는 데 더 많은 시간을 썼다. 상황의 스트레스에 눌린 그들은 닦을 것이 아무것도 남아 있지 않을 때도 강박적으로 닦기 시작했다.

*

그렇다면 의례화는 불안에 대한 자연스러운 반응으로 오는 듯하다. 사실 인간이 이에 해당하는 유일한 종도 아니다.

1948년 하버드 대학교의 저명한 심리학자 스키너는 「비둘기의 미신」이라는 특이한 제목의 논문에서 다소 색다른 실험 결과를 보고했다. 스키너는 '조작적 조건화 상자', 지금은 '스키너 상자'로 더 많이 알려진 기구를 만들어 다양한 동물 연구에 사용했다. 이 장치는 매우 통제된 환경을 제공해 실험자는 한 번에 한 요소를 바꾸어 동물 행동이 어떻게 변하는지 관찰할 수 있었다. 스키너는 유기체의 학습 방식, 특히 주어진 행동에 대한 보상과 처벌을 통한 학습의 한 형태인 '조작적 조건화'에 관심이 있었다. 한 실험에서는 상자 바닥에 전류가 흘렀고, 상자의 벽에 달린 손잡이를 누르면 전류를 멈출 수 있었다. 쥐를 상자에 넣으면 그 쥐는 고통을 느끼고 돌아다니기 시작한다. 조만간 쥐가 우연히 손잡이에 걸리면 전류는 멈출 것이었다. 쥐는 상자에 들어갈 때마다, 심지어 바닥에 전기가 흐르지 않을 때도 손잡이를 누르도록 금세 학습했다. 또 다른 실험은 긍정적 강화를 살피도록 설계되었다. 손잡이는 먹이 알갱이의 형태로 보상을 제공했다. 이를 발견한 동물은 그 순간부터 이 행동을 보상과 연관 짓기 시작해 몇 번 시험해 보지 않고도 상자에 들어가자마자 곧장 손잡이로 달려갔다.

그다음에 스키너는 약간의 불확실성을 도입하여 어떤 일이 일어나는지 보기로 했다. 그는 배고픈 비둘기를 상자 안에 넣고 새가 무슨 짓을 하든 먹이 알갱이는 무작위로 전달되도록 방출 메커니즘을 짰다. 그 결과는 놀라웠다. 마치 도박사나

운동선수처럼 새들은 정교한 의례를 개발하기 시작했다. 스키너는 이렇게 썼다.

> 새 한 마리는 보상과 보상 사이에 새장을 반시계 방향으로 두세 번 돌도록 조건화되었다. 또 다른 새는 새장 위쪽 모서리에 머리를 반복해서 들이박았다. 세 번째 새는 마치 보이지 않는 막대 밑으로 머리를 숙여 막대 들어 올리기를 반복하는 듯한 '던지기' 반응을 개발했다. 새 두 마리는 머리와 몸의 진자운동을 개발했다. 머리는 앞으로 늘려 좌우로 절도 있게 휘두른 다음 좀 더 천천히 되돌아왔고, 몸은 일반적으로 그 움직임을 따르는데 움직임의 폭이 넓으면 몇 걸음씩 발을 떼기도 했다. 또 다른 새는 바닥을 향하지만 닿지는 않는 불완전한 쪼기 또는 스치기 운동을 하도록 조건화되었다.[23]

스키너가 비둘기에게서 관찰한 반응과 같은 종류의 반응이 나중에 아이들에게서도 관찰되었다. 다소 불안하게 들리는 실험에서 그레고리 와그너와 에드워드 모리스는 입에서 구슬이 나오는 기계식 광대가 있는 방에 아이들을 두었다. 아이들은 나중에 구슬을 장난감과 맞바꿀 수 있었다. 스키너의 조류 피험자와 마찬가지로 아이들도 광대가 보상을 내놓게 하려고

23 Skinner(1948).

여러 가지 의례화된 행동을 하기 시작했다. 어떤 아이들은 광대의 얼굴을 만지고 자기 코를 광대의 코에 대고 누르거나 광대에게 뽀뽀하기 시작했다. 다른 아이들은 얼굴을 찡그리거나 구걸하는 몸짓을 했고 몇몇은 흔들기, 빙글빙글 돌기, 깡충깡충 뛰기와 같은 일종의 '기우제 춤'을 추기 시작했다.[24]

성인에게도 의례화는 인과적 추리와 관련된 직관적 편향을 촉발하는 듯하다. 브라질과 미국에서 진행된 연구로 드러난 바에 따르면 반복성과 중복성 같은 의례의 구조적 측면은 이런 의례를 더 유효해 보이도록 한다. 피험자들은 심파티아(simpatias), 즉 브라질 곳곳에서 사랑 찾기부터 치통 치료에 이르기까지 온갖 실질적인 문제를 다루는 공식적인 마법처럼 사용되는 주문의 효험을 평가해 달라고 요청 받았다. 주문은 얼마나 많은 단계가 있는지, 각 단계를 얼마나 여러 번 해야 하는지, 얼마나 엄밀하고 구체적인지 등 여러 특징에 따라 다양했다. 연구자들은 더 반복적이고 엄격하고 엄밀히 규정된 의례가 일상 문제 처리에 더 효과적이라고 인식됨을 알게 되었다.[25]

같은 연구자들은 또 다른 심파티아 연구를 통해 불확실성을 도입하면 의례의 효험에 대한 기대가 커진다는 것을 알게 되었다. 그들은 두 집단에 일련의 뒤섞인 문장을 정리하는 인지 과제를 제시했다. 첫 번째 집단은 "그 위원회는 무질서하

24 Wagner & Morris(1987).
25 Legare & Souza(2013).

다." 또는 "그는 마구잡이로 오렌지를 골랐다." 등 피험자의 무의식을 무작위성으로 점화하도록 만들어진 문장을 받았다. 두 번째 집단의 참가자가 정리한 문장은 "그 위원회는 게으르다." 등 중립적 단어가 포함된 경우와 "그 문은 초록색이다."처럼 부정적인 단어가 포함된 경우로 나뉘었다. 모든 피험자는 이 과제를 마친 다음 똑같은 심파티아 목록을 제시받았다. 무작위성으로 점화되었던 집단은 해당 주문이 효과가 있을 가능성을 다른 두 집단보다 더 긍정적으로 평가했다.[26]

이러한 실험 결과에 대한 가능한 해석은 해당 의례에 관한 사람들의 직관이 초자연적 힘의 문화적인 관념에 의존한다는 것일 수 있다. 어쨌거나 마법 주문이란 전형적으로 원하는 결과를 불러오기 위해 어떤 귀신, 신 또는 업보의 힘에 호소하게 되어 있다. 많은 문화적 의례가 틀림없이 그러하다. 의례화는 그런 문화적 믿음과 무관하게 인과성에 관한 직관을 촉발할까? 나는 이를 알아내려고 내 연구 팀과 코네티컷 대학교의 실험실에서 연구를 진행했다.[27]

우리는 대학 농구 경기의 녹화본을 활용해 사람들에게 자유투 하는 선수들의 영상을 보여 주었다. 공이 선수의 손을 떠난 직후 영상을 잠시 멈추고 각 슛의 성공을 예측해 달라고 했다. 영상 속 선수들은 슛하기 전에 절반의 빈도로 공 돌리기나

26 Legare & Souza(2012).
27 Xygalatas, Maňo, & Baranowski(2021).

튀기기, 공에 입 맞추기, 신발 바닥 만지기와 같은 의례를 했다. 이런 행동은 농구 선수들 사이에서 모두 흔하다. 나머지 절반은 슛 전에 아무 의례도 시행되지 않았다. 사실 참가자들은 두 조건에서 정확히 똑같은 슛을 보았고, 다만 카메라 앵글을 조종해 의례화된 동작을 드러내거나 감추었다는 차이가 있었다. 그 결과 참가자들은 의례화된 슛의 성공 확률을 30퍼센트 이상 더 높게 예측했다. 이런 지각 편향은 전문 지식 수준과 상관없이 일관되었다. 스포츠에 문외한인 사람, 정기적으로 농구를 시청하는 팬, 심지어 농구 선수도 똑같이 영향을 받았다. 게다가 이 효과는 경기 점수가 부정적일수록 더 강해졌다. 그들이 더 크게 질수록, 즉 선수들의 경기 통제력이 떨어질수록 연구 참가자들은 의례가 더 효과적이리라 예측했다.

이런 연구 결과는 의례화란 우리 주위의 세계를 통제하려는 자연스러운 방법이라는 점을 시사한다. 우리는 스트레스가 심하고 불확실한 상황을 마주하면 자발적으로 의례화된 행동을 끌어들이고, 그 동작에 어떤 결과가 있으리라고 직관적으로 예측한다. 그런데 이 통제감이 착각이라면 이득은 무엇일까? 이런 인지적 결함은 왜 자연 선택으로 제거되는 대신 끈질기게 남아 있을까?

*

스트레스는 명백한 진화적 기능을 제공하는 생존 메커니즘이다. 불안할 때 자율신경계는 화학 물질(스트레스 호르몬)을 콸콸 쏟아 내 우리 몸이 위험에 대비할 방법에 대한 지침을 전달한다. 심장은 근육에 더 많은 피를 퍼주려 더 빠르게 뛰고, 더 많은 산소를 공급하기 위해 호흡은 더 거칠어진다. 근육은 우리가 다치지 않도록 보호하며 싸우거나 도망치는 것을 거들기 위해 바짝 긴장한다. 땀은 몸을 식히는 데 도움이 된다. 주의력이 높아지고 반사신경이 더 예민해지면서 경계 상태를 유지한다. 그 목표가 시험공부든 전투기 조종이든 승부차기든 스트레스는 동기 부여 역할을 해 목표에 집중하고 도전을 맞이하도록 돕는다. 요컨대 스트레스는 쓸모가 있다.

그렇지만 문제는 스트레스가 일정한 한계를 넘으면 더 이상 유용하지 않다는 데 있다. 20세기 초에 이 법칙을 처음 기술한 두 심리학자의 이름을 딴 여키스-도슨 법칙에 따르면 스트레스와 인지 기능 사이에는 역 U자형 관계가 있다.[28] 스트레스는 어느 지점까지는 수행을 북돋는 데 도움이 된다. 하지만 특정 임계치를 넘어가는 순간 해로워진다. 중요한 면접을 앞두고 약간의 불안은 집중을 돕고 면접에 더 잘 임하도록 동기를

28 Yerkes & Dodson(1908).

부여할 수 있다. 하지만 스트레스가 극한에 달하면 호흡이 곤란해지거나 가슴 통증을 느끼게 되고 목에서 식은땀이 흘러내릴 것이다. 당신은 수동적이게 되고 반응이 느려질 것이다. 어지럽고 힘이 빠지고 현실과 유리된 느낌을 받는다. 당신은 공황 발작을 겪게 된다. 이런 결과는 시간이 갈수록 누적되며 건강에 큰 타격을 입힐 수 있다. 장기 스트레스는 면역계를 약화하고 고혈압과 심혈관 질환을 유발할 수 있다. 이는 기억과 집중을 방해하고 침잠, 우울증, 수면 장애로 이어질 수 있다. 이런 유형의 스트레스는 적응적이지 않으며 우리의 정상적인 기능, 건강, 행복에 종종 치명적이다. 그런데 보통의 생물학적 반응이 그토록 쉽게 불발에 그치는 이유는 무엇일까?

진화적 분석은 지금의 스트레스가 과거의 것과 다르다고 시사한다.[29] 인류 역사의 대부분 동안 우리 조상은 오늘날 우리 대부분이 경험하는 것과 매우 다른 물리적, 사회적 환경에서 살았다. 그러한 환경에서의 삶이 우리 종의 유전체와 행동을 형성하는 일련의 선택 압력을 가해 해부학적으로 현생 인류의 진화를 이끌었다. 그들과 더 오래된 형태 사이 정확히 어디에 선을 그어야 할지 전적으로 분명하지는 않으나 고인류학자는 적어도 5만 년 전 무렵 우리 조상은 충분히 인간적이었다는 데 동의한다. 그렇지만 훨씬 더 큰 종류의 변화는 아직 태동

29 Brenner et al.(2015).

중이었다.

먹을 것을 찾아다니던 생활 방식이 정주형으로 바뀐 사건은 기껏해야 1만 2000년 전에야 시작된 것으로 보인다. 진화적 시간에서 이는 눈 깜짝할 새에 불과하다. 예컨대 파란 눈이나 유당불내증처럼 사소한 유전적 변화는 그때 이후로도 일어났지만 인간의 신체적, 정신적 역량은 사실상 변함이 없었다. 만약 그 시대에 태어난 아기가 시간 여행으로 현대의 가족에게 입양된다면 그 아이가 어른이 되었을 때 어떤 식으로든 눈에 띄지는 않으리라고 예상할 수 있다. 하지만 우리 두뇌가 지난 수천 년 동안 변함이 없었던 데 반해 다른 모든 것은 변했다. 속도가 굼뜬 생물학적 진화는 끊임없이 폭발하는 문화적, 기술적 혁신을 따라잡을 수 없었다. 그 결과 우리 조상이 세계를 누비도록 도왔던 생물학적 적응의 산물 중 다수는 근본적으로 달라진 상황에서 더는 우리를 돕지 않는다. 이를 진화적 **부조화**라고 한다.

우리의 수렵채집인 조상들이 스트레스 없는 삶을 살지 않은 것은 틀림없다. 그들은 포식자, 자연의 비바람 그리고 식량 불안에도 취약했다. 하지만 만성적인 불안을 완화할 방법도 있었다. 그들은 강력한 사회적 연결망을 형성하는 긴밀하게 연결된 개인들로 이루어진 소규모 평등주의 집단에서 살았다. 상대적으로 적게 일해도 삶의 수요를 맞출 수 있었고 여가도 풍부했다. 그리고 유연한 삶의 방식은 그들이 환경 변화에 잘 적응하고 규칙적인 신체 활동을 하도록 했다.

앞서 살펴보았듯이 농업과 정착 생활로의 전환은 스트레스가 훨씬 심한 생활 방식을 가져왔다. 사회적 불평등과 억압, 열악한 노동 조건이 만들어졌고 새로운 질병과 끊임없는 습격, 전쟁의 공포에 노출됐다. 현대의 산업화 사회는 사회적 진보와 현대 의학의 발전 덕택에 농업 생활의 불안 일부를 그럭저럭 완화해 왔다. 하지만 동시에 새로운 스트레스 요인도 많이 등장했다. 생활 리듬은 역사상 그 어느 때보다 어지러울 만큼 빠르다. 전통적으로 불안을 완충하는 역할을 했던 핵가족과 확대가족은 이제 수천 킬로미터 바깥에 뿔뿔이 흩어져 있고, 신기술은 나쁜 소식을 순식간에 퍼뜨리고 우리 뇌를 장악해 새로운 형태의 중독을 초래한다. 이는 우리의 진화한 스트레스 반응이 현재 환경에서 더는 도움되지 않는 여러 측면 중 일부일 따름이다.

우리 뇌와 생활 방식 사이의 부조화에 비추어 볼 때 효과적인 스트레스 관리 기법은 우리의 총체적인 적합도와 삶의 질에 중대한 영향을 미칠 수 있다. 이는 의례가 우리의 생태적 지위 밖에서 살도록 돕는 정신적 기술의 역할을 한다는 흥미로운 가능성을 제기한다. 아마도 오류로 출발했을 것이 하나의 특징이 되었다면 이는 삶의 방식을 바꾸고, 주변 환경을 가공하고, 지구를 지배하는 것을 가능하게 한 인간의 행동적 유연성을 입증하는 또 다른 증거다.

그렇지만 우리는 진도를 너무 앞서간 것 같다. 지금까지 사람들이 스트레스를 받을 때 의례에 의지한다는 점에서 의례와 불안이 서로 연관이 있다는 증거를 살폈다. 하지만 의례는 정말로 효과적인 스트레스 관리 전략일까? 아니면 단순히 시간 낭비이거나 설상가상으로 우리가 진짜 문제에 집중하지 못하게 하는 위험한 오락일까?

*

현지 관찰은 의례가 정말로 사람들이 불안을 극복하도록 도울 수 있음을 시사한다. 이스라엘에서 실시된 또 다른 연구에서 연구자들은 2006년 레바논 전쟁 당시 현지 여성들을 인터뷰했다. 그들이 발견한 바에 따르면 교전 지역에 살며 전쟁의 스트레스를 경험한 여성들 사이에서는 시편 암송이 더 낮은 스트레스 수준과 연관되었다.[30] 교전 지역 밖에 사는 여성에게는 비슷한 연관성이 발견되지 않았다. 이 연구에서는 참가자들이 불안을 스스로 평가한 한편 생리적 수준에서도 비슷한 효과가 발견되었다. 코네티컷 대학교의 내 실험실에서 나와 동료들은 1년 중 가장 스트레스 심한 시기인 중간고사 기간에 일군의 학생을 관찰했다. 우리는 설문 조사와 더불어 머리카락과

30 Sosis & Handwerker(2011).

타액 표본을 채집해 스트레스와 연관된 호르몬인 코르티솔 수치를 측정하는 데 사용했다. 타액의 코르티솔은 몇 분 사이에 달라지므로 특정 활동을 할 때의 스트레스를 측정하는 데 사용할 수 있다. 그 호르몬 중 미량은 머리카락에도 축적되어 장기 불안을 추적하는 데도 쓰인다. 우리가 발견한 바로도 더 많은 의례에 참여한 학생은 이 모든 척도에 걸쳐 불안 수준이 더 낮았다.

그렇지만 이번에도 이는 상관관계에 대한 발견이다. 연관성을 파악하는 데는 도움이 되지만 인과 관계를 입증할 수는 없다. 이를 위해서는 실험적 연구에 의지해야 한다. 다행히 이 주제에 관해서는 최근 몇 년 사이에 많은 실험이 수행되었다. 그중 하나로 매슈 아나스타시와 앤드루 뉴버그는 가톨릭교도인 대학생들을 기도를 반복하는 묵주 기도 암송 또는 종교 영화 시청하기에 무작위로 배정하고 과제 전후로 불안 수준을 측정했다. 그 결과 묵주 기도를 암송한 학생들이 불안이 더 많이 감소했다.[31] 앨리슨 브룩스와 그 동료들은 참가자들에게 마법 주문을 닮은 인위적인 의례를 시행하도록 했을 때 비슷한 결과를 발견했다. 이러한 의례는 수학 시험이나 노래방에서 공개적으로 노래하기 등 다양한 스트레스성 과제에 참여한 사람들이 불안을 극복하는 데 도움이 되었다.[32] 또 다른 연구에서

31 Anastasi & Newberg(2008).
32 Brooks et al.(2016).

마이클 노턴과 프란체스카 지노는 참가자들에게 자신이 경험한 상실에 관해 생각해 달라고 했다. 세상을 떠난 이나 망가진 관계, 금전적 손실 같은 것들 말이다. 참가자 일부에게 어떤 의례를 수행해 달라고 했을 때 그들은 상실로 인한 불안을 더 잘 극복했다.[33]

실험실을 떠나 현실 세계로 온 나와 동료들은 인도양의 모리셔스에서 현지 실험을 설계했다.[34] 현지의 전통 의례 일부가 불안 감소에 도움이 되는지 알아보고자 심박 변이도(heart-rate variability, HRV)로 알려진 자율신경계의 성질을 측정했다. 건강한 심장은 메트로놈처럼 균일하게 뛰지 않는다. 심장 박동수가 분당 60회라는 말은 심장이 정확히 1초에 한 번씩 똑딱거린다는 뜻이 아니다. 그보다는 연이은 두 박동마다 약간 다른 주기를 모두 평균했을 때 1초가 된다는 뜻이다. 이러한 박동 간 타이밍의 변동량을 심박 변이도라고 한다. 이 수치가 높을 때 신경계는 더 균형 잡혀 있고 신체가 변화하는 상황에 더 잘 대응할 수 있다. 하지만 스트레스를 받으면 이 균형이 깨지고 심장은 더 엄격하게 뛴다. 즉 변이도가 낮아지는 것이다. 그 결과 몸은 바짝 경계하는 상태를 유지하고, 이는 불안으로 경험된다.

우리의 연구는 라 가울레테라는 작은 어촌에서 이루어졌

33 Norton & Gino(2014).

34 Lang, Krátký, & Xygalatas(2020).

다. 그런 마을이 흔히 그렇듯 공적인 생활은 대부분 해안 근처에서 이루어졌다. 식당과 상점을 비롯한 모든 상업 공간이 해안 도로를 따라 배열되었고, 경찰서를 포함한 모든 공공 기관과 예배를 볼 수 있는 남쪽 진입로 부근의 성당과 북쪽의 마라티족 힌두교 사원도 마찬가지였다. 우리는 매일 아침 카페에 앉아 다채로운 사리를 입은 많은 현지 힌두교 여성이 사원에 기도를 올리러 가는 모습을 보았다. 그 기도에는 다양한 힌두교 신의 조각상에 공물을 바치고 향로나 향을 들고 빙빙 도는 동작이 포함되었다. 이는 바로 우리가 관심을 둔 종류의 반복적 동작 패턴이었으며, 무엇보다 실험으로 지시한 것이 아닌 문화적 대본에 따른 패턴이라는 점이 중요했다.

우리는 이런 여성 75명을 모집해 두 집단으로 나누었다. 그리고 첫 번째 집단의 여성들은 사원에서 연구 팀과 만나게 했다. 두 번째 집단은 크기와 배치가 사원과 비슷한 비종교적인 건물에 임시로 마련한 실험실에 도착했다. 이들은 대조군이 될 터였다. 참가자들은 심박수를 기록하는 작은 모니터를 두른 뒤 스트레스를 주도록 설계된 과제에 참여했다. 우리는 그들에게 홍수나 태풍이 곧 닥칠 때 어떤 예방책을 취할지 설명하는 글을 써 달라고 했다. 그런 자연재해는 섬을 정기적으로 괴롭히며 파국적 결과를 가져오기도 해 현지인에게는 끊임없는 불안의 원천이다. 스트레스를 가중하기 위해 공공 안전 전문가들이 글을 평가하리라는 말도 했다. 스트레스 과제가 끝난 후 사원에 있던 여성들은 기도실에 가서 늘 하던 대로 의례를 수행하게 했다. 이들은 혼자 방에 들어가 향을 켜고 신에게 봉헌했다. 대조군의 여성들은 정확히 같은 절차를 거쳤지만 아무 의례도 수행하지 않았다. 그 대신 앉아서 쉬라는 말을 들었다.

예상대로 의례는 이로운 결과를 가져왔다. 자연재해에 대한 회상은 두 집단 모두의 불안을 키웠다. 하지만 의례를 수행한 쪽은 불안에서 회복하는 속도가 더 빨랐다. 심박 변이도가 30퍼센트 증가한 사실은 그들이 스트레스를 더 잘 극복할 수 있었음을 시사했다. 이러한 결과는 그들의 감정, 즉 의례를 수행하지 않은 쪽의 주관적 불안 평점이 두 배나 높은 사실과도 일치했다. 이는 절대 사소한 차이가 아니다. 다른 임상 연구들은 건강한 사람과 주요 우울증을 앓는 사람 사이에서 비슷한 정도의 효과가 있다고 보고한다.[35] 의례는 스트레스를 줄이는 데 최고의 항불안제만큼 효과적일 수 있는 것으로 드러난다. 이런 연구 결과를 어떻게 설명할 수 있을까?

*

의례는 매우 구조화되어 있다. 그것은 언제나 '옳은' 방식으로 수행되어야 한다는 엄격성, 같은 동작을 수행하고 또 수

35 U dupa et al.(2007).

행한다는 반복성, 오랫동안 지속될 수 있다는 중복성을 요구한다. 즉 의례는 예측할 수 있다. 이런 예측 가능성은 일상의 혼돈에 질서를 부여함으로써 통제할 수 없는 상황에 대한 통제감을 제공한다. 연구에 따르면 불확실성과 통제력 결여를 경험할 때 사람들은 패턴이나 규칙성이 없는 곳에서 그런 것을 볼 가능성이 더 크다. 이런 패턴은 구름 속에서 얼굴을 보는 것 같은 착시부터 무작위적인 사건에서 인과성 발견하기, 음모론 조성하기에 이르기까지 광범위하다.[36] 이런 상황에 놓인 사람들은 의례화된 행동에 의지할 가능성도 더 크다. 이는 한 영역에 대한 통제력 부재를 다른 영역에서 구해 보상한다는 의미에서 **보상 통제 모델**로 알려져 있다.[37] 이런 통제감이 착각이냐 아니냐는 중요하지 않다. 중요한 것은 의례가 효율적인 극복 메커니즘일 수 있다는 점이고, 이런 이유로 위험 부담이 높고 결과가 불확실한 삶의 영역에는 의례가 풍부하다.

앨리슨 브룩스와 그 동료들이 진행한 실험에서 의례에 참여하는 것은 수학 경시대회에서 더 좋은 성적을 거두고 노래방 경연에서 더 정확하게 노래하는 데 도움이 되었다. 그리고 이스라엘에서 시편을 더 많이 암송한 여성들은 정상 생활을 영위하는 데 방해될 수 있는 다른 예방책의 필요성을 덜 느꼈다. 반대로 그만큼 의례를 수행하지 않은 여성들은 불안에 압

36 Whitson & Galinsky(2008).
37 Hockey(1997).

도되는 듯했다. 그들은 로켓탄 공격 후에 공공장소, 버스, 식당과 대규모 군중을 피하게 되었다. 이는 매우 합리적으로 들린다. 물리적 충돌이 한창이었던 때조차 이스라엘에서 테러 공격으로 죽을 확률이 자동차 사고로 죽을 확률보다 낮다는 사실을 알게 되기 전까지는 말이다. 두려워하며 사는 것은 도움보다 해가 될 수 있었고, 의례는 물리적 충돌에 직면한 여성들이 두려움에 대처하고 정상적으로 살아가도록 도왔다.

비슷한 효과가 다른 다양한 영역에서도 나타난다. 예컨대 독일의 한 심리학자 집단은 행운의 부적과 중지를 인지에 포개기 등의 의례를 사용한 사람들이 여러 기능적 게임과 퍼즐을 더 잘한다는 것을 발견했다.[38] 그리고 다른 연구는 의례화가 운동선수들의 실력 발휘에 도움이 될 수 있음을 밝혔다. 예컨대 농구 선수와 골프 선수는 슛 하기 전 의례를 수행한 후 슛을 더 많이 성공시켰다.[39] 이런 의례의 수행을 막음으로써 실력 발휘에 악영향을 끼쳐 슛을 더 많이 놓치게 할 수도 있다.[40] 이처럼 주목할 만한 결과가 생기는 이유는 이런 의례가 운동선수들이 스스로 불안을 달래 통제감을 되찾도록 해 주기 때문인 것으로 보인다.

최근 철학자와 심리학자, 신경과학자는 인간 심리 모델을

38 Damisch, Stoberock, & Mussweiler(2010).

39 Gayton et al.(1989).

40 Foster, Weigand, & Baines(2006).

수정해 왔다. 오래된 고전적 시각에 따르면 인간의 인지 기구는 데이터 처리 장치로 기능한다. 환경으로부터 입력된 정보를 받아 적절한 반응을 내보내는 식으로 반응한다는 말이다. 하지만 우리 뇌가 그보다 훨씬 더 정교하다는 증거가 쌓이고 있다. 뇌는 **예측** 장치다. 세계의 형세에 관한 정보를 수동적으로 흡수하는 것이 아니라 주어진 상황에서 어떤 유형의 자극을 마주칠 확률이 가장 높은지 추론하기 위해 능동적으로 일한다. 그런 예측은 내장된 지식뿐 아니라 사전 경험과 사회화, 주위 환경에서 파생된 정보에도 근거를 둔다.

인간의 시각에 있는 맹점을 예로 들자. 눈에서 뇌로 정보를 전달하는 신경섬유 다발인 시신경은 망막 자체를 통과한다. 그 결과 시신경이 안구로 들어가는 지점에는 빛을 탐지할 광수용체가 없다. 우리 시야의 어느 부분이든 그 지점에 들어가면 보이지 않게 되므로 맹점이라 불리는 것이다. 이제껏 맹점이 있다는 사실을 눈치챈 적이 없다면 이는 뇌가 주위 환경에서 끌어낸 정보를 사용해 틈새를 메움으로써 누락된 부분을 구성하기 때문이다.

우리 뇌는 다른 모든 영역에서 비슷한 유형의 추론을 한다. 만약 샌프란시스코 외곽에 사는데 잠이 깬 순간 침대가 흔들리는 것을 느꼈다고 상상해 보자. 지진일지도 모른다는 두려움에 대한 즉각적인 반응은 가능한 한 빨리 건물에서 나가려 하는 것일지 모른다. 하지만 이번에는 지진이 많이 일지 않는 뉴욕에 사는데 고가 전철이 건물 옆을 지나간다고 하자. 아마 진동 때문에 처음 잠이 깨었을 때는 문으로 달려갔다가 속옷 바람으로 복도를 달리는 자신이 창피해지기만 할 것이다. 그러나 일단 흔들림을 느낄 때 예상되는 상황을 알면 더 이상 당황하지 않을 것이다. 이제 뇌가 사전 지식을 업데이트했으므로 주변이 흔들린다고 해서 지붕이 내려앉지는 않으리라는 예측을 훨씬 더 자신 있게 해낼 수 있다. 이 상황은 더는 스트레스를 주지 않는다. 실은 몇 년이 지나면 규칙적으로 지나가는 기차의 익숙한 감각에 위안마저 느끼기 시작할지도 모른다.

뇌가 이런 종류의 예측을 절대 멈추지 않기 때문에 우리는 주위의 모든 곳에서 패턴과 통계적 규칙성을 찾는 경향이 있다. 이는 더할 나위 없이 중요한데, 인간의 뇌를 비롯한 모든 계산 장치는 사전 지식에 기반할 때 효율이 극대화하기 때문이다. 이렇듯 모든 것을 맨 처음부터 배울 필요가 없다. 하지만 이런 인지 구조의 한 가지 결과로 우리는 예측 가능성이 제한될 때, 즉 불확실성이 높을 때 불안을 경험한다. 예측하는 뇌는 예측할 수 없는 상황을 좋아하지 않는다. 이 지점에 의례가 필요하다.

의례에서 발견되는 반복적 동작 패턴은 스트레스를 극복하도록 돕는 인지 장치로 기능한다. 모든 인간 사회가 이러한 장치를 문화에 심어 그 잠재력을 활용한다. 불안할 때 사용하는 종교적 기도는 흔히 반복적인 말이나 동작을 수반한다. 자파(Japa)는 많은 아시아 종교에서 발견되는 명상 기법으로 기도문에 해당하는 신의 이름이나 만트라를 수백 번에서 수천 번까지 반복해서 말할 수도, 속삭일 수도, 단순히 실행자가 마음속으로 나열할 수도 있다. 초보 명상가라면 반복 횟수를 세기 위해 자파 말라라는 염주를 사용할 수도 있다. 더 숙달되면 다른 활동을 하면서도 만트라를 암송할 수 있다. 숙련된 전문 명상가는 만트라를 끊임없이 자각하는 상태인 아자파자팜에 도달할 수 있다고 한다.

갖가지 신비로운 전통에서도 비슷한 기법을 사용한다. 그리스와 키프로스에서는 원래 명상하는 수도승이 사용한 염주가 콤볼로이라 불리는 널리 대중화된 형태로 진화했다. 이는 '걱정 구슬(worry beads)'로도 알려져 있다. 콤볼로이를 다루는 여러 방법은 모두 같은 동작을 순서대로 수없이 반복하는 식으로 구성되었다. 이것이 진정 효과를 낸다고 하여 콤볼로이는 스트레스가 심한 상황에서 자주 사용된다. 오늘날 그리스에서는 축구 코치들이 중요한 경기 중에 콤볼로이를 만지작거리는 모습을 여전히 볼 수 있다.

*

트로브리안드족 사이에서 시간을 보낸 말리노프스키는 그들도 결국 유럽인과 그리 다르지 않음을 깨닫게 되었다. 그는 그들의 세계에 몸을 담금으로써 자신의 세계를 새로운 눈으로 보기 시작했다. 그 세계 역시 의례로 가득했다. 트로브리안드족과 마찬가지로 영국인 어부들도 전쟁에 나가는 사람이나 병을 앓는 사람 못지않게 수많은 미신을 갖고 있었다. 그리고 온 세상 사람이 그렇듯이 그들도 생애에서 가장 중요한 순간을 표하는 통과의례와 기타 의식을 치렀다. 외부인에게는 그런 의례 또한 불합리해 보일 것이다. 하지만 우리의 인지는 합리적인 방향으로 진화한 것이 아니라 조상들이 처한 환경에 맞닥뜨린 각종 문제를 처리하기에 효율적인 방향으로 진화했다. 의례가 모든 인간 문화에서 발견되는 이유는 그것이 그런 문제를 해결하는 데 얼마간 도움이 되고 인간의 기본 욕구도 어느 정도 충족시키기 때문이다. 우리가 유서 깊은 전통과 관행에 의지하는 이유는 그것이 논리적이어서가 아니라 효과가 있기 때문이다. 이 의례화된 관행들은 비록 환경을 직접 조작하지는 못해도 우리 안에 변화를 가져올 수 있고, 그 변화는 우리 세계에 실질적이고 중대한 영향을 미칠 수 있다.

4장

인간 사회의 접착체

의례는 우리에게 자연스럽게 온다. 어린 시절에 일찌감치 나타나 일생 함께하며 가장 필요할 때 확실히 급증한다. 의례는 불안을 누그러뜨리고 무질서한 세계에서 질서감을 얻도록 도와준다. 하지만 인간은 사회적 동물이고, 의식은 대부분 사회적 맥락에서 이루어진다. 그러한 맥락에서 의례의 완전한 잠재력이 모습을 드러낸다.

인류학자 메건 비젤은 칼라하리 사막의 !쿵족과 함께 생활하며 3년을 보냈다. 유전자 분석으로 밝혀진 바에 따르면 이 수렵채집인들은 가장 오래된 모계 DNA 혈통 중 하나를 지닌 집단이고, 이는 그들이 세계에서 가장 오래된 현존 인구일 수 있음을 한다. 인류학적 증거는 그들 문화의 많은 측면 또한 오랜 기간 변함없었음을 암시한다. 따라서 !쿵족의 문화는 지금껏 알려진 최초의 인간 관행을 대표하는 것으로 생각되곤 한다. 그런 관습의 중심에는 수천 년 동안 대대로 전해져 내려온 의례용 춤이 있다. 이 춤은 이곳 전역에서 발견된 선사 시대 암각화에 이미 묘사된 바 있다. 공동체는 동틀 녘에 모닥불 주위로 모인다. 남자들이 여자들 주위를 빙빙 돌며 말린 나방 고치에 씨앗이나 돌멩이를 담고 길게 꿰어 다리에 두른 방울 소리에 맞춰 춤추기 시작하면 여자들은 리듬에 맞춰 노래하고 손뼉을 친다. 그들은 음악에 맞추어 작은 걸음을 내딛으며 발을 바꿀 때마다 한 발로 땅을 두세 번 두드리고 가끔 양발로 깡충 뛴다. 밤이 깊어 가며 모든 사람이 춤에 동참하고 많은 이가 무아지경에 빠질 때까지 미친 듯 막판을 향해 서서히 속도를 높여 간다.

그 춤은 악령을 쫓아내고 질병과 액운을 물리친다고 알려져 있다. 사람들은 그렇게 말하면서도 한두 주마다 규칙적으로, 심지어 집단 사이에 알려진 병폐가 없어도 춤을 춘다. 비젤은 여기에 근거해 이 의례의 진정한 유용성이 사회적 기능에 있다고 주장했다.[1] "모든 구성원이 이런 노력에 몸소 참여한다는 사실이 그것의 초자연적이고 정서적인 효능을 많은 부분 설명한다. 그 춤은 아마도 우리가 충분히 이해하지 못하는 매우 심오한 방식으로 사람들을 단결시키는, 부시먼 생활에서 중심이 되는 통합력일 것이다." 비젤뿐 아니라 여러 인류학자가 오래전부터 집단 의식을 사회를 뭉치게 하는 접착제로 기술해 왔다. 비록 이 접착제의 작용 방식이 제대로 파악된 적은 없었지만 말이다. 집단 의례는 어떻게 집단의 결속을 다지는 데 도

1 Biesele(1978), p.169.

움이 될까? 이 접착제의 성분은 무엇이고, 그 성분들은 어떻게 결합해 접착력을 부여할까?

의례적 접착제에 단 하나의 조제법은 없다. 문화적 의례란 가지각색의 방식으로 작용하는 각양각색의 복잡한 현상이다. 하지만 이 가변성은 무한하지 않으며 그 방식이 신비스러울 필요도 없다. 몇 안 되는 심리적 메커니즘이 전통마다 합칠 수 있는 일련의 기초 성분을 제공하며, 그 결과 다양한 유형과 정도의 사회적 응집이 일어난다. 서로 다른 형태의 조제법을 이해하기 위해 의례를 연구하는 과학자들은 한 번에 한 성분씩 조사하는 분할 접근법을 적용한다.[2]

*

의례는 본래 **인과적으로 불투명하다**. 즉 그 의례에 포함된 특정 동작과 의도된 최종 목표 사이에 명백한 인과적 연관성이 없다. 또 앞서 보았다시피 많은 의례는 **목표가 강등되어 있다**. 겉으로 드러나는 목표는 전혀 없이 의례의 수행 자체가 목표다. 그러나 설령 궁극적 목표가 알려져 있더라도 이를 근거로 의례의 내용을 추론하거나 예측할 수 없다. 같은 정화 의식이라도 물 붓기, 소금 뿌리기, 흙 바르기, 향 피우기, 바람에 날

2 Boyer(2005).

리기, 종 치기, 구송하기를 비롯해 무수히 많은 상징적 행동을 요구할 수 있다. 관찰자 입장에서는 이런 동작이 어떻게 정결함을 가져올지 불분명하다. 이러한 행동, 의도, 결과 사이의 괴리로 인해 의례는 외부인에게 수수께끼 같거나 무의미하게, 심지어 우습게 보이곤 한다. 하지만 인과적 불투명성은 오류처럼 보일 수 있는 데 반해 실은 특별하고 의미 있는 경험을 창출하는 의례의 능력에 필수적이다.

특정한 인과 관계로 연결되는 평범한 동작과 달리 의례적 동작은 그런 기대에 얽매이지 않는다. 따라서 그 내막은 미스터리로 남는다. 결정적으로 이것은 일정한 도구적 동작과도 연관될 듯한 종류의 미스터리가 아니다. 텔레비전을 켜려고 리모컨 단추를 누를 때, 전자레인지를 사용할 때 또는 자판을 두드려 검색어를 입력할 때 우리는 이렇게 유발되는 연쇄적 사건을 매우 한정적으로 이해할 것이다. 굳이 말을 해야 한다면 카메라 렌즈로 들어가는 빛, 케이블이나 전파를 통해 이동하는 신호 혹은 화면상의 픽셀이나 텔레비전 수상기로 들어가는 전기에 관해 뭔가 우물거릴지도 모른다. 그런 것에 대한 우리의 이해력은 사실 매우 피상적일 가능성이 크며, 그 과정에 속하는 많은 단계는 신비할 따름이다. 그렇다 할지라도 우리는 각 단계가 그 동작의 결과와 평범하게 연결되리라고 예측한다. 즉 노력하면 알 수 있고 이해할 수 있는 기계적 방식으로 연관되리라고 말이다. 반면에 의례적 동작과 그 결과의 관련성은 원리적으로 알 수 있는 것이 아니다. 우리는 집을 짓는 동안 건물 지하에 수탉을 가둬 두는 것이 왜 건물의 안정성이나 입주자의 번영을 보장하는지에 대한 설명을 기대하지 않는다. 그것은 그냥 그럴 뿐이다.

이 기이한 성질은 의례적 동작을 지각하는 방식에 지대한 영향을 미치는 것으로 드러난다.[3] 일반적으로 인간의 지각 체계는 사람들의 동작을 빠르게 자동으로 분석하고 해석해 동작의 목표와 의도를 직관적으로 추론하도록 한다.[4] 이 능력은 보통 최소한의 입력으로 다른 사람의 동기를 이해하고 행동을 예측하도록 돕기 때문에 우리의 사회적 구실에 기본이 된다. 만약 메리가 냉장고를 열고 고기와 채소를 꺼내 썰기 시작하는 모습을 본다면 누가 따로 말해 주지 않아도 그녀는 배가 고프거나 요리해서 식사할 참인 것이다. 나는 그녀의 행동에서 이 모두를 추론할 수 있다. 이런 움직임 가운데 많은 부분은 더 큰 목표가 주도하는 어떤 순서의 맥락에서 예측되므로 그녀의 일거수일투족에 주의를 기울일 필요도 없다. 그 순서에 속한 각 단계는 다음 단계를 위해 반드시 있어야 하므로 우리 뇌는 설사 모든 동작을 관찰하지 않더라도 틈새를 쉽게 메울 수 있다. 예컨대 메리가 양파를 썰기 전에 껍질을 벗겼을 것이고, 채소를 씻기 전이 아니라 씻은 후에 간을 했으리라고 예측하

3 Boyer & Liénard(2006).
4 Zacks & Tversky(2001).

는 식이다. 게다가 목표를 성사시키는 한 그녀의 동작을 이루는 미세한 세부 사항은 거의 중요하지 않다. 이를테면 양파를 썰기까지 칼을 열 번 휘둘렀는지 열두 번 휘둘렀는지, 냉장고를 열기까지 왼손을 사용했는지 오른손을 사용했는지는 중요하지 않다.

반면 의례적 동작은 이런 식으로 해석되지 않는다. 그 동작의 다양한 단계에는 명백한 인과 관계가 없기 때문에 우리의 사고는 같은 식으로 추론하지 못한다. 그리스 로마 시대 이집트에서 제작된 고대 텍스트 모음집인 『그리스 파피루스 주술집(Papyri Graecae Magicae, PGM)』에서 한 예를 찾을 수 있다. 텍스트마다 당시의 주문과 의례 목록이 담겨 있는데, 일련번호 PGM IV. 3172~3208로 알려진 한 텍스트는 꿈을 부르는 어느 의례에 대한 지침을 제공한다. 그 목표를 달성하기 위해 실천자가 해야 할 일은 다음과 같다.

> 해가 지기 전에 갈대를 세 줄기 구해 온다. 해가 진 후 동쪽을 향해 첫 번째 갈대를 들어 올리고서 "마스켈리 마스켈로 프노켄타바오 오레오바자그라, 렉시크톤, 이포크톤, 푸리페가닉스", 그리고 이어 알파벳 모음을, 그다음에 "레페탄 아자라크타로.(당신께서 제게 꿈을 가져다주소서.)"라고 세 번 말한다. 두 번째 갈대를 남쪽으로 들어 올리고 위 공식의 마지막 부분만 '트로베이아'라는 단어로 바꾸어 반복한다. 갈대를 들고 북쪽

으로, 그다음엔 서쪽으로 몸을 돌려 두 번째 공식을 세 번 반복한다. 그런 다음 세 번째 갈대를 들어 올리고 같은 단어들을 말하고 나서 "예 예, 당신께서 그리해 주소서."라고 덧붙인다. 첫 번째 갈대에는 '아자라크타로', 두 번째 갈대에는 '트로베이아', 세 번째 갈대에는 '예 예'라고 적는다. 그런 다음 빨갛게 칠하지 않은 등잔을 가져다가 올리브유를 채우고, 깨끗한 천 조각을 가져다가 모든 이름을 적고서 등을 향해 이를 일곱 번 소리 내어 말한다. 등잔을 향로 옆에 동쪽을 향하게 두고 향로에는 자르지 않은 유향을 태워야 한다. 그런 다음 대추야자 섬유로 갈대들을 한데 묶어 만든 삼각대 위에 등잔을 올려놓는다. 당신의 머리에는 올리브 가지를 얹어야 한다.

이 일련의 동작에서 도구적 절차를 가지고 하는 것과 같은 종류의 예측을 하기란 불가능하다. 말로 꿈을 기원한다는 점을 제외하면 이 순서 안의 어떤 행동도 목적에 대한 단서를 제공하지 않는다. 돌멩이가 아닌 갈대를, 금으로 된 성배가 아닌 빨갛지 않은 등을 사용하는 것에 분명한 이유가 없다. 이 동작의 순서에 알아볼 만한 논리가 있는 것도 아니다. 만약 실천자가 갈대를 들고 빙빙 돌아도 우리는 그에 앞서 문구 암송이 있었을 것이 틀림없다거나 그 동작 다음에 북쪽으로 돌기가 와야 한다고 추론하지 않을 것이다. 마지막으로 우리는 특정한 동작의 내막을 모르므로 그 동작이 어떤 식으로든 대체되거나 변경될 수 있으리라고 기대하지 않는다. 그 문구는 네 번도, 두 번도 아닌 세 번 암송해야 한다.

아닌 게 아니라 여러 실험이 의례적 동작은 평범한 동작과 같은 방식으로 처리되지 않음을 보여 준다. 비도구적, 곧 의례적 행동은 관찰될 때 각각의 단계가 이전 동작의 논리적 결과가 아닌 하나의 고유한 동작으로 처리된다. 지각 연구는 의례화된 행동을 제시받은 사람들은 실제 별개 동작의 수를 더 많이 인식한다고 전한다.[5] 요리할 때 채소 썰기는 모든 부분을 아우르는 단일 사건으로 지각될지 몰라도 힌두교 기도의 맥락에서 과일 자르기는 예컨대 칼을 앞뒤로 일곱 번 움직이는 일련의 별개 동작으로 지각될 수 있다. 그 결과 의례는 더 많이 주목받고 훨씬 더 자세히 묘사된다.[6] 다시 말해 의례적 동작은 평범한 동작에 비해 직관적으로 **특별하다**고 지각된다.

로한 카피타니와 마크 닐슨은 다양한 동작의 중요성을 사람들이 어떻게 판단하는지 조사해 이를 입증했다.[7] 두 연구자는 피험자 474명에게 한 남자가 유리잔에 음료를 따르는 동영상을 보여 줬다. 그중 한 영상에 나오는 남자의 동작인 잔 집어 들기, 헝겊으로 잔 닦기, 음료 따르기와 잔을 테이블 위에 놓기 전에 살펴보기는 평범해 보였다. 다른 영상에서는 그 사건이

5 Nielbo & Sørensen(2011).
6 Nielbo, Schjoedt, & Sørensen(2012).
7 Kapitány & Nielsen(2015).

의례화되었다. 남자는 기본적으로 같은 과제를 수행하고 거의 똑같은 움직임을 사용했지만 일부 동작이 인과적으로 불투명했다. 그는 잔을 집어 든 후 헝겊을 그것에 대지 않고 잔을 향해 흔들었다. 또 음료를 따르기 전 잔을 높이 들었고, 잔을 테이블 위에 놓기 전에 절을 했다.

연구자가 그 두 잔이 물리적 성질 면에서 같으냐고 물었을 때 참가자들은 아무 차이가 없다는 데 압도적으로 동의했다. 하지만 이와 별개로 음료 중 하나가 특별하냐는 질문에는 의례용 음료를 지목했다. 이는 조금도 놀랄 일이 아니다. 우리 생애에서 가장 중요한 때에는 의례가 동반된다. 그러므로 어떤 의례가 수행될 때 귀중한 뭔가를 기념하리라 추론하는 것은 자연스럽다. 아니나 다를까, 더 마음에 드는 음료를 마실 선택권을 제시했을 때 참가자들이 특별한 음료를 고를 가능성은 세 배 더 컸다. 사람들은 그 동작들이 대상을 변화시키지 않았다고 말했지만 중요한 변화는 일어났다. 동작에 대한 그들의 인식이 달라졌고, 이는 차례로 대상을 향한 그들의 태도를 변화시켰다. 게다가 연구자들이 노골적으로 그 동작을 의례로 표현했을 때 효과는 훨씬 더 강했다. 그 몸짓들이 가봉이나 피지, 에콰도르처럼 멀리 떨어진 곳에서 행하는 전통 의식 중 일부라는 말을 듣자마자 특별한 음료를 선택할 가능성은 두 배가 되었다.

카피타니와 닐슨의 연구 결과는 의례의 심리적 효과와 사회적 효과의 중요한 연관성을 강조한다. 발달 연구는 인간이 어릴 때부터 도구적 기능과 문화적 관례 양면을 학습하는 데 능한 이유가 서로 다른 두 정보 습득 전략을 추구하는 능력 덕분임을 시사한다. 심리학자들은 이 두 가지 학습 메커니즘을 **도구적** 자세와 **의례적** 자세라 불러 왔다.[8] 도구적 자세는 바닥 청소를 하는 데 빗자루를 사용하거나 식사를 준비하려 채소를 썰거나 배 건조를 위해 협업하는 것 같은 특정한 목표를 달성하기 위해 물리적 인과 관계에 의존하는 동작을 알아보고 해석하게 해 준다. 반면에 의례적 자세는 실내 정화를 위해 향을 피우고 제물을 올리려 과일을 썰거나 집단 기도를 위해 모이는 등의 문화적 관례를 알아보고 흡수하게 해 준다.

관례적 행동의 인과적으로 불투명한 본성은 이런 행동이 규범적이며, 따라서 사회적으로 의미가 있음을 암시한다.[9] 우리는 직관적으로 똑같은 통상적 동작에 관여하는 사람들이 단순히 같은 목표를 가지리라 예측한다. 이를테면 어떤 무리가 고기잡이배를 만들고자 함께 일할 때는 짐작건대 고기를 잡고 싶다는 동일한 개별적 욕망이 각자에게 동기를 부여했기 때문일 것이다. 그들의 동작은 단순히 목표를 달성하는 수단일 뿐이다. 하지만 같은 사람들이 의식에 쓸 장작더미를 쌓기 위해 함께 일할 때처럼 동작 자체가 목표가 된다면 이는 아마도 그

8 Herrmann et al.(2013).
9 Schachner & Carey(2013).

들이 동일한 문화 규범과 가치로 묶여 있기 때문일 터다.

심리학 실험은 심지어 유아들 사이에서도 의례적 자세를 관찰해 왔다. 한 연구에서는 16개월 된 아이들에게 두 사람이 의례화된 동작을 함께 수행하는 동영상을 보여 주었다. 테이블 위에서 상자를 앞뒤로 움직이고, "오!"라고 말하면서 그것을 머리와 팔꿈치로 반복해 건드리는 등 인과적으로 불투명한 순서로 이루어진 동작이었다. 영상의 절반에서 남녀 한 쌍은 의례를 한 후 마주 보고 미소 지으며 잘 지내는 모습을 보였다. 나머지 절반에서는 남녀 한 쌍이 외면한 채 팔짱을 끼고 찌푸리는 모습이 적대하는 듯 보였다. 연구자는 동영상에 대한 반응을 측정하기 위해 아이들의 시선을 추적했다. 아기들은 예상과 다르거나 놀라운 뭔가가 보이면 더 오래 쳐다보려 하므로 발달 연구에서 이 방법이 흔히 쓰인다. 그 결과 아이들은 똑같은 의례를 수행하는 사람을 사회적 한패로 예측했고, 서로 다른 의례를 수행하는 사람들에 대해서는 그러지 않았다. 또 똑같은 의례를 하는 사람들이 영상에서 사회적으로 분리된 모습을 보일 때 더 오래 응시하는 것으로 놀라움을 표시했다.[10]

2장에서 살펴보았듯 아이들은 모방에 뛰어나다. 호주, 미국, 남아프리카의 수렵채집인 공동체 사이에서 진행된 발달 연구를 보면 아이들은 자기 집단의 의례적 동작을 도구적 동작

10 Liberman, Kinzler, & Woodward(2018).

보다 더 기꺼이, 더 정확하게 모방한다.[11] 이런 동작의 목표가 강등될 때, 즉 동작에 명확한 목적이 없을 때 특히 더 그러하다.[12] 아이들은 또한 다른 사람이 규범적 동작을 정확하게 수행하기를 기대하고, 그러지 않으면 열심히 항의한다.[13] 왠지 우리는 인지적으로도 문화적으로도 주위 사람의 의례를 채택할 준비가 된 듯하다.[14] 하지만 왜일까?

*

힌두교도는 의식에 참석할 때 제물을 태우고 남은 재나 주홍색 혹은 다른 가루를 사용해 이마에 찍은 표식인 틸라크(틸라카)를 받는다. 익숙한 사람이라면 이마에 찍힌 독특한 유형의 틸라크로 그가 속한 특정 힌두 교파나 구체적 사원까지 알아볼 수 있다. 이와 유사하게 일부 기독교 교파의 교인은 이마에 십자가 모양으로 재를 문질러 사순절의 시작과 부활절 관련 의례를 기념한다. 여타 의례는 더 영구적인 표지를 도입한다. 예컨대 파푸아뉴기니의 참브리족 소년들은 성년에 들어설 때 악어 비늘을 닮은 흉터를 남기려고 대나무 칼로 살갗을

11 Nielsen, Kapitány, & Elkins(2015); Wilks, Kapitány, & Nielsen(2016); Clegg & Legare(2016).

12 Nielsen, Tomaselli, & Kapitány(2018).

13 Rakoczy, Warneken, & Tomasello(2008).

14 Nielsen(2018).

벤다. 이런 상징적 표지의 공유와 과시는 참가자들이 집단 정체성을 표현하게 할 뿐 아니라 우리의 가장 기본적인 사회적 성향 일부를 이용하는 의례의 능력 덕분에 실제 그것을 적극적으로 형성하게 해 준다.

사회심리학자 헨리 타이펠은 인간이 얼마나 집단 지향적 인지를 너무나 잘 알고 있었다. 그는 2차 세계 대전 중에 프랑스 군대에 자원하여 참전했다가 나치의 포로가 되었다. 유창한 프랑스어 덕에 폴란드 유대인의 혈통을 숨기고 프랑스인으로 위장해 살아남았지만 귀국 후 온 가족이 홀로코스트에서 살해 당한 사실을 알게 되었다. 화학도였던 그는 이 경험의 영향을 받아 심리학으로 전향한 후 선입견 연구 분야에서 이름을 남겼다.

타이펠은 개인으로서 우리가 누구인가에 관한 핵심부가 우리가 속한 다양한 사회 집단에 의해 규정된다는 것을 알고 있었다. 우리가 어떤 집단의 일원임은 개인적 정체성과 자아상의 형성에 근본적인 역할을 한다. 하지만 타이펠은 집단 안의 개인에 초점을 맞추기보다 개인 안의 집단을 연구하는 편을 더 흥미롭게 여겼다. 사람은 아무리 작은 집단이라도 어느 집단의 부분이라는 생각에서였다. 그는 1970년대 초에 이러한 내재적 소속 욕구의 한계를 시험하기 위한 연구 계획을 내놓았다. 그는 소속감을 촉발하기에 충분한 최소 조건을 확립하고 싶었다. 이런 이유에서 이 방법론은 **최소 집단 패러다임**으로 알려지게 되었다.

어떤 집단의 일원들은 의미 있는 유사성을 지녔다. 농구팀 선수들은 유사한 기량, 체격, 목표를 지녔을 것이고, 일본인들은 유사한 문화와 유전적 특성을 공유할 것이고, 채식주의자 집단은 식성뿐 아니라 생활 방식의 다른 측면도 비슷할 것이다. 하지만 동질적인 일원들로 구성되지 않은 집단은 어떨까? 보라색 셔츠를 소유한 사람들이라면? 이름이 E 자로 시작하는 사람들이라면? 혹은 4월 21일에 태어난 사람들이라면? 그런 사람들의 마음에 한 집단이라는 관념을 만들어 내려면 무엇이 필요할까? 밝혀진 바에 따르면 별로 필요한 것이 없다.

타이펠과 그 동료들은 일련의 실험을 통해 아무리 임의적인 집단 표지라도 사람들이 외부인보다 집단의 다른 구성원과 공통점이 많다고 느끼기에 충분하다는 사실을 알게 되었다. 한 연구에서는 아이들에게 파울 클레와 바실리 칸딘스키의 추상화를 보여 주며 어느 쪽 그림이 더 마음에 드는지 고르라고 말했다. 두 화가는 작풍이 상당히 유사하지만 아이들은 작품에 익숙지 않았다. 이쪽이냐 저쪽이냐를 말한 아이들은 두 집단, 즉 칸딘스키 집단과 클레 집단으로 나뉘었다. 사실 두 집단은 아이의 미적 취향과 상관없이 실험자가 무작위로 배정했다.(어차피 아이들은 누가 어떤 그림을 그린 화가인지 몰랐다.) 나중에 다른 참가자에게 금전적 보상을 나눠 주라고 요청했을 때 그들은 다른 집단보다 자신이 속한 집단 구성원에게 돈을 주고 싶어 했다. 다른 무의미한 특성을 기반으로 사람들을 배정했을 때도 비슷한 결과가 나왔다. 화면에서 점을 많이 본 사람들 대 점을 적게 본 사람들에 관한 연구, 같은 색깔의 셔츠를 입은 사람들에 관한 연구, 심지어 동전 던지기를 근거로 특정 집단에 배정된 사람들에 관한 연구도 모두 똑같은 결론에 도달했다. 소속 집단에 애착을 느끼기 위한 최소 요건은 집단의 존재 자체다.[15]

인간의 집단 정체성 형성 조건이 왜 그것뿐인지는 쉽게 알 수 있다. 초사회적 동물인 우리의 생존과 행복은 우리가 파묻힌 겹겹의 사회 관계망에 달렸다. 이중 어떤 관계망은 좁게 규정되어 있어 일원을 식별하기 쉽다. 우리가 친척들을 아는 이유는 그들과 함께 자랐고, 특별한 친족 용어로 지칭하며 다른 가족이 그들과의 관계를 보장하기 때문이다. 마찬가지로 우리 친구들을 아는 이유도 그들과 함께 시간을 보내고 관심사를 공유하기 때문이다. 하지만 우리의 사회 관계망 중 국민, 민족 혹은 같은 종교나 정치적 신념을 공유하는 사람 등은 너무 광범위해서 구성원을 통째로 알 재간이 없다. 그렇다 하더라도 그들을 식별하는 것은 다른 무엇보다 중요할 수 있다.

지리학자 재러드 다이아몬드는 『어제까지의 세계』에서 집단 일원의 식별이 경우에 따라 어떻게 생사의 문제가 될 수

15 Tajfel(1970).

있는지 설명한다. 그가 현지 조사를 수행한 뉴기니의 수많은 지역 부족과 마을은 실제든 신화적이든 공통 조상에 대한 언급을 통해 연결되어 큰 부족을 이루었다. 경쟁 부족은 끊임없이 분쟁 중이라 우연히 마주친 낯선 사람끼리 무엇이든 부족적 관련성을 확실히 하지 못하면 목숨을 잃을 수도 있었다. 숲속에서 서로를 맞닥뜨린 생면부지의 사람들은 공통된 조상을 하나라도 찾아서 유혈사태를 피하고자 친척이란 친척은 모조리 거명하고 그들과 어떤 관계인지 설명하느라 몇 시간을 소비하곤 했다.

부족 분쟁이 없는 동안에도 같은 집단에 속한 사람들은 자기 집단의 일원과 거래하고 어울리고 협력하기를 선호하곤 했다. 특정 개인에 관해 개인적으로 아는 바나 직접적 정보가 부족할 때 자기편을 확인하는 최선의 길은 바로 그 사람의 외모와 행동에 주목하는 것이다. 이를 **표현형 대조** 전략이라 한다. 복잡한 사회적 서열이 있는 다른 동물들과 마찬가지로 인간은 자신과 집단의 유사성을 근거로 유추해 친척 개체를 알아보는 메커니즘을 진화시켜 왔다. 유전형 형질과 표현형 형질은 상관관계인 경향이 있기 때문에 이는 매우 유용한 어림법일 수 있다. 다시 말해 유전자 구성(유전자형)이 유사한 개체는 외모와 행동(표현형)처럼 관찰 가능한 특성 일부도 더 유사한 경향이 있다. 그래서 비슷하게 생긴 사람이 다소 다르게 생긴 누군가보다 친척일 확률이 높다고 가정하는 것은 많은 경우 합리적일 수 있다.

연구에 따르면 우리는 누구와 어떻게 상호 작용할지 결정할 때 그런 단서를 자주 사용한다. 예컨대 부모, 특히 아버지는 자기와 더 닮은 자식을 편애하는 경향이 있다. 낯선 사람들 사이에서 무관한 개인을 평가할 때조차 사람들은 자신과 얼굴 특징이 더 비슷한 사람을 선호하고 더 기꺼이 돕는다.[16] 이런 표현형 대조는 상징적 유사성으로도 확장된다. 모리셔스에서 수행한 실험에서 우리가 알아낸 바에 따르면 사람들은 똑같은 익명의 낯선 사람이라도 내집단 구성원의 상징적 표지를 달았을 때 더 신뢰한다. 예컨대 기독교도는 십자가를 건 다른 기독교도를 보았을 때, 힌두교도는 틸라크를 뽐내는 다른 힌두교도를 보았을 때 상대를 더 신뢰할 만하다고 평가했고 경제 게임에서 더 많은 돈을 주었다.[17] 반면에 십자가를 걸고 있는 힌두교도처럼 외집단 표지를 단 자기 공동체의 일원을 보았을 때는 상대를 덜 신뢰했다.

인간은 잠재적 동지를 식별하기 위해 표현형 대조를 이용하는 유일한 동물이 아니지만 인간 문화의 비할 데 없는 풍부함은 이 전략을 독특한 방식으로 확대하게끔 한다. 언어와 말씨에서 복장 규정과 화장을 거쳐 예술 그리고 의례에 이르기까지 인간 사회마다 독특한 표현 형식이 있다. 이런 표현은 문

16 Park, Schaller, & Vugt(2007).

17 Shaver et al.(2018).

화적으로 고유하므로 매우 효과적인 지표가 된다. 이를테면 모든 집단이 공동 식사를 하지만 우리 집단은 음식을 나누기 전 특정한 찬트를 암송하길 요구할 수 있고, 모든 사람이 청결에 집착하지만 우리 집단은 파란 물감을 사용해 순도를 보증하는 식으로 눈에 띌 수도 있다. 이런 단서는 무한히 다양한 데 반해 의례는 추상적 상징뿐 아니라 행동으로 시행되는 체화된 상징까지 도입하는 까닭에 독보적으로 강력한 표지다. 따라서 의례는 한 영역에서 비슷하게 행동하는 사람이 그 밖에 중요한 유사성을 공유할 가능성도 크다는 신호를 보내면서 사람들의 **행동** 유형에 관한 단서를 제공한다.[18]

*

모든 군대의 병사가 왜 단순히 왔다 갔다 행진하는 훈련에 그토록 많은 시간을 쓰는지 궁금해한 적이 있는가? 옛날에는 행진 훈련이 군부대가 전쟁터에서 쓰이는 전술적 동작을 실습하는 데 도움이 되었을 것이다. 하지만 장거리 발사 무기가 지배하는 현대전에서 대형을 이루어 행진하며 허허벌판을 가로지르는 대규모 집단은 자살 특공대처럼 보일 것이다. 게다가 공군처럼 지상 전투에 참여하지 않는 병과조차 행진은 꼬

18 McElreath, Boyd, & Richerson(2003).

박꼬박 훈련한다. 세계에서 가장 앞선 군대들도 이런 구식 훈련 체제를 계속 사용하는 까닭은 무엇일까? 1995년 역사가 윌리엄 맥닐은 『일치단결』에서 이 수수께끼에 대한 해답을 제안했다. 바로 합동으로 박자에 맞추는 활동에 참여하면 병사들의 긴밀한 결속에 도움이 되는 공통된 느낌이 생긴다는 것이었다.

맥닐은 이 주제에 문외한이 아니었다. 그는 2차 세계 대전 당시 미군에 입대해 3년 동안 포병으로 복무한 참전용사였다. 텍사스에서 기초 훈련을 받는 동안 그는 실제로 쓸 만한 훈련이 없다는 데 불만을 품곤 했다. 그의 대대는 보급품도 모자랐고 보유한 대공포 한 대도 망가져 있었다. 달리 할 일이 없던 장교들은 병사들을 몇 시간 동안 이리 행진하고 저리 행진하게 했다. 행진은 필요보다는 전통에 의해 그 자체로 목적이 되었다. 맥닐은 "이보다 더 쓸모없는 훈련은 상상하기 어려울 것"이라고 썼다. 그렇지만 머지않아 병사들은 훈련이 쓸모없어 보이거나 말거나 일제히 뽐내며 걷기를 개의치 않는다는 것을 그는 깨달았다. 자신도 마찬가지였다. 그는 박자에 맞추는 의례가 실은 고양된 감정을 불러일으키고 모든 참가자가 개인적으로 커진 느낌을 공유하게 한다고 기술했다. "분명 본능적인 뭔가가 작동하고 있었다. 나는 나중에 그 무언가가 인간사에서 언어보다 훨씬 더 오래되고 결정적으로 중요하다는 결론을 내렸다. 그것이 불러일으키는 정서는 박자에 맞춰 큰 근육을 함께 움직이며 구호를 외치거나 노래를 부르거나 소리를 지르며 일치단결하는 모든 집단의 사회적 응집을 위해 무한히 확대 가능한 기초로 보이기 때문이다." 맥닐은 함께 움직이는 사람들은 함께 결속된다는 의미에서 이런 본능적 느낌을 '근육 접착'이라고 불렀다. 이는 각양각색의 개인이 통일된 집단처럼 느끼게 해 주는 정서적 반응이다. 조상들은 현대식 군대를 비롯한 형식적 제도가 형성되기 훨씬 전부터 사회적 결속의 토대로 훈련, 음악, 춤과 의례를 사용했고, 그런 사회적 기술의 쓸모는 그들에게 그랬듯 오늘날 우리에게도 의미가 있다.

최근 연구자들은 다양한 분야에 걸쳐 맥닐의 주장을 뒷받침하는 연구를 내놓고 있다. 다수의 연구는 움직임의 통일이 개인 간 친밀도를 증가시켜 유대감을 촉진함을 보여 주었다. 스탠퍼드 대학교 교수 스콧 윌터무스와 칩 히스는 한 실험에서 캠퍼스를 횡단하는 일련의 집단 산책을 주최했다. 집단의 절반이 무심히 걷는 동안 나머지 절반은 발맞춰 걸었다. 연구자들은 동시에 행진한 사람들이 상대방에 대해 더 깊은 연대감을 말하고, 상대방을 더 신뢰하며 더 협조적으로 행동함을 발견했다.[19] 기타 연구들은 구호를 외치고 춤을 추는 등 동조적 활동을 할 때는 물론 심지어 같은 박자에 맞춰 손가락을 두드리는 등 사소한 과제만 함께해도 비슷한 결과를 가져올 수 있음을 보여 주었다.[20]

19 Wiltermuth & Heath(2009).

20 Hove & Risen(2009); Reddish, Fischer, & Bulbulia(2013).

체코에서 진행한 실험실 연구에서 나와 동료들은 이런 효과의 원인일지도 모르는 몇 가지 메커니즘을 탐색했다. 우리는 참가자 124명을 임의의 세 집단으로 나누고 북의 박자에 맞춰 일련의 안무로 짜인 손동작을 수행해 달라고 했다.[21] 첫 번째 집단에 속한 참가자들은 혼자 과제를 수행한 데 반해 다른 두 집단의 참가자들은 다른 방에 있는 파트너와 실시간으로 방송되는 동영상을 통해 짝 지어 하거나 혹은 그렇게 진행된다고 들었다. 실은 '상호 작용 파트너'란 연속 동작을 수행하도록 훈련된 배우였고, 동영상은 실시간이 아니라 미리 녹화했다. 이로써 두 유형의 짝에 한 가지 결정적 차이를 도입할 수 있었다. 우리가 '고동조(high-sync)' 조건이라고 칭한 집단에서는 배우가 어떤 실수도 하지 않고 꾸준한 속도로 움직여 참가자의 동작을 더 충실하게 뒤쫓았다. '저동조(low-sync)' 조건으로 불린 집단에서는 배우가 툭하면 박자에 반응이 늦거나 어긋났고 때로는 잘못 움직이면서 움직임이 왜곡되었다. 박자감이 형편없고 가끔 스텝도 까먹는 상대와 살사 춤을 춘다고 상상하면 된다. 만약에 대비해 우리는 동작 감지 장치를 써서 고동조 조건에 속한 짝 사이의 움직임이 저동조 조건보다 정말로 더 동조적인지를 확인했다.

매 과제 후에는 아픔을 느낄 때까지 기계적 압력을 가해

21 Lang et al.(2017).

착용자의 통증 역치를 기록하는 장치인 통각계를 사용했다. 고동조 집단 사람들이 통증을 더 잘 참는 것으로 나타나는데, 이는 몸이 엔도르핀의 생성을 늘렸음을 시사한다. 내인성 아편유사제 계통에 속하는 이 신경 호르몬은 기분을 띄우고 불편과 불안을 줄이며 자존감을 북돋고 통증을 완화해 의욕을 조절하는 데 중요한 역할을 한다. 결정적으로 엔도르핀은 우리가 다른 사람들 주위에 있을 때 안전감, 신뢰감, 친밀감을 조성함으로써 사회적 결속과도 연관된다. 이런 이유로 그것은 신체 접촉, 성교, 웃음, 수다를 포함해 가장 긴밀한 대인 상호 작용 일부, 그리고 우리의 영장류 친척 내에서는 털 골라 주기를 하는 중에 급증한다.[22]

아니나 다를까 이런 신경학적 차이는 사회적 결과와 관계가 있었다. 고동조 집단은 상호 작용 파트너와 연대감을 더 많이 느끼고 공통점이 더 많다고 여겼으며, 상호 작용이 더 성공적이고 상호 협조적이었다고 인식했을 뿐 아니라 향후 과제에서 파트너와 협업할 용의도 더 많다고 보고했다. 이런 확신은 행동에도 반영되었다. 우리는 신뢰 게임이라고 알려진 것을 사용해 참가자들이 상대방이 호혜적이리라는 희망을 품고 자기 돈을 주는 방식으로 상대를 믿을지 말지를 결정하게끔 했다. 이 과제는 그들의 언행이 일치할지를 매우 현실적인 의미에서

22 Dunbar(2012).

알아볼 수 있게 해 주었고, 실제로 일치했다. 다시 말해 고동조 집단은 경제 게임에서 다른 두 집단보다 상대에게 30퍼센트 더 많은 돈을 기부하며 더 많은 신뢰를 보여 줬다. 동조는 생물학적 수준과 심리학적 수준, 그리고 가장 중요하게는 행동적 수준에서 지대한 영향을 미쳤다.

우리는 사회적 본성 탓에 다른 사람, 특히 가까운 사람의 동작에 동조하도록 타고난다.[23] 서로 행동을 흉내 내는 사람들을 관찰할 때 대개 그들이 어떤 사회적 유대를 공유하리라 예상한다.[24] 친구라면 나란히 미소 짓고 깔깔대지만, 적이라면 경쟁자의 미소에 찌푸린 표정으로 반응할 것이다. 같은 팀 선수라면 상대편이 반대로 가려 하는 동안 그들끼리 같은 방향으로 움직일 것이다. 우리 뇌는 그런 애정과 협조의 유형을 식별하는 데 능숙하다 못해 그런 추론을 우리 자신의 행동에까지 연장한다. 다른 사람과 행동을 같이할 때 우리는 스스로 그들과 더 비슷한 존재로 인식하고, 결과적으로 그들을 더 좋아하게 된다. 이런 이유로 춤, 음악, 구호, 함께 움직이기가 집단 의례에서 그토록 흔한 것이다.

23 Bernieri, Reznick, & Rosenthal(1988).
24 Chartrand & Bargh(1999).

*

의례는 물론 모든 사회에서 아이들을 사회화하는 흔한 방법이고, 우리는 이제 그것이 어떻게 작동하는가에 대한 흥미로운 실험적 통찰력을 얻었다. 텍사스 대학교의 심리학자 니콜 웬, 퍼트리샤 허먼, 크리스틴 르게어는 아이들 71명을 무작위로 나누어 구성한 집단에 독특한 휘장을 주어 소속감을 주입했다.[25] 각 집단은 2주에 걸쳐 여섯 번 만나는 동안 구슬을 꿰어 목걸이를 만드는 활동에 참여했다. 집단의 절반에게는 이 활동이 의례의 형태로 제시되었다. 그 절차에는 대본에 있는 여러 단계 외에도 구슬을 이마에 대기, 손뼉치기, 특정한 순서의 색깔 사용하기 등 없어도 되는 단계가 포함됐다. 대조군 역할을 한 나머지 절반은 단순히 구슬과 끈을 건네받고 목걸이를 만들 예정이라는 말을 들었다. 실험군과 대조군 모두 "이 모둠은 그렇게 한단다!"라는 말로 이것이 특별한 놀이 방법임을 전달받았다. 하지만 연구자들이 아이들의 소속감을 조사했을 때 발견한 바에 따르면 의식을 닮은 방식으로 목걸이 만들기에 참여했던 아이들은 의례 없이 수행한 아이들보다 더 강한 내집단 정서를 느꼈다. 특히 의례 조건에 속한 아이들은 자기 집단의 휘장을 포기할 의사가 더 적었고, 무관한 과제에서 같

25 Wen, Herrmann & Legare(2016).

은 집단의 일원을 파트너로 고를 가능성이 더 컸다. 같은 양식을 사용한 추가 실험에서는 집단 의례에 참가한 아이들이 외부인을 조심하게 되어 그들의 행동을 더 주의 깊게 감시하는 것으로 나타났다.[26]

이는 결정적인 지점을 드러낸다. 집단 의식은 소속감 형성에 관한 한 상징적인 집단 표지를 사용하고 행동을 통일하는 등 책에 나오는 가장 오래된 요령들을 포함한다는 것이다. 그런 요소는 사회생활의 다양한 영역 어디에나 있다. 운동선수, 소방관, 간호사, 초등학생은 같은 유니폼을 입고 집단 목표를 달성하기 위해 동작을 조율한다. 이러한 조건이 집단 정체성과 결속력을 육성한다. 따라서 의례는 요령의 편익을 이용한다는 면에서 독특하지 않다. 하지만 의례의 인과적으로 불투명하고 상징적이고 규범적인 특징 덕분에 의례의 팀 형성 효과는 그러한 메커니즘을 초월해 도구적 동작만으로 할 수 없는 방식으로 집단 소속감을 증폭한다. 의례는 궁극적인 최소한의 집단 패러다임이다.

그래도 최소 집단은 최소일 뿐이다. 같은 휘장을 다는 것이 동질감과 연대감을 제공하겠지만 추가적인 보강이 없는 연대는 집단 구성원끼리 장기간 협조할 동기를 부여하기에 충분치 않을 것이다.

26 Wen et al.(2020).

또 한편으로 의례의 힘은 이제 시작일 뿐이다.

*

데니스 더턴은 예술에 대한 도발적 견해로 알려진 미국의 철학자다. 그는 모든 인간에게 타고난 예술 감상력이 있다고 주장하며 엘리트주의적이고 가식적인 형태의 표현을 비판했다. 학술지 《철학과 문학》의 편집자이기도 했던 그는 나쁜 글쓰기 경연 대회를 창설해 가장 끔찍한 문체로 심오한 척 횡설수설하는 가식적인 학자의 글을 시상했다. 1984년에 캔터베리 대학교 교수직을 맡게 되어 뉴질랜드로 이주했고, 그곳에서 오세아니아 미술, 특히 인근 뉴기니 부족의 조각품에 매혹되었다. 유럽 미술학자들이 이런 인공물에 대해 쓴 묘사와 분석을 읽은 그는 그들의 평가가 물건을 실제로 만든 사람들의 평가와 어떻게 비교될지 궁금해지기 시작했다. 그래서 조각 전통이 여전히 번성하고 있던 세피크강의 작은 정착촌 옌첸망구아에서 민족지 연구를 하기 위해 뉴기니로 떠났다.

더턴은 옌첸망구아에서 지낸 밤 대부분을 남자들의 집, 즉 일부 부족 사회 남성이 중요한 문제를 논의하고 의식을 수행하러 모이는 큰 공동 오두막에서 보냈다. 어느 밤 그는 다들 풀이 죽어 있고 모두가 걱정에 사로잡힌 듯 보이는 것을 알아차렸다. 무슨 일이 있느냐고 물었다. 그를 초대한 사람들이 인근 몇 군데에서는 이따금 관광객이 방문해 빈약한 수입을 보충하는 반가운 수단이 된다고 설명했다. 하지만 엔첸망구아에는 아무도 찾아오지 않았다. 이런 이유로 모든 사람이 의기소침해 있었다. 방문자를 더 끌어들이기 위해 무엇을 할 수 있을까? 얼마간 논의 후에 그들은 더턴에게 이 문제에 대한 지혜가 있느냐고 물었다.

다른 것을 떠올릴 수 없었던 더턴은 맨 처음 든 생각을 말했다. 그는 뉴질랜드에서 동기 유발 트레이너들이 수행한 어느 행사를 기억해 냈다. "저도 모르겠네요. 불 건너기라도…… 해 보시겠어요?" 농담으로 한 말이었다. "무슨 말씀인지?" 주민들이 호기심에 물었다. 그는 더 세게 나갔다. "큰 불을 피워 놓고 맨발로 걸어서 건너는 거예요. 그러면 관광객의 관심을 얻을 게 틀림없어요!" 그는 이 제안에 남자들이 웃음으로 반응하리라고, 그러면 우울하게 흘러가던 그 밤의 분위기가 가벼워지리라고 기대했다. 당황스럽게도 마을 사람들은 오히려 아주 흥미로워했다. 실은 모든 사람이 훌륭한 아이디어라고 생각하는 듯했다. "우리한테 가르쳐 주시겠어요?" 그들이 눈을 크게 뜨고 부탁했다. 더턴은 비로소 도가 지나쳤다는 것을 깨달았다. "글쎄요…… 어쩌면. 생각해 보지요." 그는 화제가 바뀌기를 바라며 말했다. 하지만 그러기에는 너무 늦었다. "좋아요, 그럼 내일!" 남자들이 결정해 버렸다.

다음 날 일찍 마을 사람 전체가 모여 그를 동그랗게 에워싸고 지시를 기다렸다. 회의주의자이던 더턴은 뉴질랜드의 영적 치유자가 내세우는 주장과 달리 불 건너기에는 물리적 설명이 있다고 종종 언급했다. 석탄은 형편없는 열 전도체로, 금속 같은 것에 비해 석탄과 접촉한 피부로 열이 전달되기까지 좀 더 시간이 걸린다. 그러므로 불타는 석탄을 밟고도 화상을 입지 않을 수 있다. 하지만 이론과 불을 밟는 것은 별개의 문제다. 게다가 불 건너기가 종종 중상으로 이어진다는 사실을 알 만큼 보아 온 터였다. 그는 집단이 장작더미를 준비하고 석탄을 흩뿌리는 일을 돕는 동안, 그리고 몸소 앞장서 불을 통과하는 동안 겁에 질려 있었다. 이게 되기는 될까? 누가 다치면 어쩌지? 만약 **내가** 다친다면?

그가 최악의 공포에 시달리거나 말거나 모든 일은 순조롭게 진행되었고 심하게 다친 사람도 없었다. 불 건너기는 대단한 성공으로 평가받았다. 그 의례에 대한 소식은 삽시간에 전 지역으로 퍼졌다. 다음번 개최 때는 인근 마을 사람들도 구경하러 왔다. 주민들은 외부인의 참가를 허락하지 않았고, 외부인이 그들의 관행을 베끼지 못하도록 서둘러 물을 끼얹어 불을 껐다. 이것은 이제 **그들의** 의례였다.

집으로 돌아갈 시간이 되었을 때 더턴은 옌첸망구아 사람들에게 물었다. "그래서 언젠가 어떤 인류학자가 여러분 마을에 찾아와 불을 건너는 의례의 기원에 관해 캐물으면 어쩌죠? 뭐라고 하시겠어요?" "아, 어려울 거 없어요." 그들은 답했다.

"우리는 늘 이런 식으로 해 왔다고 말할 거예요. 우리 아버지들이 그랬고, 아버지들의 아버지도 그랬고, 궁극적으로 우리 조상들이 어느 하얀 신에게 어떻게 하는지를 배웠다고요."

엔첸망구아 사람들은 문화적 의례가 **전통**에서 권위를 얻는다는 점을 명백히 이해했다. 이는 묘한 점인데 해묵은 것이라고 더 좋게 여겨지지는 않기 때문이다. 내 핸드폰이 20년이 되었다는 말에 그러니까 매우 좋은 전화기임이 틀림없다고 결론짓지는 않을 것이다. 어떤 것이 오래되었고 변함없다는 말은 구식이고 쓸모없다는 뜻이다. 하지만 전자 제품과 달리 문화적 기술은 오래되었다는 이유로 존중받아 왔다. 기억할 수 없는 때부터 존재해 온 의례는 셀 수 없는 세대에 의해 수행되었고 그들에게 훌륭하게 이바지했다. 고급 포도주와 마찬가지로 이런 관습은 연식과 함께 격상될 따름이다. 이런 이유로 실천자들은 너무도 자주 그들의 의례가 변하지 않았으며 변할 수도 없다고 우긴다. 그 의례가 개정과 수정을 거치는 순간에도 말이다. 내가 연구한 모든 공동체에서 사람들은 자신들의 전통이 대대로 변함없이 전해져 내려왔다고 말했다. 심지어 내가 해당 의례에서 다르다고 알려진 이런저런 측면을 언급해도 드물고 사소한 예외라며 쉽사리 무시하곤 했다. "맞아요, 우리는 한때 물소를 바쳤는데 지금은 양을 바치죠. 하지만 그건 그냥 이 부근에 물소가 더는 없기 때문이에요."라고 한 그리스 여성이 말했다. 이 연속성은 중요하다. 어느 의례를 늘 해 왔던 방식과 똑같이 하는 것은 우리를 우리 자신보다 거대할 뿐 아니라 사회적 세계 전체보다 큰 무언가의 일부로 만들어 시공을 초월하는 동포의 사회로 우리를 연결한다.

집단의 일원이라는 이런 초월적 측면은 말로도 전달되지만 공동체 의례에 참가함으로써 더 깊은 수준에서 느낄 수 있다. 이것이 에이브러햄 매슬로가 깨달은 바다. 매슬로는 인간의 '욕구 위계'에 근거한 동기 유발 이론으로 가장 잘 알려진 미국의 심리학자다. 그는 이 위계를 피라미드로 시각화하고 가장 기본적인 욕구인 음식, 물, 공기, 잠, 섹스 등 인간 종이 생존하는 데 필요한 최소한의 욕구를 맨 밑에 배치했다. 더 상위 수준에서 사람들은 물질적 보장, 안전, 사랑, 가족, 사회적 관계, 타인의 존경 및 자존감 같은 것을 추구한다. 이러한 욕구를 모두 채울 수 있을 때 우리는 자족한다. 하지만 진정으로 충만한 삶을 영위하려면, 즉 매슬로의 용어로 자아실현에 이르려면 더 높은 욕구도 충족해야 한다. 피라미드의 위쪽 단계들은 우리가 의미 깊다고 여기는 경향이 있는 가장 고상한 추구인 미술, 음악, 스포츠, 양육, 창의성을 포함한다. 그 위쪽 삼각형의 맨 꼭대기에 매슬로는 인간의 초월 욕구를 배치했다. 그는 한 강연에서 그러한 초월 욕구를 충족하는 데 의례가 하는 역할을 어떻게 파악하게 되었는지를 연대순으로 들려주었다.

대학교수 시절에 매슬로는 격식을 차리는 모임을 단지 시간 낭비라 여겨 피했다. 하지만 학과장이 되었을 때는 해마다 졸업식에 참석해야 했다. 교수의 예복을 갖춰 입고, 동료와 학생에 둘러싸이고, 예의범절과 상징주의에 뒤덮인 그는 그런 의식을 새로운 눈으로 보기 시작했다. 그는 참여가 그를 끝없는 행렬의 일부로 만든다는 것을 깨달았다. 매슬로의 강연에 참석한 사회학자 로버트 벨라는 그의 말을 이렇게 전했다. "멀고 먼 앞쪽, 행렬의 맨 처음에는 소크라테스가 있었다. 꽤 뒤쪽이지만 여전히 한참 앞쪽에는 (……) 스피노자가 있었다. 그다음 자기 바로 앞에는 본인의 스승과 그가 추종한 프로이트가 있었다. 그의 뒤에는 제자들과 제자들의 제자들, 아직 태어나지 않은 세대와 세대가 끝없이 이어져 있었다."[27]

나중에 벨라는 매슬로의 경험이 어떻게 그가 대학의 '참된' 본성이란 시공을 초월하는 신성한 학습 공동체라고 파악하게 해 주었는지에 대해 이렇게 회고했다.

> 진정한 대학이란 소비자 사회를 위해 지식을 도매하는 직판점도 아니고 계급 투쟁의 도구도 아니기 때문이다. 비록 실제 대학은 둘 다인 측면이 없지 않지만, 만약 대학이 노동 세계에 대한 실용적 고려를 초월하고 그런 고려와 긴장을 유지하는 근본적인 상징적 기준점을 갖지 못한다면 대학은 존재 이유를 잃게 된다.[28]

27 Bellah(2011).
28 위의 책.

*

전통은 일반적으로 중요하게 여겨지는 데 반해 의례는 특별한 지위를 차지한다. 버클리 대학교의 대니얼 스타인이 이끈 일련의 연구에서 한 연구진은 전통이 바뀌었을 때 사람들이 어떻게 반응하는가를 조사했다.[29] 그들은 그런 변질이 신성한 집단 가치에 대한 모욕으로 인식되어 도덕적 분개를 유발한다는 사실을 알게 되었다. 예컨대 남학생 사교 클럽 회원들은 강령을 말하거나 창립자의 이름을 암송하는 등의 집단 의례를 무시하는 것을 잘못이라고 말했고, 그것을 생략하는 신입 회원에게 분노와 불만을 표현했다. 반면에 등록일이나 공부 시간을 놓치는 것과 같은 덜 의례적인 전통을 위반하는 데는 그만큼 언짢아하지 않았다. 그들이 예컨대 반복성, 중복성, 엄격성을 얼마나 많이 포함하는가를 평가하는 식으로 이러한 사건이 얼마나 의례화되었는지 순위를 매겼을 때 연구자들은 그 순위가 참가자의 도덕적 판단에 상응함을 알게 되었다. 사람들은 더 의례화된 사건일수록 그것의 생략을 더 언짢아했다.

같은 연구진은 또 다른 연구에서 미국인들에게 국경일이 바뀔 가능성에 대해 어떻게 생각하느냐고 물었다. 참가자들은 정부가 '공휴일 기념행사를 일주일 앞당길 것'을 결정한다

29 Stein et al.(2021).

고 상상하라는 말을 들었다. 이것은 듣도 보도 못 한 설정이 아니다. 1939년에 프랭클린 델라노 루스벨트 대통령은 소비자들이 길어진 크리스마스 쇼핑 시즌에 돈을 더 쓰도록 추수감사절을 일주일 앞당긴다고 선포했다. 이는 엄청난 논란을 불러일으켰다. 미국인 대다수가 프랭스기빙(Franksgiving)으로 알려진 이 변화를 강하게 비난했고, 많은 주에서 시행을 거부했다. 따라서 참가자들이 그러한 발상에 비슷한 비난을 표현한 것은 놀랍지 않다. 하지만 모든 공휴일이 동등하지는 않았다. 공휴일이 종교적이든 세속적이든 간에 크리스마스나 추수감사절, 설날처럼 의례와 결부된 공휴일은 콜럼버스의 날, 노동절이나 조지 워싱턴 탄생일 같은 덜 의례화된 공휴일보다 두 배쯤 강한 격분을 불러일으켰다. 사람들은 단지 이런 변경이 짜증스럽다거나 불편하다고 느끼지 않았다. 도덕적으로 끔찍하다고 판단했다. 추가 연구와 척도에 따르면 성찬의 재료 하나를 바꾸는 것 같은 사소한 변경조차 사람들이 집단의 의례적 전통을 지키지 못했다는 이유로 내집단의 다른 구성원을 벌할 동기가 될 만큼 비난을 끌어내기에 충분하다.

*

의례는 집단 구성원의 상징적 표지 사용, 연속성 관념 환기, 생각과 동작 조율, 의미 있는 경험 창출을 통해 개개인을 공동체로 탈바꿈시킬 일체감을 생성한다. 하지만 이런 느낌은 특정한 동작과 행사에 매여 있으므로 그 효과는 순간적일 수 있다. 사회적 접착제를 형성해 강하고 지속적인 유대를 확보하려면 이 재료들만으로는 충분치 않을지 모른다. 그런 유대를 확고히 하려면 의례는 추가적인 메커니즘을 도입해야 한다.

2011년에 심리학자 퀜틴 앳킨슨과 인류학자 하비 화이트하우스는 세계의 의례적 관행에 존재하는 엄청난 변이에 바탕이 되는 패턴을 조사하고자 인류학 기록을 샅샅이 뒤졌다. 그들은 예일 대학교에 기반을 둔 세계 최대의 민족지학 기록 보관소인 인간관계 영역 파일(Human Relations Area Files, HRAF)을 이용해 74개 문화권의 645개 의례에 대한 체계적 자료를 수집했다. 이 파일은 아프리카 아잔데족의 예언적인 의례부터 북아메리카 블랙풋 부족의 피비린내 나는 성년식에 이르는 광범위한 관행을 포괄했다.[30] 그렇지만 더 자세히 본 결과 다양성은 무한하지 않았다. 알고 보면 세계의 의례 대부분은 그 효력을 키우기 위해 주로 두 가지 기본 전략 중 하나에 의존한다.

한편에는 매달, 매주 또는 심지어 하루에 여러 번 높은 빈도로 수행하는 의례가 있다. 이런 의례는 전형적으로 그다지 볼만하거나 신나지 않는다. 반대편에는 한 해에 한 번, 한 세대에 한 번 또는 심지어 일생에 한 번 하는 식으로 덜 자주 수행

30 Atkinson & Whitehouse(2011).

하지만 정서적으로 강렬하고 사치스러운 의식이 있다.[31] 하나는 반복을 중심으로 하고 다른 하나는 각성에 의존하는 두 가지 정반대의 문화적 인력이 있는 듯하다. 새로운 의례는 날마다 태어나지만 대부분 금세 잊힌다. 하지만 전통이 될 만큼 장수하는 의례들은 이 두 집단 중 하나에 속하는 경향이 있다.[32]

이 분포는 화이트하우스가 집단 의례의 두 가지 기본 방식이라고 기술한 이른바 **교의적** 방식과 **심상적** 방식에 부합한다. 각각의 의례 방식은 근본적으로 종류가 다른 경험을 낳고 별개의 사회적 응집 경로를 제공한다.

유대의 내구성을 확보하는 한 방법은 사회적 접착제를 자주 바르는 것이다. 이는 갈라진 틈을 메우고, 새로운 겹을 더할 때마다 연결을 강화하는 데 도움을 준다. 기독교도의 주일 미사든 이슬람교도의 금요일 기도든 유대교도의 안식일이든 모든 주요 종교는 주기적으로 집단 예배를 보도록 규정한다. 그리고 이에 못지않게 정기적인 의식 관행은 속세로도 이어진다. 미국에서 초등학생 대부분은 국기에 대한 맹세를 암송하며 하루를 시작하고 스포츠 행사는 국가 제창으로 막을 연다. 군에서 병사들은 국기 게양식과 하강식으로 하루하루를 시작하고 마감한다. 그리고 많은 회사가 금요 주점 등을 열어 한 주의 끝을 축하한다. 이런 것이 화이트하우스의 교의적 방식을 구성하

31 Whitehouse(2004).
32 McCauley & Lawson(2002).

는 종류의 의례다. 이런 루틴화는 공동의 정체성과 사상적 응집력을 강조하는 집단에 특히 중요하다. 십자가, 깃발, 기업 로고나 회사 물품 같은 집단 상징물을 정기적으로 과시하는 것은 집단의 사회적 정체성을 용접하는 데 도움이 되는 유사성과 통일성을 반복해서 상기하는 작용을 한다. 집단의 관습을 습관적으로 다시 시행하고 집단의 사상을 다시 이야기함으로써 해당 집단의 일원은 집단 규범을 내면화하고 집단의 핵심 가치가 충실히 기억되고 전달되도록 한다.

게다가 그처럼 되풀이되는 의례는 진실한 일원을 확인하고 정통에서 벗어난 누군가를 적발하기도 쉽게 한다. 의례적 동작은 엄격성으로 특징지어진다. 그것은 극도로 정확하게 수행되어야 한다. 따라서 어느 정교한 의례를 수행하는 방법에 대한 지식은 되풀이되는 실천을 통해서만 얻을 수 있다. 그런 의례의 동작은 자주 수행되는 덕분에 단련된 참가자에게는 제2의 천성이 되어 거의 자동으로 행해지지만 외부인에게는 수수께끼로 남는다. 즉 외부인은 쉽게 발각된다. 단순히 다른 사람이 이끄는 대로 따라가는 것은 충분치 않다. 외국 문화의 종교 예배에 난생처음 참석해 본 적이 있다면 아마 어떻게 행동해야 할지 몰라 쩔쩔매었을 것이다. 당신을 제외한 주위의 모든 사람이 어디에 앉을지, 언제 무릎을 꿇었다 일어서고 절하고 노래할지, 다른 일원과 어떻게 상호 작용할지, 의식의 각 부분이 언제 시작되고 끝날지를 정확히 알고 수월하게 동작을 해 나간다. 이런 일을 겪었다면 모든 참가자가 당신이 어울리지 못한다는 것을 명백히 알 수 있다는 점 때문에 아마도 불편했을 것이다. 그리고 어떤 의미에서는 그게 요점이다.

의례적 접착제를 더 강력하게 만드는 또 다른 방법은 다른 성분과 상호 작용해 성분들의 힘을 증폭시키는 촉매제를 도입함으로써 결속력을 더 탄탄히 하는 것이다. 일종의 초강력 접착제를 만드는 셈이다. 이런 이유로 일부 의례는 빈도 대신 장엄함과 강렬함에 의존해 수행자들 사이에 흥분되고 중대하다는 느낌을 불러일으킨다.[33]

해마다 영국 의회의 회기 시작을 표시하는 연례 의례인 의회 개회를 예로 들자. 이 정교한 의식은 여왕이 기마 의장대가 호위하는 황금 마차를 타고 버킹엄 궁전을 떠나 웨스트민스터의 상원 의사당에 도착하는 절차를 수반한다. 여왕의 왕관은 다른 한 조의 말이 끄는 전용 마차로 이동한다. 왕관은 쿠션 위에 놓여 고대의 검 그리고 모자와 더불어 세습직 국가 공무원들에게 맡겨진다. 왕세자는 별도의 행렬로 도착하고, 여왕의 황금 홀 두 개도 마찬가지다. 다채로운 복장의 공무원 수백 명이 서 있고 행진하고 이따금 절하며 그날의 봉급을 번다. 공무원들이 수많은 흰 장대, 검은 봉, 은빛 검, 금빛 홀을 흔들며 돌아다닌 뒤 왕실 복식을 한 여왕이 등장한다. 이 복식은 국가

33 위의 책.

예복, 즉 아이들 네 명이 꼬리를 받들고 다니는 5.5미터 길이의 붉은 벨벳 망토와 추정가 50억 달러 이상의 장신구를 포함한다. 여왕은 황금 왕좌에 착석해 예복 차림의 귀족원 의원과 가발을 뽐내는 고등 법원 판사의 인사를 받는다. 여왕의 연설문은 특별한 비단 가방에 담겨 있으며, 대법관이 무릎을 꿇고 그녀에게 전달한다. 의원들은 이 연설이 이루어진 후에야 공무에 대한 논의를 할 수 있다.

장려함으로 가득한 것은 국가 의례만이 아니다. 개인 삶에서도 우리의 가장 중요한 순간 일부는 화려한 의식으로 확실하게 표시된다. 성년과 결혼 같은 개인적 이정표부터 추수감사절, 성탄절, 하누카 같은 가족 모임에 이르기까지 이런 순간과 결부되는 의례들은 겉치레로 터질 듯하다. 감각적 자극은 기본 성분이다. 이러한 행사에 수반되는 열광과 연극성은 우리의 모든 감각을 깨워 일상적이고 평범한 것들을 굉장한 뭔가로 탈바꿈시킨다. 여기에는 빛과 색, 음악, 노래와 춤, 음식과 타는 향 냄새, 그리고 종종 문자 그대로 종과 휘파람이 뒤따른다. 이런 요소는 모두 우리가 사물과 상황을 평가하고 이해하는 방식과 관련된 심리 과정을 활성화한다. 겉치레로 채워진 의례에 참석할 때는 마치 우리 뇌 안에서 작은 목소리가 "뭔가 중요하고 의미 있는 일이 벌어지고 있으니 이 순간을 기억하고 주목해."라고 말하는 것 같다. 더 중요한 순간일수록 의례는 더 사치스럽다. 마치 그 순간이 유의성에 대한 감각을 제공하도록 설계된 듯하다. 이런 이유로 민중이 직접 부여한 정당성이 없는 지도자는 민주적으로 선출된 지도자보다 더 화려한 대중 의식을 개최하는 경향이 있다. 대규모 집회와 군대 열병식은 독재 체제하에 가장 흔하고, 유럽 일부에서 그렇듯 왕과 여왕이 무력한 국가에서조차 그들의 즉위식은 실권을 쥔 수상이나 대통령의 취임식보다 훨씬 더 장엄하게 기념한다.

사치스러운 의례는 특별한 순간을 창조하기 위해 모든 감각을 깨운다. 겉치레는 경외심마저 불러일으킬 수 있다. 하지만 어떤 의식들은 기대치를 더욱더 높인다.

*

가톨릭교도에게 미사 참석이 어떤 것인지 물으면 아마 자신이 참석한 특정 미사보다는 미사에서 **보통** 일어나는 일을 묘사할 것이다. 아닌 게 아니라 그들은 의식적 절차를 엄청나게 자세히 이야기할 수도 있다. 이것은 잦은 반복의 특권이며, 우리에게 **의미** 기억으로 알려진 기억을 안겨 준다. 그런데 연습은 완벽함을 만들지만 각성은 특별함을 만든다. 심상적 의례에 참가하면 자서전적 자아의 핵심부가 되는 잊지 못할 경험이 생겨난다. 이는 **일화** 기억으로 알려진 종류의 개인적으로 의미 있는 기억이다.

의미 기억과 일화 기억의 차이를 이해하기 위해 키 큰 풀이 자라는 들판을 가로질러 걷고 있다고 상상해 보자. 걸음을 뗄 때마다 풀은 발에 눌려 눈에 보이는 자국을 남긴다. 산책을 끝내고 돌아가는 길을 찾고 싶다면 아마 발자취를 다시 따라가도 될 것이다. 하지만 당신이 떠나자마자 풀은 서서히 원래 상태로 복구되기 시작한다. 며칠 뒤 발자국은 추적이 거의 불가능해질 것이다. 그렇지만 만약 날마다 정확히 같은 경로를 따라 같은 발자국 위를 걷고 또 걷는다면 더 오래가는 자국이 새겨질 것이다. 충분한 시간이 주어지면 되풀이되는 동작은 들판을 통과하는 명확한 길을 만들어 낸다. 이 길은 도보 통행량이 누적된 결과이므로 당신의 어떤 특정한 산책의 증거도 갖고 있지 않다. 의미 기억도 비슷한 방식으로 형성된다. 모든 경험은 우리 뇌에서 고유한 신경적 패턴을 촉발한다. 이 패턴은 대개 단명하다. 하지만 경험이 반복될 때마다 그 패턴은 더 오래가게 된다. 함께 발화하는 신경 세포가 함께 전보를 친다.

이제 같은 들판을 건너는데, 이번에는 걷는 대신 불도저를 운전하고 있다고 상상해 보자. 가는 길에 흙을 찍어 누르며 모든 식물을 뿌리째 뽑은 불도저는 들판에 깊은 도랑을 새겨 오래가는 길을 남긴다. 그 길은 수십 년 동안, 심지어 초목이 다시 자란 후에도 추적할 수 있을 것이다. 이는 진정으로 예외적인 경험이 우리 뇌에 미치는 영향과 비슷하다. 단 한 번의 사건이 앞으로 몇 년 동안 소상히 활성화될 만큼 강한 신경 패턴을 만들어 낼 수 있다. 극한 의례는 일반적 도식이 아닌 생생한 심상으로 회상된다. '심상적'이라는 용어도 여기서 나왔다.

일화 기억은 예외적이고 정서를 자극하다 못해 종종 정신적 외상을 초래할 정도의 사건과 관련된다. 임사 체험, 출산, 집이 불타 잿더미가 되는 광경을 지켜보았을 때와 같은 사건은 우리의 서사적 자아, 다름 아닌 개인으로서 우리는 누구인가에 대한 감각을 주무르기 때문에 변형적 경험이다.

그리스와 스페인의 불을 건너는 전통부터 힌두교도가 수행하는 신체 피어싱 의식에 이르기까지, 미국 대학 남학생 클럽의 신고식 시련부터 전 세계 군사, 준군사 집단 사이에서 실행하는 고된 입소식에 이르기까지 극한 의례는 집단의 일원을 응집력 있는 팀으로 묶는 데 이바지하는 변형적 경험을 생산할 수 있다. 화이트하우스의 심상적 유형을 특징짓는 것은 주로 이런 의례다. 개인적으로 의미 있는 경험이 다른 참가자와 공유되므로 기억은 사적인 동시에 공동체적이며, 그 결과 자신과 집단 간 경계가 흐려진다. 심상적 의례는 시련을 겪어 본 자만이 이해할 수 있는 배타적 경험을 창출함으로써 강력한 유대를 공유하는 입회자들의 중추 세력을 구축한다. 화이트하우스는 이를 친족의 한 형태로 기술한다. 가족 구성원은 흔히 삶의 어려움을 함께 겪고, 그 공유된 고난이 그들을 더 가깝게 하는 데 결정적 역할을 한다는 것이다. 외상성 의례를 겪는 것도 친족이라는 심리적 관념을 촉발하는 공유된 경험을 창출함으로써 비슷한 영향을 미칠 수 있다. 이는 사람들이 같은 처지의 참가자를 지칭할 때 사용하는 언어에도 반영된다. 사람들은 그들을 '형제'와 '자매'로 지칭하곤 한다.

심상적 의식은 수행자들에게 독특한 경험을 생산하고 그것을 실천하는 집단에게 원대한 결과를 가져온다. 하지만 그 격렬한 본성 때문에 과학적 연구의 대상으로서 독특한 도전을 제기하기도 한다. 인류학자들이 오래전부터 심상적 의식의 잠재적 응집력에 대해 추측해 왔지만, 이러한 잠재력은 과학적으로 확인되지 않았다. 그 결과로 가장 유서 깊고 효율적인 사회적 기술 중 하나에 대한 우리의 이해력과 그 힘을 이용할 잠재력은 오래도록 제한되었다. 하지만 인문 과학 전반에 걸친 학제 간 노력으로 이러한 의례를 새롭게 연구할 수 있게 되었고, 그러한 본성에 대한 흥미진진한 통찰력이 생겨나면서 상황은 빠르게 변했다.

5장

군중이 열광할 때

아버지와 처음 축구 경기에 갔을 때 나는 여덟 살쯤이었다. 나는 미식축구가 아닌 스포츠의 제왕을 이야기하고 있다. 전 세계적으로 다른 어떤 스포츠도 인기나 재정적, 사회적 영향력 면에서 축구를 따라오지 못한다.

우리는 좋은 자리를 잡기 위해 두 시간 일찍 도착했다. 우리 도시에서 최고로 인기 있는 팀이 그해 결승전 우승을 향해 가고 있었기에 경기장이 꽉 차리라는 것을 알고 있었다. 당시에는 지정석이 없었다. 실은 좌석은 아예 없고 먼저 차지하는 사람이 임자인 콘크리트 계단석이 몇 줄 있었을 뿐이었다. 길거리 상인이 드라크마(그리스의 화폐 단위가 유로로 바뀌기 이전에 사용되던 은화 — 옮긴이) 몇 푼에 파는 네모난 스티로폼 조각이 방석 역할을 했다. 놀랍게도 방석은 경기 전에만 사용하는 것처럼 보였다. 홈팀이 시구하자마자 사람들은 벌떡 일어나며 동시에 방석을 공중에 던졌고 다시는 자리에 앉지 않았다. 경기 대부분 동안 아버지는 내가 경기를 볼 수 있게 계속 들어 올려주려고 애썼다. 하지만 나에게 그건 별로 중요하지 않았다. 계단석에서 벌어진 광경이야말로 가장 흥미로웠다.

흑백으로 옷을 맞춰 입은 팬 4만 명이 놀라운 장관을 연출했다. 심판이 첫 호각을 부는 순간 경기장 전체가 감전된 것 같았다. 수천 개의 타오르는 불길이 어디선가 갑자기 나타나더니 일제히 구호를 외치며 껑충껑충 뛰는 열광적인 팬들에 의해 물결쳤다. 붉은 구름으로 두껍게 뒤덮인 경기장은 화려한 용암 쇼를 펼치는 화산처럼 보였다. 시작한 지 몇 초밖에 안 된 경기는 연기가 걷힐 때까지 몇 분간 중단되어야 했다. 이후 90분 동안 팬들은 연호를 그치지 않았다. 모든 사람이 가사를 알고 있었다. 그들은 단지 노래를 부른 게 아니었다. 그들 자체가 살아 있는 노래였다. 마치 보이지 않는 지휘자에게 이끌리듯 한 치의 어긋남 없이 펄쩍펄쩍 뛰며 목청껏 소리를 질렀다. 군중은 자체적인 생명을 지닌 하나의 개체 같았다. 그날부로 나는 평생 팬이 되었다.

주말이면 전 세계 수천 개 경기장에서 비슷한 장면이 연출된다. 그 장면은 여러모로 인류의 의식 중에서도 가장 원시적인 것을 닮았다. 인류학 문헌에는 비슷한 보고가 넘쳐난다. 고도의 각성 의례에는 개별 집단을 열광시켜 각 부분의 합보다 큰 것으로 변형시키는 듯한 뭔가가 있다. 2장에서 만나 보았던 사회학자 에밀 뒤르켐이 주장한 바에 따르면 집단 의식은 그가 '집합적 열광'이라고 부른 정서의 일치 현상을 촉발하여 독특한 경험을 낳는다. 1912년 저서인 『종교 생활의 원초적 형태』에서 그는 매우 자극적인 집단 의례에 참가하는 사람이 경험하는 특수한 흥분감과 일체감을 다음과 같이 묘사했다.

> 따라서 한데 모인다는 사실 그 자체가 마치 비할 데 없이 강력한 흥분제처럼 작용한다. 개인들이 일단 모이고 나면 그 모임 때문에 이상할 정도로 그들을 재빨리 열광시키는 일종의 전류가 생겨난다. 표현된 감정은 아무런 거리낌 없이 모든 사람의 마음속에 반향을 일으킨다. 이들의 마음은 외부에서 들어오는 인상들에 대해 매우 개방적이다. 각 사람의 감정은 다른 사람의 감정을 불러일으키고, 역으로 다른 사람의 감정에 의해 고무된다. 마치 눈사태가 진행되면서 커지듯 최초의 충동은 공명할 때마다 더욱 증폭된다.

많은 사람이 이를 경험했을 것이다. 콘서트에서 수천 명과 함께 춤을 추면서 소름이 돋아 본 적이 있다면 그것이 집합적 열광이었을 것이다. 그리고 한목소리로 구호를 외치는 대규모 시위대에 위압감을 느꼈거나 영감을 받았거나 심지어 감동해 눈물을 흘린 적이 있다면 그것은 뒤르켐이 염두에 두었던 종류의 느낌이었을 것이다. 나로 말하자면 고국에 들를 때 그 경기장을 찾을 기회를 절대 놓치지 않을 뿐 아니라 갈 때마다 합창에 함께하면서 여전히 목덜미의 털이 곤두서는 것을 느낀다.

나는 민족지 연구 과정에서 내가 연구한 공동체들이 중요한 집단 행사 중에 어떻게 활력을 얻는지 보았다. 그렇지만 참가자들은 이상하게도 자신의 경험을 묘사하기 어려워하곤 했다. "말로는 제대로 표현할 수 없어요." 한 젊은이가 말했다. 나는 여러분이 우리 홈팀 경기장에 와 본 적이 없다면 그 분위기를 전달하지 못한다는 말로 이를 증언할 수 있다. 이러한 묘사의 문제는 공감대를 형성하기는 아주 쉬운 어떤 느낌을 과학적으로 연구하기 어렵게 만드는 것으로 악명 높다. 군중의 다른 모든 사람이 동시에 공유하는 내면 상태를 어떻게 연구할 수 있을까? 정서적 동질감이나 일체감 같은 것은 어떻게 측정할 수 있을까?

*

인간의 모이고자 하는 욕구는 원시적이다. 선사 시대 수렵 채집인부터 현대 도시 거주자에 이르는 모든 사회에서 개인은 다양한 경우에 대규모 군중 속에 모여 그들의 평범한 존재를 초월하고 하나가 되었다고 느끼게 하는 공동체적 표현에 강박적으로 참여하게 된다. 1만 2000년 전 괴베클리 테페를 찾아가기 위해 몇 주 동안 쉬지 않고 걷도록 우리 조상을 몰아붙인 것도 이와 똑같은 원시적 충동이다. 당시에 도시가 존재하지 않았음을 고려하면 순례자들은 선사 시대 최대 규모의 인류 회합을 이루었을 것이다. 따라서 문명이 동튼 이래 가장 거대한 모임은 언제나 의식을 위한 것이었다.

1953년 런던에서 열린 엘리자베스 2세의 대관식에는 약 300만 명으로 추산되는 인원이 참석했다. 1995년에는 필리핀 마닐라의 루네타 공원에 가톨릭교도 약 500만 명이 모였다. 세계청년대회 중 교황 요한 바오로 2세가 집전하는 미사에 참석하기 위해서였다. 그리고 1989년 테헤란에서는 이란 이슬람 공화국을 창건한 아야톨라 호메이니의 장례식에 1000만 명이 넘는 사람들이 참석했다. 하지만 그런 모임들조차 세계 최대의 종교 순례에 비하면 여전히 왜소하다. 이라크에서는 3000만 명이 넘는 시아파 이슬람교도가 이맘 후세인의 순교를 기념하기 위해 카르발라에 있는 그의 사당으로 떼 지어 간다. 또 인도에서는 네 곳의 신성한 강 유역에서 12년마다 열리는 힌두교 순례 쿰브멜라에 막대한 군중이 모인다. 2019년 인도 우타르프라데시주 알라하바드에서 열린 이 축제에는 약 1억 5000만 명의 신도가 참석해 사상 최대의 인간 회합을 이루었다. 그런 행사에 참석하는 경험은 실험실에서 재현할 만한 것이 거의 없다.

그렇지만 이는 그저 규모의 문제가 아니다. 집단 의례의 실험실 연구를 특히 어렵게 하는 또 다른 문제는 그런 의례가 보통 특정한 맥락에 묶여 있다는 데 있다. 집단 의례는 정해진 시기에 열리고 길가의 사당부터 예루살렘의 통곡의 벽이나 인도 갠지스강에 이르는 특별한 장소에서 이루어진다. 집전하든 참가자로 참석하든 특정한 사람 또는 특정한 물질적 대상이 필요하다.

마지막으로 집단 의례는 자해나 탈진, 신고식을 포함해 고통스럽거나 스트레스가 심하거나 심지어 위험한 활동을 포함해 곧잘 무분별한 정서적 각성을 수반할 수 있다. 태평양 국가인 바누아투의 펜테코스트섬 남자들이 행하는 육상 다이빙 의식을 보자. 종종 번지점프의 전신으로 여겨지는 이 의례는 최고 30미터 높이의 목탑에서 뛰어내려 머리부터 땅으로 추락하는 의식을 포함한다. 치명적인 충돌에서 뛰어내리는 사람을 보호하는 것이라고는 발목에 감은 나무 덩굴 두 가닥뿐이다. 이 덩굴은 뛰어내리는 사람이 목이 부러지지 않고 땅만 스치도록 정확하게 맞추어야 한다. 육상 다이빙은 참마의 풍작을 기원하는 의례이지만 남성만 참여할 수 있어 어린 소년들의 성인식으로 여겨지기도 하며, 소년들은 이르면 일곱 살 때부터 참가한다. 이런 것을 실험실에서 시도할 수는 없는 노릇이다.

물론 의례의 개별적인 구성 요소는 실험에서 재현할 수 있고, 그렇게 하는 것이 매우 유용할 때도 많다. 예컨대 연구자들은 반복적 행동, 동기화된 움직임, 상징적 표지 또는 생리적 각성의 효과를 조사해 왔다. 그 요소들은 제각기 의례적 경험에 독특한 무언가를 제공하며, 모두 통제된 환경에서 연구할 수 있는 측정 가능한 결과가 있다. 하지만 밀가루나 물, 효모의 성질을 연구해 많은 것을 배우더라도 제빵을 이해하는 데 관심 있다면 오븐 속에서 이루어질 재료들의 상호 작용에 주목하지 않고서는 목적을 이루지 못할 것이다.

그렇다면 이 모든 한계를 고려할 때 집단 의례는 어떻게 연구해야 할까? 아마도 독창적인 생각이 필요할 테다. 실험실과 현지 방법 모두 많은 것을 제공하지만 가장 강력한 통찰력을 제공하는 쪽은 보통 이 둘을 조합할 때다. 아이디어는 간단하다. 참가자를 맥락에서 끄집어내 무균 실험실로 옮기는 대신 실험실을 현지에 가져와 맥락 **안으로** 옮기면 어떨까?

*

나는 이 혼합 방법론을 스페인의 산페드로 만리크 마을에서 처음 시도해 볼 수 있었다. 주민들이 산페드로라 부르는 이 마을은 스페인 북동쪽의 자치 지방 카스티야이레온에 위치한 작은 농업 공동체다. 켈트이베리아 부족이 그 땅을 돌아다니던 옛날부터 사람이 살았다. 오랜 세월 많은 정복자가 그 지역을 거쳐 갔음에도 산페드로는 외따로 위치해 있고, 기껏해야 양을 치는 데나 적합한 험한 지형 때문에 역사 내내 독립을 누려 왔다. 하지만 바로 그 양과 양모 무역 덕에 중세기에 번영했고, 메스타로 알려진 강력한 가축 소유주 연합의 일원이 되었다. 전성기에는 네 개의 교구가 있었고 주민은 4000명이 넘었다. 중세의 성과 성벽, 다양한 교회의 폐허가 지나간 영광을 상기시키며 서 있지만 그 이후로 많은 것이 변했다.

소리아주는 현재 유럽에서 인구가 가장 적은 지역 중 하나다. 이 주에서 산페드로의 거주민 600명은 가장 작은 자치단체 중 하나를 이룬다. 붉은 기와를 얹은 석조 주택이 늘어선 자갈길은 주민 대부분이 이웃한 시내나 동네 햄 공장에서 일하는 낮 동안 대개 비어 있다. 주중에는 밤이 되어도 중앙 광장 주위에 자리 잡은 몇 안 되는 술집과 식당이 이따금 오는 손님을 차지하려 경쟁할 뿐이다. 근처 시내에서 공부하는 동네 젊은이들이 주말에 집으로 오면 가게들도 다소 살아나지만 그곳과 자치 스포츠 센터를 제외하면 인근에는 별다른 일이 벌어지지 않는다. 그렇지만 1년에 한 번 산페드로는 지역 전체가 보내는 관심의 중심이 된다.

6월마다 열리는 산후안 축제는 일주일 내내 계속된다. 몬디다스라 불리는 세 명의 소녀가 추첨을 통해 축제의 중심인물로 선정된다. 소녀들과 그 가족들이 행렬을 이끌고 시를 낭송하며 식사와 연회를 주최한다. 축제에는 연주회, 춤, 대중 연설, 예배와 중앙 광장을 가로지르는 경마도 포함된다. 하지만 유독 한 행사가 유럽 어디서나 찾아볼 수 있는 가장 극적인 의례로 눈에 띈다. 하지가 되면 이 작은 마을은 현지인 남녀 한 무리가 맨발로 불을 건너는 광경을 구경하러 온 수천 명의 방문객으로 넘쳐난다.

이 축제의 기원은 시기를 종잡을 수 없다. 어떤 이들은 불 건너기가 고대 켈트족 전례의 유물이거나 몬디다스가 로마의 농사와 풍요의 여신인 케레스의 이교도 여사제에 해당한다고 믿는다. 다른 이들은 몬디다스가 이 지역 역사에서 비극적 시기의 종말을 기념한다고 생각한다. 전설에 따르면 스페인 북부 기독교인들은 독립의 대가로 이슬람 토후국인 코르도바의 무어인에게 매년 100명의 처녀를 바쳐야 했다. 844년에 신화적인 클라비호 전투에서 아스투리아스의 왕 라미로 1세가 무어인을 무찌르고 끔찍한 희생에 종지부를 찍을 때까지 산페드로는 해마다 소녀 셋을 공물로 바쳤다. 전설에 불과한 이야기에 일말의 진실이 있는지 없는지는 아무도 모르지만 주민들은 이 이야기를 좋아했다.

나는 대학원생일 때 산페드로를 처음 방문했다. 박사 논문을 위해 그리스와 불가리아에서 불 건너기 의례를 연구하던 터였으므로 스페인에 비슷한 전통이 존재한다는 사실을 알게 된 이상 조사해 봐야 했다. 몇 안 되는 스페인 민속학자가 무명의 지역 잡지에 그에 관해 남긴 글이 있었으나 당시에는 산페드로와 그곳의 의례에 관한 정보가 거의 없었다. 사정이 이러하니 무엇을 기대해야 할지도 잘 몰랐다. 불 건너기는 여전히 중대사일까, 아니면 불가리아의 불 건너는 의례가 그렇듯 몇 안 되는 노인만 실천하며 사라져 가는 전통 중 하나일까? 누군가 그에 관해 알기나 할까?

그것이 실제로 중요한 행사라는 점은 금세 명백해졌다.

마을 깃발과 인장에 불을 건너는 사람과 몬디다스가 행렬에서 드는 장식 바구니인 세스타뇨 세 개가 그려져 있었다. 스페인어로 '불 건너기'를 뜻하는 파소 델 푸에고나 '모닥불'을 뜻하는 라 호게라와 같은 이름을 가진 현지 사업체가 여럿 있었다. 상점과 술집에는 의식의 이미지가 담긴 포스터와 달력이 걸려 있었고, 주민들의 거실에는 본인이 참여한 행사 사진 액자가 장식되어 있었다. 인구가 600명에 지나지 않는 마을에 관중 3000명을 앉힐 만큼 커다란 석조 원형극장이 1년에 한 번이 의식을 개최할 용도로 특별히 지어졌다. 주민들은 이 구조물을 단순히 '장소'를 의미하는 엘 레신토라고 불렀다. 그 용도는 명확히 밝힐 필요가 없는 것이 분명했다. 석조 계단석과 금속 울타리로 분리된 중앙의 흙바닥은 검게 탄 자국으로 덮여 있었다.

*

내가 불 건너기라는 주제를 꺼내자마자 산페드로 사람들은 지난 의식에 얽힌 이야기를 열심히 들려주었다. 의례는 해마다 똑같았는데도 저마다 어떤 해를 자신의 첫해, 화상을 입은 해 또는 특별한 누군가를 업고 건넌 해라는 식으로 남다른 의미를 붙였다. 20년 넘게 재임한 후 은퇴를 앞둔 시장은 당해의 의식 참가를 경력 중 가장 빛나는 사건이라고 불렀다. 그는 말했다. "단지 마지막 준비를 감독해서가 아니라 올해는 딸을 업고 불을 건널 예정이기 때문이에요." 모두가 이 전통의 엄청난 중요성을 강조했다. 참가하면 '참다운 산페드로 사람'으로 느껴진다고, 이 의례가 없으면 산페드로는 결코 산페드로가 아닐 거라고 누누이 말했다. 그들은 이 전통의 수호자라는 자부심에 관해 이야기했고 내년에도, 그 이듬해에도 의식에 참석할 것에 대한 대단한 기대를 표했다. 이 의례가 일생에서 정확히 얼마나 중요하냐고 묻자 한 남자는 "1점에서 10점 척도로 말하자면 이것은 20점일 거예요."라고 말했다. 다른 몇몇 사람은 인생에서 그 무엇보다 중요한 일이라고까지 말했다.

축제 준비는 몇 달 전부터 시작되었다. 기대감은 기쁨과 흥분이 폭발할 때까지 천천히 차오르곤 했다. 들뜬 기분은 일단 폭발한 뒤 몇 주간 지속되었고, 축제의 세부 사항 하나하나가 토론과 음미의 주제가 되었다. 그러고는 달콤하면서 씁싸름한 향수가 찾아왔다. 그 후 몇 달 동안 사람들은 그 순간을 다시 체험하기를 갈망하며 축제에 대한 추억을 음미했다. 불 건너기에 관한 대화는 종종 한숨과 몽롱한 눈, 서글픈 미소를 동반했다.

불타는 석탄을 밟는 것은 어떤 느낌이냐고 물었을 때 산페드로 사람들은 몸에 에너지가 스며드는 것처럼 상쾌하다 못해 황홀한 느낌과 관중과의 일체감을 묘사했다. "말로 표현할 수 없는 느낌이에요. 사람 수천 명이 거기 있는데도 한 사람처럼 느껴져요."라고 사람들은 말했다. 그 의례를 정확히 왜 수행하는지 똑 부러지게 표현할 수 있는 사람은 아무도 없었지만 그것이 관습이라고 언급하는 것 외에 그 의식의 영향을 자주 거론했다. 한 여성이 말했다. "내가 마을의 일부로 느껴져요. 그건 집단과 하나라는 소속감이에요."

그것은 뒤르켐이 '집합적 열광'이라 부른 현상과 매우 흡사하게 들렸다. 고각성 의례의 맥락에서 참가자들 사이에 공유된 짜릿한 느낌을 통해 그들의 감정 상태가 일치되고 강한 사회적 유대가 생겨났다. 하지만 인류학자들은 한 세기 전부터 이 개념을 이야기하고 쓰고 가르쳤음에도 아무도 그것을 입증하지 못했다. 불을 건너는 의례 와중에 정서적 일치와 일체감 같은 것을 어떻게 **측정할** 수 있을까?

*

나는 박사 과정을 마친 뒤 오르후스 대학교의 인지과학연구소 마인드랩의 연구직을 제안받았다. 그곳에서 종교심리학 박사 학위를 갓 받은 또 다른 젊은 연구자 우페 시외트와 민족지 작업에 대한 논의를 시작했다. 뇌 영상 기법으로 기도를 연구하던 우페는 집단 의례가 정서적 일치를 초래한다면 사람들의 생리에서도 이러한 일치를 탐지할 수 있어야 한다는 발상에 매우 긍정적이었다. 이후 같은 연구소에서 실험실에서 짝을 이룬 두 사람 사이의 움직임 협응을 측정하는 연구를 하고 자신의 방법 일부를 실제 환경에서 시험하는 데 관심이 있었던 생체공학자인 대학원생 이바나 콘발린카와 만났다. 우리는 함께 팀을 이뤄 연구를 설계했다. 주관적인 정서적 경험을 낳는 데 결정적 역할을 하는 자율신경계의 활성화에 초점을 맞추는 것이 우리 계획이었다.

3장에서 보았듯 자율신경계는 신체에 정서적 온도 조절 장치를 제공해 각성을 조절하는 호르몬을 분비한다. 자율신경계의 두 부분 중 하나인 교감신경계는 각성도를 높이고 활동을 위해 신체를 더 흥분시키는 데 관여하는 반면, 부교감신경계는 상황을 진정시키고 몸이 이완되도록 돕는 데 관여한다. 이 둘은 분업하며 심장 박동, 혈류, 호흡, 발한 등 여러 가지 불수의적 신체 기능의 변화를 제어한다. 만약 정서적 각성을 나타내는 신체적 표지에 관심 있다면 이곳이 좋은 시작점이 될 것이다.

과거에는 불 건너기와 같은 행사 중에 식에 큰 지장을 주지 않고 자율신경계의 활동을 측정하기가 불가능했을 것이다. 다행히 최근에는 착용식 센서가 발달해 덩치 큰 장비와 케이블을 사방에 질질 끌며 사람들을 따라다니지 않아도 실제 환경에서 생리적 반응을 기록할 수 있게 되었다. 이제 심장 박동수 모니터는 가볍고 눈에 띄지 않아서 어떤 관찰자에게도 보이지 않고 옷 아래 편안하게 착용할 수 있다. 요즘은 일반인도

이 기술을 쉽게 이해하고 저렴하게 사용할 수 있다. 사실 내가 자판을 두드려 책을 쓰는 동안 손목에 찬 것과 비슷한 것을 여러분이 책을 읽는 동안 착용하고 있을 가능성이 크다. 하지만 당시에 이 기술은 프로 스포츠 팀이나 군대에서 주로 쓰는 고급 시장에 속했고 우리 급여 수준에서 확실히 넘보기 어려웠다. 이런 모니터를 산업용 오븐보다 더 뜨거운 환경에서 사용한다는 건 이 기기를 유료든 무료든 다른 연구소에서 빌릴 여지가 없다는 뜻이었다.

우리는 종교, 인지, 문화라는 연구단의 단장 아르민 기어츠와 마인드랩의 책임자 중 한 명인 안드레아스 룁스토르프에게 도움을 청했다. 우리 계획은 산페드로에 가서 사람들이 맨발로 불을 건너가는 동안 그들에게 심장 박동수 모니터를 달아 보자는 것이었다. 안드레아스는 주의 깊게 듣더니 한참 뜸을 들였다. "내가 들어 본 중 가장 정신 나간 연구 계획이군." 하고 말한 그는 잠시 후 덧붙였다. "해 보세."

*

마침내 때가 되어 산페드로는 축제 분위기가 물씬 풍겼다. 건물을 다시 칠했고 발코니는 깃발로 장식하고 꽃들을 심었다. 인근 숲에서 베어 온 큰 나무 세 그루가 각각 행렬을 지어 격식에 따라 마을로 운반되었다. 리본, 풍선, 등불로 꾸민 나무들은 거대한 화분에 담겨 몬디다스의 집을 표시하는 데 사용되었다. 이 집 대문은 종일 열려 있었고 지나가는 사람은 들러서 간식을 먹고 가라는 청을 받았다. 자부심으로 가득 찬 소녀들과 그 가족이 종일 집을 드나드는 많은 사람을 시중 들었다. 그들은 지역 특산물인 스페인 햄과 적포도주를 한도 끝도 없이 대접했다. 내가 그날 먼저 식사를 한 것은 실수였다. 집주인들이 모든 음식을 맛봐야 한다고 고집했을뿐더러 정말 그렇게 하는지를 자세히 지켜보았기 때문이다. 나는 햄의 흰 지방 부분을 떼어 내다가 야단맞았다. 그 부분이 가장 맛있고 몸에도 좋다는 것이었다. 그들이 시키는 대로 할 수밖에 없었다.

마을의 자갈길은 사람들로 바글바글했다. 산페드로 출신이지만 이제 도회지에 사는 사람들은 축제에 참석하려고 며칠씩 휴가를 낸 터였다. 전국에서, 심지어 해외에서도 방문객이 와 있었다. 인구 밀도가 희박한 이 지역에서 반경 몇 킬로미터 내 숙박 시설은 예약이 끝난 지 오래였으므로 많은 사람이 당일치기로 와 있었다. 인근 소리아에서 일주일에 여섯 번 출발하는 버스가 이제 몇 시간 간격으로 운행했다. 주차된 차량이 마을 밖까지 멀리 늘어서 있었다. 활동 대부분은 마을의 두 광장과 그 둘을 잇는 좁고 구불구불한 거리 주위에 집중되었다. 술집과 식당은 손님이 넘쳐흘렀고 테이블을 찾지 못하면 간이식당이 대안으로 제공되었다. 노점 상인들은 모자와 선글라스, 종교적인 성상과 기념품을 파는 갖가지 부스와 테이블을 차려

둔 터였다.

저녁은 몬디다스가 앞장서고 시립 악단과 시 공무원이 함께 따르는 퍼레이드로 시작했다. 행렬은 산페드로와 성모 마리아 성상을 본당에서 후미야데로라 불리는 작은 예배당까지 옮겼다. 그동안 한 무리의 남자가 장작을 준비하기 시작했다. 2톤이 넘는 참나무로 작은 방만 한 크기의 장작더미를 쌓았다. 불이 붙자 15미터 높이가 넘는 불기둥이 솟아났다. 통나무가 완전히 타서 자정의 거사에 필요한 숯이 되려면 오랜 시간이 걸릴 터였으므로 불을 보살피는 사람들은 경험에 의지해 불길의 타이밍을 정확히 맞추려고 노력했다.

이 열광적인 활동 한복판에서 연구를 진행하기는 솔직히 쉽지 않았다. 모든 상황이 스트레스였고 잘못될 법한 모든 일이 잘못되었다. 하지만 실제 실험의 본성이 원래 그렇다. 다행히 마침내 모든 것이 자리를 잡았고 우리는 간신히 준비한 심장 박동수 모니터 모두를 행사의 구경꾼뿐 아니라 불을 건널 사람들에게 채울 수 있었다. 사실 끝에 가서는 장비가 모자라 자원자를 더 받지 못했다.

마을로 돌아가니 사람들이 마을 회관 주위에 모여들기 시작했다. 악단이 연주 중이었고 모두 옷을 갖춰 입었다. 불을 밟을 예정인 사람들은 목에 붉은 손수건을 두르고 있었다. 시간이 다가오자 그들의 얼굴에 기대감이 차오르는 것을 누구나 알아볼 수 있었다. 그들은 1년 내내 이날 밤을 기다려 온 터였고 크레셴도까지 고작 몇 시간을 남겨 두고 있었다.

때가 되자 현지인 친구 하나가 내 손을 잡고 다른 하나가 남은 손을 잡았다. 나는 이제 움직이기 시작한 긴 인간 사슬의 일부가 되었다. 사슬이 나를 곧장 울타리 안으로 인도할 것이기 때문에 그 안에 머무는 것이 중요하다는 것을 알고 있었다. 의식 장소에 먼저 가 있는 동료에게 전화해 의식을 촬영하기에 좋은 자리를 찾았는지 확인한 터였으므로 이미 그곳이 꽉 찼다는 사실도 알고 있었다. 현지인들도 이를 알고 일찍 도착했지만 많은 방문객이 입장조차 못 했다.

사슬은 빠르게 언덕을 올랐고 군중이 그 뒤를 따랐다. 몇 분 뒤 우리는 레신토의 입구를 통과했다. 악단의 선율에 맞추어 행사장 중심으로 걸어 들어가면서 관중 수천 명의 환영을 받는 일은 어딘가 감동적이었다. 모든 시선이 자신을 향한다는 것을 아는 사람들에게는 틀림없이 압도적인 느낌이었을 터다. 숯이 이글거리는 긴 불구덩이가 행사장 전체에 열기를 내뿜었다. 쳐다보기만 해도 화덕에 얼굴을 찔러 넣는 기분이었다. 극한의 온도를 측정할 때 쓰는 고온계는 숯이 녹기 시작하기 전 표면 온도가 677도를 찍었다. 나는 전 세계에서 불을 건너는 의례를 숱하게 봐 왔지만 이토록 맹렬한 불 위에서 치러진 의례는 처음이었다. 군중이 활기를 띠면 띨수록 불을 건널 사람들은 더 엄숙해졌다. 알루미늄을 녹일 만큼 뜨거운 표면을 맨발로 걷기 직전이었으니 당연한 일이었다.

숯이 그토록 뜨겁기 때문에 많은 사람이 속임수가 있으리라고 생각한다. 사실 불 건너기를 위한 특별한 준비는 없다. 연고나 마약도 없고, 비밀도 없다. 과거 어떤 이들은 현지인들이 맨발로 들판을 걸어 다녀서 발에 유별나게 굳은살이 있다고 주장했다. 이 미심쩍은 주장은 설령 한때 사실이었더라도 오늘날은 당치 않다. 보통의 도시 거주자처럼 산페드로 사람 대부분도 맨발로 걷지 않는다. 다른 이들은 땀이나 물로 습기를 유지해서 발이 보호된다고 추측하기도 했다. 하지만 레신토의 바닥은 불로 달궈지면 바짝 마르는 다진 흙으로 되어 있다. 게다가 이 상황에서 발을 적시는 것은 불씨가 발바닥에 달라붙어 중상을 입을 수 있기에 사실 좋은 생각이 아니다. 불을 밟고도 화상을 입지 않는 건 숯의 전도도가 형편없고 노출 시간이 짧기 때문이다.

하지만 **가능하다**고 해서 누구나 다치지 않고 무사히 통과한다는 보장은 없다. 숯 표면이 조금만 튀어나오거나 불완전해도 발에 물집이 생길 수 있다. 작은 돌, 금속 조각이나 불 속 다른 이물질도 큰 위험을 초래할 수 있다. 너무 느리게 움직이면 발은 타기 시작할 것이다. 하지만 너무 빨리 걸어도 불덩이를 더 깊이 눌러 상황이 악화될 테다. 이런 이유로 당황해서 달리려 하는 사람은 대개 화상을 입는다. 집중력이 핵심이다. 제아무리 작은 실수나 망설임도 심각한 부상으로 이어질 수 있다. 공동체의 모든 구성원 앞에서 겪을 굴욕은 말할 것도 없다.

음악이 멈추자 불을 건널 사람들은 신발을 벗고 모여 건너갈 순서를 마지막으로 논의했다. 불타는 숯을 통과하면서 저마다 다른 사람, 보통 매우 소중한 누군가를 업고 갈 것이다. 첫 번째로 업힐 사람은 세 명의 몬디다스였다. 정확히 자정에 요란한 트럼펫 소리가 때를 알렸다. 정적이 내려앉았다.

불을 건널 사람 중 나이가 가장 많고 경험도 가장 많은 알레한드로가 첫 순서로 건널 영예를 누리게 되었다. 그는 일어서서 몬디다스 중 한 명인 자신의 손녀를 향해 걸어갔다. 알레한드로는 일흔다섯 살이었고 소녀는 그보다 머리 하나가 더 컸다. 손녀가 등에 업히자 그는 꼭대기가 무거운 젠가의 균형을 잡으려는 것처럼 잠시 똑바로 서려고 안간힘을 쓰는 듯했다. 모두가 숨을 죽이고 기다렸다. 몇몇 남자가 도움이 필요한가 싶어 다가갔지만 그는 단호한 몸짓으로 그들을 물리쳤다.

트럼펫이 다시 울렸다. 때가 왔다. 행사장은 고요해졌다. 알레한드로는 소녀에게 꼭 잡으라고 당부했다. 그는 숨을 길게 들이마신 뒤 몇 초 동안 정신을 집중하며 불을 노려보았다. 그런 다음 용기를 그러모아 위를 쳐다보고 첫발을 뗐다. 그는 흔들림 없는 투지로 불타는 숯을 가로질러 걸었다. 고개를 높이 쳐든 모습은 한창 전투에 임하는 전사처럼 반항적이고 열렬해 보였다. 그가 숯 밭의 반대편 끝에 도착하자 군중 사이에서 함성이 터졌다. 소녀가 내렸고, 두 사람은 가족이 자랑스러워하며 다 함께 포옹하기 전 겨우 끌어안을 시간을 가졌다.

그날 밤 수십 쌍이 차례차례 숯 위를 건넜다. 그들은 사나운 불을 끄려는 듯 걸음마다 작은 불꽃과 불길 구름을 일으키며 발을 세게 굴렀다. 사람들은 이런 장면을 불을 지배하고 두려움이 없음을 보여 주려는 시도로 묘사하곤 한다. 그들이 군중에게 그런 모습을 보여 주고 있지만 어쩌면 중요한 것은 자신에게도 같은 모습을 보여 주고 있다는 점일지 모른다. 그들보다 훨씬 멀리서 같은 불을 보며 강력함을 느끼니 나는 그것이 얼마나 위협적일지 짐작할 수밖에 없었다. 불을 건널 사람들은 그 예상을 극복하고자 보통 성호를 긋거나 행운의 부적을 쥐거나 명상 또는 기도를 통해 마음속의 다른 모든 것을 치우려 한다. 건너기는 고작 몇 초에 불과하지만 영원처럼 느껴진다. 불을 건너는 사람들의 말에 따르면 이는 마치 슬로 모션 같아서 모든 걸음과 모든 움직임을 자각하게 하는 일종의 흐름 속에 있는 느낌이라고 한다. 그 순간 세상에 다른 아무것도 없고 머릿속에도 다른 생각이 떠오르지 않는다고들 말한다. 오직 당신과 불만 있을 뿐이다. 그리고 그것이 끝나면 이제는 축하할 시간이다.

건너기에 성공할 때마다 건넌 사람과 업힌 사람을 껴안으러 친구와 가족들이 몰려들어 처음의 두려움과 불안은 안도와 기쁨, 자부심으로 대체되었다. 경험 많은 남자들은 아내, 부모, 자식, 그 밖의 사랑하는 사람을 업고 앞장섰다. 여자와 초보자가 그 뒤를 따랐는데 일부는 아이를 업었고 일부는 혼자 건넜다. 마을 사제도 불을 건넜고 군중은 이를 좋아했다. 페르난도라는 청년은 그날 밤 여자 친구를 업을 계획이었는데 며칠 전 사이가 틀어져 상대가 오지 않았다. 그는 혼자가 될 것처럼 보였다. 하지만 그의 차례가 왔을 때 아버지를 향해 돌아서 손을 내밀었다. 아버지의 얼굴은 자랑스러움과 기쁨으로 발개졌다. 페르난도가 엄숙한 표정으로 용감히 불과 맞서는 동안 아버지는 더없이 행복한 미소를 지었다.[1] 짧은 탑승이 끝나고 아버지가 등에서 내리자마자 두 남자는 부둥켜안았다.

마지막 사람이 숯을 건넌 후 관중이 울타리 안으로 쏟아져 들어와 한데 어우러졌다. 악단은 다시 연주를 시작했고 언덕을 내려가기 시작했다. 어느새 새벽 두 시였지만 다들 집에 가기엔 너무 들떠 있었다. 이어질 파티는 스페인 사람만 벌일 줄 아는 종류의 것이었다. 사람들은 새벽까지 거리에서 함께 춤추고 노래했다. 이때를 위해 차고에 저장되어 있던 술통에서 맥주와 포도주가 콸콸 쏟아져 나왔다. 이 모든 흥분 속에서 실험 참가자 대부분은 심장 박동수 모니터를 차고 있다는 사실을 잊어버린 듯했다.

1 Bulbulia et al.(2013).

*

첫 번째 분석 결과를 보자마자 우리는 진정으로 주목할 만한 사실을 발견했음을 알았다.[2] 첫째, 데이터에 따르면 불 건너기를 하는 동안 사람들의 심장 박동 수 패턴에서 비범한 수준의 동조가 나타났다. 그들이 매우 다른 일을 하고 있었기 때문에 이는 무척 인상적인 결과였다. 만약 참가자가 모두 같은 곡조에 맞춰 춤을 췄다면, 즉 똑같은 움직임에 몸담고 있었다면 우리는 그런 협응이 신체에 반영되리라 예상했을 것이다. 하지만 어느 때든 그들 중 한 명만 걷고 나머지 사람들은 서서 자기 차례를 기다리거나 계단석에 앉아 있거나 건너기를 끝낸 뒤 돌아다니고 있었다. 그런데도 의례 중 동조는 그날의 다른 어떤 부분보다 훨씬 강했으며, 심지어 모든 사람이 함께 행진하거나 나란히 춤출 때보다도 강렬했다.

이런 종류의 생리적 동조는 '거울 뉴런계'로 알려진 뇌 수준에서 흔히 관찰된다. 다른 사람이 망치를 사용하는 것을 보면 자신이 망치를 사용할 때 발화하는 곳과 같은 뇌 영역이 활성화한다. 이 현상의 어떤 형태가 사람들의 심박수에 반영된 것일까? 생체 측정 데이터만 보았다면 그렇게 생각했을지도 모른다. 하지만 사회적 맥락을 살펴보는 과정에서 결정적인 세

2 Konvalinka et al.(2011).

부 사항이 드러났다. 이 정동적 동조는 무차별적이지 않았다. 그 효과는 불을 건넌 사람들 사이에서 강했을 뿐 아니라 현지인 구경꾼에게까지 확장되었다. 반면 현지인과 외지인 사이에서는 그런 동조가 발견되지 않았다. 다른 곳에서 호기심으로 마을을 찾은 많은 방문객에게 이는 구경거리일 뿐이었다. 현지인에게는 그것이 기념비적인 중요한 사건이었다.

이런 사회적 구성 요소는 우리가 참가자의 가족 및 친구 목록 같은 사회적 관계망과 그들이 인식하는 관계의 강도를 표로 그렸을 때 더 명백해졌다. 우리는 두 사람 사이의 사회적 친밀도가 클수록 의례 중에 각성 패턴이 더 동조됨을 발견했다. 심지어 심박수가 얼마나 일치하는지만 보고도 두 사람의 사회적 관계 유형을 예측할 정도였다.[3] 친구와 친척은 통계 분석을 하기도 전에 도표에서 분명하게 보일 만큼 각성 패턴에서 뚜렷한 유사성을 보였다. 표본에 포함된 쌍둥이는 심지어 한 명은 앉아 있고 다른 한 명은 불을 통과할 때 심박수가 거의 동일했다. 현지인 구경꾼과 불을 건넌 사람도 거의 일치했다. 이와 대조적으로 무관한 구경꾼, 즉 외지인의 각성 패턴은 이에 비견되는 양상이 전혀 나타나지 않았다. 이는 단순히 사람들의 뇌에서 자동으로 일어난 공감 반응 사례가 아니었다. 그것은 근본적으로 사회적인 현상이었다.

3 Xygalatas et al.(2011).

*

이러한 의례와 관련된 정서적 각성의 사회적 차원은 신경과학적 연구에서도 기록되었다. 경제학자이자 신경과학자인 폴 잭은 클레어몬트 대학원에서 인간 결속의 신경 화학을 전문으로 연구한다. 이 때문에 '사랑 박사'라는 별명을 얻었다. 남부 캘리포니아의 실험실에서 잭과 동료들은 누군가에게 호혜를 기대하며 돈을 건넬 때처럼 사람들이 신뢰와 신뢰 가치를 나타낼 때 그들 뇌에서 사회적 결속에 결정적 역할을 하는 신경 호르몬인 옥시토신을 더 많이 생성함을 발견했다. 옥시토신은 출산과 수유 중에 다량으로 분비되어 엄마가 아기와 유대를 맺는 데 도움이 되는 차분하고 집중력 있는 상태를 만든다. 성관계 중에 급증해 섹스를 기분 좋게 하는 데 도움이 될 뿐 아니라 공감과 애정을 키워 짝 결속을 촉진하기도 한다.

잭의 연구 팀이 비강 스프레이로 옥시토신을 주입하자 사람들은 더 관대해지고 타인을 신뢰하게 되었다. 옥시토신을 투입한 부부는 더 열심히 눈을 맞추었고 더 많이 합의했으며 서로의 존재에서 더 많은 위안을 찾았다. 실험실에서 이런 효과를 확인한 잭은 실제 상황에서 효과가 얼마나 유지될지 조사해 보고 싶었다. 그는 결혼식에 초대받으며 기회를 얻었다.

린다 게디스는 임신과 육아에 관한 글로 가장 잘 알려진 영국의 과학 저술가다. 옥시토신이 부모와 자식, 연인 사이의 결속에 미치는 영향력에 관한 기사를 여러 편 썼다. 그러다 결혼식 같은 정서적인 문화적 관행의 맥락에서 그녀가 '포옹 분자'라고 칭한 이 물질이 맡은 바가 궁금해졌다. 당시에는 이에 관한 연구 결과를 찾을 수 없었기에 스스로 기니피그가 되기로 했다. 그렇게 하기에 본인의 결혼식보다 더 좋은 기회가 어디 있을까?

잭의 작업을 수년간 보도해 온 게디스는 그에게 결혼식 참석자의 혈액 표본을 채취하는 데 관심 있느냐고 물었다. 잭은 당연히 피 뽑기에 관심이 있었다. 사람들이 그의 연구 분야를 '흡혈귀 경제학'으로 지칭하는 데는 그만한 이유가 있다. 그는 양복 한 벌, 원심분리기 한 대, 대용량 드라이아이스와 수많은 주사기, 채혈관, 일회용 밴드(폴 잭에게는 전형적인 여행 가방)를 싸서 데번주로 날아갔다. 그곳에서 결혼식에 참석한 친구와 친척의 혈액 샘플을 예식 전과 맞절 직후에 한 번씩 총 두 번 채취했다. 이를 통해 이처럼 감정이 북받치는 의례가 옥시토신 수치에 미치는 영향을 측정할 수 있었다.

검사 결과가 나왔을 때 연구진은 잭의 예상대로 결혼식이 옥시토신 수치를 급격히 높였지만 모든 사람에게서 상승 폭이 같지는 않았다는 사실을 확인했다. 우리가 불을 건너는 스페인 사람들을 연구했을 때와 마찬가지로 사회적 관련도에 근거하여 옥시토신 수치를 예측할 수 있었다. 신부의 수치가 가장 크게 증가했고 다음은 양가 부모와 신랑, 그다음은 그 밖에 가까운 친구와 친척, 마지막으로 덜 친한 몇몇 친구 순으로 수치가 늘었다. 책에 따르면 "옥시토신 증가는 행사에 대한 정서적 몰입의 강도에 정비례했다."[4] 이러한 효과는 결혼식이 모든 의례 중에서도 가장 오래된 의식 중 하나인 이유일 수 있다. 그것은 상징적으로만 아니라 그야말로 분자 수준에서 친족 접착제를 만들어 내면서 부부를 인척 및 새로 확대된 가족과 묶는 데 도움을 주기 때문이다. 뒤르켐이 집합적 열광의 존재에 대한 이론을 세울 때 이미 지적했듯이 집합적 열광의 기능은 "단지 정서를 일으키는 것이 아니라 그것을 공유하는 사람들을 더 친밀하고 더 역동적인 관계로 이끄는 것"에 있다.[5]

*

내가 산페드로의 사람들에게 데이터를 보여 주었을 때 그들은 흥미로워하는 동시에 놀라워했다. 의례 다음날, 나는 그들에게 의식의 여러 부분에서 각성 수준이 어땠을지 추정해 보라고 부탁했었다. 그들은 예외 없이 불을 통과하던 때가 하루 중 가장 평온했노라고 주장했다. 사실 그 가운데 몇몇은 이 사실이 데이터로 나타나리라는 데 돈을 걸자고 하기도 했다. 데이터를 이미 흘긋 본 상태에서 내기를 받아들이는 것은 불

4 Zak(2012).
5 Xygalatas(2014).

공평한 처사였다. 나는 이들 모두가 행렬 중 있었던 춤추기나 언덕을 천천히 달려 올라가는 활동과 비교해도 불길을 걷는 동안 각성 수준이 극단적으로 높았다는 것을 알고 있었기 때문이다. 그들의 심박수는 종종 분당 200회를 넘었다. 의학적으로 권장되는 안전한 각성 수준을 넘는 수치다. 불을 건너는 시간은 심장마비를 일으키고도 남을 만큼 큰 스트레스를 주었다.

이는 몇 가지 흥미로운 질문을 던진다. 사실은 심장이 분당 200번씩 쿵쾅거리고 있음에도 다행스럽게도 평온하다고 느끼는, 더 정확히 말하자면 그렇게 기억하게 된 불 건너는 사람의 개인적 **경험은** 무엇일까? 진실은 우리도 알지 못한다. 하지만 생리학, 곧 우리 신체의 내막과 현상학, 곧 우리의 생생한 경험 사이의 이토록 선명한 차이는 한 가지 방법에만 의존할 때 큰 그림을 놓칠 위험이 있음을 보여 준다. 여러 방법을 조합하여 사용할 때에만 이와 같은 수수께끼를 인식이라도 할 수 있다. 서로 다른 방법들이 모두 같은 결론을 가리킨다면 우리는 연구 결과를 더 확신할 수 있다. 그렇지 않다면 새롭고 흥미로운 질문을 던질 수 있을 것이다. 이것이 과학적 지식의 진보 방식이다.

반면에 동조 데이터는 산페드로 사람들에게 완벽하게 이해된 듯 보였다. 몇 개월 뒤 우리가 첫 번째 분석 결과를 손에 넣자마자 나는 의례 중 그들의 심박수가 그들이 사랑하는 사람의 것과 얼마나 밀접하게 일치했는지 보여 주는 단순한 선그래프 몇 개를 공유했다. 이미지를 본 사람들은 수긍하며 고개를 끄덕였다. 많은 사람이 그 이미지가 자신에게 무엇을 의미하는지 묘사하는 데 '공명'이라는 단어를 사용했다. 생체 측정 데이터를 분석하기 위해 자문한 물리학자 집단에서 이와 똑같은 전문 용어를 사용했기에 그 점은 특히 흥미로웠다. 불을 건넌 한 사람은 그래프를 가리키더니 이렇게 말했다. "이 의례에서 경험하는 저의 느낌을 표현하기는 어렵다고 말했었죠. **이것이** 바로 제가 느낀 감정이에요. 우리의 심장이 하나가 되는 것이요."

*

내 인류학 연구 중 상당 부분은 불을 건너는 의례에 초점을 맞춰 왔다. 다양한 문헌을 연구했고 박사 논문도 그리스의 불 건너는 의례인 아나스테나리아에 관해 썼다.[6] 수년간 그 주제로 강연할 때마다 청중이 하는 첫 질문 중 하나는 "선생님도 해 보셨나요?"였다. 이 질문은 왜 내가 연구해 온 특정 환경에서 이것이 딱히 선택 사항이 아니었는지에 관한 긴 설명을 촉발하곤 했다. 2009년 모리셔스섬에서 현지 조사를 시작하기 전까지는 말이다.

6 Xygalatas(2007).

지금은 아내가 된 내 동료와 나는 도착하자마자 해안 마을인 푸앵트 오 피망에서 아파트를 빌렸다. 창문을 통해 콘크리트 벽돌과 골이 진 양철판으로 지은 해변의 작은 힌두교 사원 너머로 지는 해를 볼 수 있었다. 마하 칼리 마타 만디르가 공식 명칭인 사원은 일종의 칼리마이, 즉 어머니 여신 칼리에게 바쳐진 신전이었다. 신전 중앙에는 네 손에 삼지창, 피 묻은 검, 잘린 머리, 절단된 머리의 피를 모으는 사발이 된 두개골을 쥔 그 사나운 신의 조각상이 있었다. 모리셔스의 처음 몇 달 동안 나는 하루 대부분을 사원 주위에서 보냈다. 아침이면 길 건너 작은 식당에서 차 한 잔을 홀짝이면서 기도하고 제물을 바치러 들어가는 신도들을 관찰했다. 사원은 온종일 인터뷰할 사람을 찾기에 가장 좋은 자리 중 하나였는데 그 지역에서 중요한 활동이 벌어지는 유일한 장소였기 때문이다. 그리고 저녁이면 그곳에서 열리는 다양한 의식에 참석하여 그러한 관행에 관해 더 구체적으로 물어볼 기회를 얻었다.

어머니 여신을 섬기는 다른 사원과 마찬가지로 마하 칼리 마타 만디르도 매년 티미티라 불리는 불 건너기 의식을 주최했다. 이 의례는 인도의 최남단 주인 타밀 나두에서 2000년이 넘도록 행해졌다. 오늘날은 전 세계의 수많은 힌두교 공동체가 이를 실천한다. 전설에 따르면 이 의식은 종종 칼리의 화신으로 여겨지는 드라우파디라는 젊은 여성의 이야기와 관련 있다. 희생 의식의 불에서 태어난 그녀는 사납고 힘센 여자이면서 비할 데 없이 매력적이고 아름다운 공주였다. 그렇지만 행운은 그녀의 편이 아니었다. 지독한 오해 끝에 그녀는 판두왕의 아들인 판다바 다섯 형제 모두와 혼인한 처지가 되었다. 판다바들의 사촌인 카우라바들이 왕권에 도전했을 때 드라우파디도 계승 전쟁에 휘말렸고 연이은 고난을 겪었다. 다섯 아들은 살해당했고, 판다바들이 주사위 게임에서 그녀를 잃은 뒤 납치되었으며 수많은 모욕과 그녀를 더럽히려는 시도를 견뎌 냈다. 그녀는 남편들이 카우라바들을 이기도록 도운 뒤 불의 시험을 겪었다. 자신의 순결과 신심을 증명하기 위해 불길을 걸어서 통과한 뒤 상처 없이 나타난 것이다. 이렇게 해서 그녀의 이야기를 기념하고자 열리는 의식 티미티가 탄생했다. 티미티 참가자들은 드라우파디처럼 극에 달하는 수많은 고난을 견디며 불의 시련을 겪고, 그녀가 불씨를 꽃으로 바꾸어 불길에서 그들을 지켜 준다고 말한다.

의식 날이 가까워지면서 나는 대부분의 시간을 행사 준비를 관찰하고 신도와 사원 간부들과 이야기를 나누며 보냈다. 어느 날 아침 근처 숲에서 한 여성을 인터뷰하는데 몇몇 남성이 사원 앞에서 열띤 토론을 벌이고 있었다. 그들은 몇 번이고 내 쪽을 바라봤다. 마침내 사원의 관리 책임자인 프라카시가 일어나더니 가까이 오라는 신호를 보냈다. 나는 다가갔다.

"디미트리스." 그가 격식을 차려 말했다. "내가 생각해 봤는데 말입니다. 선생이 우리 마을에 산 지 얼마나 되었지요?"

"두 달째입니다."

"그동안 우리와 식사도 같이 하고 기도회도 참석하면서 함께 시간을 보내고 있고요."

나는 갈피를 못 잡고 "그렇지요."라고 답했다.

"선생은 이제 우리의 일원입니다." 프라카시가 선언했다.

그런 말을 듣다니 영광스러웠지만 분명 그들은 그저 나를 칭찬하려고 부른 것이 아니었다.

"글쎄요, 제가 주민 행세를 하고 싶지는 않습니다."라고 나는 말했다. "저는 여러분의 생활방식과 관습을 배우기 위해 여기 왔습니다."

프라카시는 요점으로 넘어갔다. "그러니까 선생도 불 건너기를 해야 합니다."

스페인에서 이 의식은 산페드로 혈통의 표시로 지역 사회에 혈연을 주장할 수 있는 사람들에게만 자랑스럽게 마련된 것이다. 그런 만큼 외지인은 참여가 허락되지 않는다. 그리스에서도 아나스테나리아의 불을 건너는 의례들은 대대로 전승되어 전통적으로 그 의례가 기원한 오늘날의 불가리아 지역 후손들만 수행해 왔다.[7] 최근 수십 년 사이 일부 외지인이 참가를 허락받았지만 이는 연장자들의 조심스러운 심사를 거쳐야 하는 점진적이고 섬세한 과정이었다. 아나스테나리아의 의례

7 Xygalatas(2012).

에 참여하려면 보통 영적인 변신, 성자와의 사적인 관계 정립으로 이어지는 꿈이나 환영 형태로 된 개인적 계시를 경험해야 한다. 이것은 나의 경험이 아니었다. 게다가 아나스테나리아의 일원이 된다는 것은 평생의 책무여서 만약 내가 불 건너기를 하고도 나중에 해마다 돌아오지 못하면 사람들이 실망하거나 배신감을 느낄 수도 있었다. 요컨대 나는 프라카시의 초대를 예상하고 있지 않았다.

나는 상황을 파악하려고 그를 잠시 뚫어지게 쳐다보았다. 가벼운 어조로 말했지만 이제 그는 그 말이 진심이었다는 표시로 고개를 끄덕이고 있었다. 모두의 시선이 나를 향했다.

나는 정중하게 초대를 사양했다. 대단한 영광이지만 이것은 **그들의** 전통이라고 설명했다. 나는 모리셔스 사람도 힌두교도도 아니었다. 연구를 위해 거기 있는 이방의 인류학자일 뿐이었다. 그러므로 나에게는 그 마을에서 처음 목격할 예정인 의례를 관찰하고 기록하는 일이 중요했다.

"좋아요." 프라카시는 재미있어하는 표정으로 말했다. "신께서 당신이 그리하기를 원하신다면 그렇게 될 겁니다."

"믿어도 좋아요, 프라카시. 신께서는 제가 불을 밟기를 원치 않으십니다." 나는 답했다.

티미티 당일은 일찍부터 분주했다. 새벽이 되자 불을 건널 사람과 그 가족이 기도와 정화 의식을 위해 인근 트리올렛 마을에 모이기 시작했다. 여성은 긴 사리, 남성은 도티로 대부분

밝은 노란색 전통 의상을 입고 있었다. 그 가운데 많은 이가 여신에게 바칠 꽃과 음식을 담은 은쟁반을 들고 있었다. 몇 시간 뒤 그들은 마을의 주요 도로를 따라 약 4킬로미터를 가로질러 해안가 사원에 도달하는 행렬을 이뤘다. 나는 관찰하고 사진을 찍고 녹음기에 기록을 남기며 따라 걸었다. 행렬은 몇 시간 동안 계속되었고, 그동안 신도들은 타는 듯한 아스팔트 길을 맨발로 걸으며 교차로마다 멈추어 춤을 췄다. 많은 사람이 북과 관악기의 곡조에 맞춰 몸을 흔들고 빙글빙글 돌고 고통스러운 비명을 지르며 무아지경에 빠진 것처럼 보였다. 사원에 도착했을 무렵 나는 열대의 태양에 지치고 수분이 다 빠져나간 듯했다. 사원 앞에 파인 얕은 도랑은 이제 불타는 숯이 채워졌고, 그 둘레는 청중과 분리된 극장 무대처럼 불을 건널 사람과 군중을 분리하는 밧줄을 쳐 놓았다. 모든 사람이 불구덩이 앞에 모이자 긴장이 느껴졌다.

나는 차례로 불을 건너는 사람들을 자세히 지켜보았다. 가장 먼저 건너간 사람은 사원의 사제였고 프라카시를 비롯한 사원 간부들이 뒤를 따랐다. 다른 사람들은 그다음이었다. 나는 행사를 관찰하고 가까이서 촬영하기 위해 밧줄 안쪽에 서도록 허락을 받은 터였다. 발자국마다 불덩이를 뚫고 날아오르는 불꽃에 감명받아 카메라에 담으려고 노력했다. 어느 순간 주최자 중 한 명이 나더러 불에 더 가까이 가야 더 좋은 사진을 찍을 수 있다고 했다. 그쪽 자리가 과연 더 나았다. 나는 무릎을 꿇고 사람들의 움직임을 촬영하기 시작했다. 남자, 여자뿐 아니라 심지어 아이들까지 참가했으며, 건너갈 때마다 군중은 어머니 신을 부르는 "옴 샥티"로 화답했다.

나는 아홉 살이나 열 살쯤 되었을 여자아이가 줄에 서 있는 것을 보았다. 아이는 몹시 불안해하며 계속 부모를 쳐다보았고 부모는 아이를 북돋우려 애쓰고 있었다. 불을 마주할 차례가 되자 아이는 겁에 질린 듯 발이 얼어붙었다. 그렇지만 그 시점에서 물러나는 것은 칼리에 대한 모욕일 터라 선택의 여지가 없었다. 한 남자가 아이의 팔을 잡고 움직이려 했다. 아이는 저항하며 울고 발로 차고 소리를 질렀다. 프라카시가 구해주러 왔다. 그는 손을 흔들어 남자를 물러서게 하고 여자아이의 귀에 무언가를 속삭였다. 그런 다음 아이를 안아 들고서 직접 불을 통과했다. 아이가 울음을 그치기까지는 시간이 좀 걸렸으나 부모는 안도한 듯했다. 사람들도 이에 대해 그다지 걱정하지 않는 듯했다. 곧 나는 더 많은 아이, 심지어 아기가 불 너머로 실려 가는 것을 보았다. 공포로부터 결의에, 고통으로부터 행복에 이르는 사람들의 표정에 매혹되었다. 이러한 정서를 카메라에 담고자 했다. 렌즈에 온 신경을 집중해 너무나 몰입한 나머지 주위에서 벌어지는 작은 음모도 눈치채지 못할 정도였다.

잠시 후 누군가 내 어깨를 두드렸다. 나는 렌즈에서 눈을 떼고 올려다보았다. 프라카시가 일어나라고 신호를 보냈다.

나는 시키는 대로 하고는 그를 쳐다보며 지시를 기다렸다. 그는 "돌아서세요."라고 말했다. 그러고 나서 나는 내가 불구덩이 앞에 서 있고 온 마을 사람이 나를 지켜보고 있다는 사실을 깨달았다. 프라카시가 미소를 지으며 말했다. "이제 당신도 그 불이 어떤 것인지 알게 될 겁니다." 그 시점에 할 수 있는 말이나 행동은 달리 없었다. 거절한다면 초대해 준 사람을 모욕하고 마을 공동체 앞에서 체면을 잃게 될 터였고, 불을 건널 나머지 사람들이 내 뒤로 줄을 서 차례를 기다리고 있었기에 아마 의례에 지장을 주기도 할 터였다. 내가 할 수 있는 일이라고는 "카메라를 좀 들어 주세요."라고 말하는 것뿐이었다.

급습당한 것은 나름대로 장점이 있었다. 비슷한 의례의 맥락에서 사람들의 수치를 보아 온 나는 심박수가 건너기 직전에 치솟는 경향이 있음을 알고 있었다. 그렇지만 나의 불 건너기는 예기치 않게 찾아왔으므로 미리 스트레스를 받을 일이 없었다. 내가 심박수 모니터를 차고 있었다면 어떤 결과가 나타났을까. 아마 불을 건넌 스페인 사람들처럼 의식적으로는 알지 못한 채 각성 수준이 극에 달했을지도 모른다. 이런 이유에서였는지 몰라도 불과 몇 초가 몇 분처럼 느껴졌다. 시간은 느릿느릿 기어갔다. 나는 극도로 집중했다. 첫 발짝에 열기의 모든 흉포함이 감지되었다. 나는 다른 불 건너기 의식에서 숯의 온도를 측정해 온 터라 그것이 400도에서 800도 사이일 수 있음을 알고 있었다. 하지만 그렇게 뜨거운 표면을 실제로 밟는 것이 어떤 느낌일지는 전혀 몰랐다.

그중 한 발짝은 특히 고통스러웠고 물집이 잡히리라는 것을 대번에 알았지만 어떻게든 아픈 티를 내지 않았다. 그래 보였다고 사람들이 나중에 말해 주기도 했다. 나는 앞서 건너간 사람들의 발밑에서 튀는 불꽃을 본 터였다. 내 발밑에서도 같은 일이 일어나고 있는지 궁금했지만 내려다보기를 삼갔다. 딱히 특정한 누군가를 보지는 않았지만 군중을 계속 마주 보았다. 산페드로 사람들이 묘사한 그대로 내 의식은 극도로 명료했지만 동시에 온통 흐릿하기도 했다. 그리고 모든 것이 끝났을 때 나는 군중의 환호 속에서 마치 내가 자유 의지로 불 밟기를 선택한 것처럼 자부심과 치밀어 오르는 희열을 느꼈다.

행사가 끝나고 많은 사람이 질문을 하러 왔다. 내가 무엇을 경험했는지, 어떤 느낌이었는지, 어쩌다 그 일을 하게 되었는지 등 평소 내가 인터뷰에서 사람들에게 묻던 것들을 알고 싶어 했다. 나는 딱히 계획한 일은 아니었노라고 설명하면서 실은 주민 몇 분이 설득해서 하게 되었다고 솔직히 대답했다. 하지만 그 경험은 거의 도취한 것처럼 짜릿했다. 온몸을 질주하는 아드레날린과 하루가 지나고도 이어질 만큼 강한 행복감을 느꼈다. 나중에 내 경험을 돌이켜 보며 이 단발적 활동이 어떻게 그처럼 오래가는 강한 정서를 낳았는지에 대해 놀랐다.

물론 내 경험이 현지인과 같지는 않았겠지만 불 건너기에 참가한 일은 그러한 의례에 수반하는 격렬한 정서를 일별하는 데 도움이 되었다. 의례가 그 실천자에게 제공하는 공포, 자부심, 흥분과 기쁨의 롤러코스터는 내 정보원들이 자주 묘사했던 독특한 경험을 창출하는 비결이다. 심지어 외지인인 나도 피상적이나마 그런 결속 효과를 조금은 맛보았다. 나에게 그것은 내가 연구하게 된 이 공동체에 받아들여졌음을 의미했다. 그리고 현지인에게 이는 심지어 불 건너기를 포함해서 내가 그들이 하는 대로 기꺼이 할 용의가 있다는 신호였다. 그날 나는 어느 때보다 그들과 가까워졌다. 실제로 많은 세월이 지난 지금까지도 나는 이들 다수와 연락하고 지내며, 모리셔스에 있을 때는 그 나라 다른 지역에서 연구할 때도 늘 그들에게 들른다. 나 같은 외지인에게 그만한 영향을 끼쳤다면 공동체의 영구적인 일원들에게는 어떤 역할을 하겠는가?

*

나의 불 건너기 경험은 내가 산페드로에서 한 다른 연구를 떠올리게 했다. 불을 건너는 사람들의 수행에 대한 회상을 조사한 연구다.[8] 이 연구에서 우리는 모든 사람의 기억은 생생하지만 기억의 세부는 흐릿함을 알게 되었다. 사람들은 불 건너기라는 중심 사건과 그 기분이 어땠는지를 기억했다. 그들은

8　Xygalatas et al.(2013a).

흥분과 열정, 공포를 묘사했다. 한 젊은이는 "그건 너무도 강력한 느낌"이라며 "무섭지만 동시에 경외심을 불러일으켜요."라고 말했다. 다른 젊은이는 "너무 들떠서 하늘을 둥둥 떠다니는 것 같았어요."라고 했다. 그렇지만 그러한 정서 외에 달리 기억하는 것은 거의 없었다. 옆자리에 누가 앉았는지, 누구와 이야기했는지, 불을 건넌 후 어디로 갔는지 같은 행사의 세부 사항을 물었을 때 그에 관한 기억은 전혀 없었다. 나와 이야기를 나눈 사실을 기억하는 사람 역시 아무도 없었다. "제 생각에…… 선생님은 어젯밤에 거기 안 계시지 않았나요?" 많은 사람이 그렇게 말했다. 사실 나는 밝은 노란색 셔츠를 입고 내내 사람들을 마주 보고 있었고, 한 사람 한 사람에게 다가가 이것저것을 물어봤는데 말이다.

이 지각의 협소화는 심리학자 미하이 칙센트미하이가 **몰입**이라고 부른 것을 닮았다. 이 정신 상태는 어떤 행동에 푹 빠졌을 때 마음이 주변의 모든 세부 사항을 걸러 내어 그 경험에 무조건 흡수되도록 한다.[9] 그러한 '최적의' 경험은 흔히 **자기목적적**이라고 불린다. 사람들은 그것을 추구하는 데 어떤 외적 동기 부여도 명분도 필요 없다. 그 동작 자체가 목적이 되는 것이다. 이런 경험의 공통점은 시간 감각이 사라진 느낌, 다른 것은 아무것도 중요하지 않을 만큼 현재 순간에만 전적으로 집

9 Csikszentmihalyi(1990).

중된 상태, 마치 물의 흐름에 실려 가듯 힘을 받아 노력이 필요 없는 감각 등이다. 마지막은 몰입이라는 용어의 출처이기도 하다. 가장 의미 있는 인간 활동의 핵심에는 이 초월적인 자기 상실감이 있다.

칙센트미하이는 몰입과 열광의 연관 가능성을 암시했다. 하지만 열광에는 몰입보다 훨씬 더 많은 것이 있다. 몰입도 집단적인 환경에서 경험할 수 있지만 핵심은 개인적인 현상이다. 전투기 조종사, 운동선수, 체스 선수, 연주자를 비롯한 예술가는 흔히 자신과 행동을 구분하지 못하게 되는 총체적 관여 상태로 몰입을 묘사한다. 많은 사람이 심지어 공예나 취미 생활을 할 때, 성적인 만남 중에나 운동하는 동안에도 비슷한 상태를 경험할 수 있다. 우리 삶에서 가장 의미 있는 순간들은 어느 정도 몰입을 유발하는 활동이다. 기도, 명상, 만트라 암송, 혹은 만다라 창작과 같은 반복 동작을 포함해 혼자서 이런 느낌을 유도할 수 있는 다양한 의례적 경험이 있기는 있다. 다만 이런 부류의 초월적 경험이 지닌 공통점은 자아감이 소멸할 만큼 그것을 **제한**한다는 것이다. 동작 중에 자아가 사라지는 것이 행복으로 경험된다. 게다가 이러한 다수의 사례에서 분명히 나타나듯이 몰입 상태는 정서적 각성을 요구하지 않는다.

반대로 어떤 집단 의례는 더 고양된 경험을 창출하는 듯하다. 이러한 의례는 강한 정서적, 생리적 각성을 포함하고 결정적으로 참가자들 사이에 이 각성이 공유된다. 그 결과로 나타나는 정서적 교감은 마치 수천 갈래의 물줄기가 어우러져 어느 한 줄기보다 더 빠르고 더 힘찬 강을 형성하듯 각 개인의 경험이 다른 개개인의 경험에 의해 영향을 받아 증폭되는 역동적 체계를 창출한다. 이처럼 상호 작용하는 종류의 몰입이 존재할 때 자아감은 **확대**되고 개인은 집단과 초월적 일체감을 경험한다.

뒤르켐은 집합적 열광을 동조적 각성의 창발적 속성, 부분들의 합보다 훨씬 더 큰 무언가로 상상했다. 그리고 그가 보기에 부분들이 전체를 규정하는 것이 아니라 전체가 부분들을 규정했다. 고독한 신비주의자는 자기 안에서 신을 발견하기를 추구하는 반면에 집단 의례는 실천자가 집단 안에서 스스로를 발견하기 위한 조건을 만들어 하나로서 초월을 경험하도록 한다. 참가자들은 자신의 움직임과 정서를 집단의 나머지 구성원과 공유함으로써 '나'와 '우리'의 경계가 흐려질 만큼 강렬한 유대를 느낀다. 내 정보원이 이렇게 말할 때와 마찬가지다. "수천 명의 사람이 거기 있는데도 한 사람처럼 느껴져요." 이는 의미와 집단적 목적의식을 창출해 개인이 그 경험을 되새길 동기를 부여하는 참으로 황홀한 감각이다.[10]

뒤르켐은 초기 인류 사회에 집합적 열광이 지니는 원시적 의의를 강조했다. 그 사회의 구성원들은 정서적 의례를 시행하

10 Walker(2010).

기 위해 주기적으로 모임으로써 강한 집단 정체성을 구축했다. 그는 이 정체성을 '집단 의식'이라고 불렀다. 하나로 행동하고 하나로 느끼면서 구성원들은 하나로 생각할 가능성이 더 컸다. 이러한 경험은 신성하게 느껴질 만큼 너무도 강력하며, 뒤르켐이 종교 자체가 그러한 집단 의례에서 발생하는 독특한 느낌으로부터 태어났다고 여긴 까닭도 여기에 있다.

*

2016년 1월 뉴질랜드에서 열린 알리야와 벤저민 암스트롱의 결혼식 피로연 유튜브 영상은 몇 시간 만에 조회 수 2000만 뷰를 넘기며 삽시간에 퍼져 나갔다. 3분짜리 영상에는 참석자 다수가 하카라는 마오리족의 의식용 전통춤을 추는 장면이 담겨 있었다. 가슴과 허벅지를 두드리고 발을 구르는 등 격렬한 움직임을 포함하고, 사나운 자세와 리듬에 맞춘 함성을 동반한 매우 육체적인 군무다. 성공적인 하카 공연은 이히(ihi)를 유발한다고 하는데 이는 공연자와 관찰자 모두가 느끼는 머리카락이 쭈뼛해지는 희열감을 뜻한다.

공연은 신랑 측 들러리가 부부의 폴리네시아 유산에 대한 경의를 표하기 위해 계획했다. 동영상에는 신랑의 형이 들러리를 이끌고 신랑 신부를 울리는 퍼포먼스가 담겨 있다. 머지않아 부부를 비롯한 많은 하객이 퍼포먼스에 동참한다. 안무가 끝나면 춤꾼들은 육체적 노력으로 지쳐 땀 흘리고 헐떡거리면서도 의례의 결속 효과가 발휘된 징후로 서로 다정하게 끌어안으며 감정이 복받친 모습을 보여 준다.

이 영상을 본 사람은 하카가 흔히 전투 전에 춤추는 사람의 공격성을 채우고 적을 겁줄 의도로 추는 전쟁 춤이라는 사실에 놀랄지도 모른다. 심지어 전쟁이 없는 동안에도 뉴질랜드의 일부 부대는 여전히 이 춤을 춘다. 아마 더 유명한 사례는 뉴질랜드의 국가대표 럭비 팀 올블랙스의 팀원들이 매 경기 전 상대 팀 앞에서 힘과 반항의 위협적 과시로 춘다는 것일 터다. 내가 뉴질랜드를 방문해 참석한 한 행사에서도 한 무리의 마오리족이 위협적인 표정으로 청중을 마주 본 채 가슴을 치고 발을 구르고 천둥 같은 소리를 지르며 일제히 춤을 추었다. 하지만 결코 출전(出戰)의 춤이 아니었다. 하카는 적을 향해 공격성을 전달하는 데만 사용되는 것이 아니라 친구에게 환대를 보여 주는 데도 쓰인다. 귀빈에게 경의를 표하거나 중요한 행사를 기념하거나 방문객을 환영하는 등 다양한 경우에 사용할 수 있다.

이 마오리 전통의 이중적 본성은 독특하지 않다. 호사(hosa)는 이라크 남부의 시아파 부족이 추는 전쟁 춤이다. 이 춤에 포함된 동조적인 움직임과 구호는 적과 맞서기 전인 전사에게 자극제로 작용하는 고양 상태를 낳는다고 한다. 하지만 결혼이나 중요한 공휴일과 같은 경사 때도 똑같은 의례를 수행한다. 사담 후세인이 부족의 영토를 방문했을 때 그들은 경의의 표시로 호사를 쳤다. 어떻게 같은 의례가 사람을 울리면서도 다른 사람을 향한 반감을 유발하는 것일까?

집단 의례는 개개인을 흥분시키고 고양하고 응집력 있는 단체로 단결시키며 심지어 신화, 종교와 기타 의미 있는 활동을 창조하도록 고무하는 강력한 사회적 기술이다. 하지만 모든 기술이 그렇듯 좋은 쪽으로도 나쁜 쪽으로도 사용할 수 있다. 열광이 분열, 차별, 증오를 조장할 가능성을 인정하지 않은 채 열광의 고귀한 측면만 떠드는 것은 태만한 처사다. 정서적 의식은 종종 이념적 색깔로 칠해지고 광신주의와 외부인을 향한 적대감을 주입하는 데 이용된다. 나치 열병식, 국수주의적 시위나 광신도와 훌리건 모임처럼 때때로 어둠의 길로 이어질 수 있는 열광적인 특성을 떠올려 보자.

*

나는 10대 후반에 친구와 함께 축구를 보러 아테네에 갔다. 우리는 일찍 도착한 김에 그 지역을 둘러보기로 했다. 두어 시간이 지났을 때 마른하늘에 날벼락처럼 뒤통수를 가격당한 느낌을 받았다. 어찌 된 일인지 깨닫기도 전에 땅바닥에 쓰러졌고 한 무리의 사람들이 나를 때리기 시작했다. 주먹질과 발길질이 사방에서 몰려왔고 그중 한 명은 곤봉을 쓰고 있었다.

단지 겁주려는 시도가 아니라 가능한 큰 피해를 주려는 것이었다. 머리를 보호하려 애쓰며 나는 누군가 칼을 꺼낼까 봐 걱정했다. 이런 상황에서 사람을 찌르는 사건이 얼마나 흔한가. 그들은 한마디도 하지 않았고, 그럴 필요도 없었다. 나는 그들이 내 스카프 색깔을 싫어해서 공격했다는 사실을 대번에 알았다. 그들은 피를 찾아 거리를 순찰하던 어느 팀의 팬이었다. 심지어 우리는 그날 밤 대적할 상대 팀도 아니었다.

구원은 똑같이 뜻밖의 순간에 찾아왔다. 우연히 이번에는 제대로 된 복장을 한 또 다른 한 무리의 팬이 다가오고 있었다. 친구가 그들에게 달려가 도움을 청했다. 수적으로 밀린 폭행범들은 달아났다. 내가 마지막으로 기억하는 것은 내 동맹군이 돌멩이와 맥주병을 던지는 동안 그들이 길을 따라 쫓겨 간 모습이었다.

세계 곳곳에서 이러한 장면은 너무나 흔하다. 어떤 스포츠 팬은 팀의 명예를 지키기 위해서라면 기꺼이 자기 목숨을 걸거나 남의 목숨을 위협할 정도로 팀에 애착을 갖기 때문이다. 상대 팀 팬들과의 충돌은 경기장 안팎에서 빈번히 일어난다. 팬 집단은 심지어 적과 거리 싸움을 벌이려 종종 외국을 포함해 장거리를 여행한다고 알려져 있다. 많은 경우 맨주먹은 물론 화염, 돌, 곤봉과 심지어 총기로도 공격한다. 2019년 세르비아 파르티잔 팀의 팬 연합회 회장은 현대판 부족 전쟁 중 벨그라드 시내에서 총에 맞아 죽었다. 그는 프랑스 툴루즈 팀과 세르비아 파르티잔 팀의 경기를 관람하러 벨그라드에 와 있던 어느 툴루즈 팬을 잔혹하게 살해한 죄로 복역한 후 최근 감옥에서 풀려난 참이었다. 그의 처형은 복수 행위였던 것으로 보인다.

여러모로 스포츠 팬층은 종교, 민족주의나 기타 형태의 이념과 다르지 않다. 그런 맥락에서 사람들은 대부분 부모와 또래의 취향을 따라가거나 단순히 아무 팀이든 제 지역에서 인기 있는 팀을 응원한다. 하지만 자의적인 취향이나 단순히 전통을 고수하느라 시작된 것도 깊은 이념적 충성심으로 바뀔 수 있다. 경기장, 사원, 집회에서 거행하는 열광적 의례는 이런 변신의 촉매 역할을 한다.

아닌 게 아니라 미국에서 진행한 연구에서 알아낸 바에 따르면 스포츠 팬들은 경기장에서 경기를 관람할 때 정서적 반응이 일치했고, 그들의 심장은 텔레비전을 통해 해당 경기를 시청한 집단보다 더 동조적으로 뛰었다. 경기장을 찾은 사람들은 개인적 정체성을 형성하고 팬 공동체에 대한 충성심을 표현하는 더 의미 있고 변화된 경험을 했다고 알려졌다. 이러한 참가의 결속 효과는 개인적 각성이나 경기 자체의 산물이 아니었다. 오히려 이 정서적 각성이 집단 맥락에서 육체적으로 공유된 정도와 관련 있었다.[11]

11 Baranowski-Pinto et al.(2022).

물론 축구의 광적인 인기에는 다른 이유도 많다. 하지만 일부 팬이 상대편을 죽어 마땅한 적으로 보게 하는 수준의 극단적 충성심은 경기장에서 일어나는 집단 의례를 통해서만 조성될 수 있다. 방구석 훌리건은 역사상 존재한 적이 없다. 손아귀를 벗어난 의례의 위력은 치명적이다.

행동적 증거 조사를 동반하지 않은 이러한 결론은 성급해 보일 수 있다. 나는 극한 의례의 사회적 효과, 즉 그것이 참가자 사이의 유대를 강화하는 역할에 관해 알고자 극한 의례를 연구하기 시작했다. 인류학적 통찰, 심리학적 설문 조사, 생물학적 측정, 신경과학적 데이터는 모두 이러한 의례가 공유된 각성을 창출하고 그 결과로 일체감을 낳는다는 의견에 동의하며, 내가 직접 참여함으로써 그 정서적 영향력을 일별할 수 있었다. 하지만 내 직관을 제외하면 여전히 이런 효과가 정말 사회적 결속력의 향상으로 이어진다는 구체적 증거가 전혀 없었다. 그처럼 강렬한 의례는 실제로 사람들의 행동을 변화시킬 힘이 있을까? 그렇다면 이를 어떻게 알아낼 수 있을까?

6장

초강력 접착제의 탄생

브라질 아마존 우림 깊은 곳에서 사테레마우에 부족의 어린 소년들이 초조하게 성인식을 기다리고 있다. 장로들은 야자수 잎과 새 깃털로 만든 장갑 한 켤레를 준비한다. 소년들은 그 장갑을 몇 분 동안 끼고 있는 과제와 직면해야 한다. 하지만 이는 말처럼 쉽지 않다. 몇 시간 앞서 숲에서 모은 총알개미 100마리가 빈 대나무 통에 담겨 마을로 운반되었다. 그 거대한 개미는 살갗을 쉽게 뚫는 집게발 모양의 특대형 턱을 지녔다. 그렇지만 총알개미를 그토록 위협적으로 만드는 것은 반대쪽 끝이다. 이 개미의 독침은 마비를 유발하는 신경독을 뿜는데 어떤 곤충에 쏘였을 때보다 극심한 통증을 일으킨다고 한다.

슈미트 쏘임 통증 지수(Schmidt Sting Pain Index)를 만들기 위해 온갖 방식의 곤충 공격을 겪은 곤충학자 저스틴 슈미트는 총알개미에 쏘이는 고통을 "뒤꿈치에 7센티미터가 넘는 못이 박힌 채 숯불 위를 걷는 것" 같다고 묘사했다.[1] 다른 사람들

1 Schmidt(2016).

은 독침에 한 번만 쏘여도 총에 맞은 느낌이라고 말한다. 개미의 이름은 여기에서 유래했다.

그 흉포한 절지동물을 다루기 위해 주술사는 짓찧은 캐슈나무 잎을 달인 물에 놈들을 담가 일시적으로 기절시킨다. 그런 다음 침이 안쪽을 향하도록 엮고 장갑 속에 넣어 도망치지 못하게 한다. 개미들이 깨어나면 주술사는 몸에 연기를 불어 흥분시킨다. 화가 난 곤충들은 입회자가 손을 장갑에 넣자마자 깨물고 쏘기 시작한다.

고문의 효과는 곧장 나타난다. 독은 부종과 마비를 일으킨다. 소년들은 땀을 흘리며 걷잡을 수 없이 덜덜 떤다. 샤먼이 장갑을 다음 입회자에게 넘길 무렵이면 저마다 수백 번을 쏘인 채다. 장로들은 그들의 주의를 분산시키기 위해 춤을 추게 하지만 시간이 갈수록 결과는 나빠지기만 한다. 입회자들은 열이 나고 물집이 생기고 환각에 시달리며 타는 듯한 고통을 느낀다. 베네수엘라에서 이 개미는 호르미가 베인티콰트로('개미 24')로 알려져 있는데 이는 독침에 쏘인 뒤 뒤따르는 24시간의 고통을 암시한다. 참을 수 없는 고통을 끝장내려 손을 잘라 내고 싶어 한 남자들의 이야기도 있을 정도다. 그러나 이는 시련의 시작일 뿐이다. 전사가 되려는 모든 소년은 이 의례를 한 번이 아니라 스무 번씩 통과해야 한다.

총알개미 입회식은 극단적으로 보일 수 있다. 하지만 사테레마우에만이 아니다. 민족지학 기록에는 '공포의 의례'라고 불릴 만큼 때때로 너무 많은 스트레스와 고통을 수반하는 외상성 의례가 넘쳐 난다.[2] 인류학자들은 대부분의 사안에 반대하기를 좋아한다. 따라서 이런 관행이 사회 질서 유지에 도움이 된다는 발상에 지금껏 반론이 거의 없었다는 점은 더욱더 인상적이다. 그러나 이런 합의에도 이 주장의 타당성을 입증하려는 시도는 최근까지 거의 이루어지지 않았다. 관심이 없어서가 아니었다. 우리가 보았다시피 집단 의례, 특히 극한 의례는 연구하기 쉽지 않다. 놀랄 것도 없이 의례 강도의 효과를 과학적으로 측정하려는 초기의 시도는 실험실에 한정되어 있었다.

*

1959년 사회심리학자 엘리엇 애런슨과 저드슨 밀스는 스탠퍼드 대학교 여학생 63명에게 섹스의 심리학에 관한 토론 집단에 참여해 달라고 했다.[3] 이 집단의 일원이 되려면 먼저 '당황 시험'을 마쳐야 한다. 참가자들은 이 시험의 목적이 토론 시간에 논의될 일부 민감한 주제를 편히 소화할지 확인하는 것이라고 들었다. 사실 그것은 일종의 입회 의례 역할을 하게 되어 있었다.

시험은 다른 학생 집단 앞에서 읽기 과제를 수행하는 것

2 Whitehouse(1996).
3 Aronson & Mills(1959).

이었다. 일부 여학생은 무작위로 '약한 당황' 조건에 배정되어 '처녀', '매춘부', '애무'처럼 섹스와 관계가 있으나 대부분 사람들이 불편해하지 않을 단어의 목록을 읽어 달라는 요구를 받았다. 나머지가 배정된 '심한' 형태의 시험에서는 목록에 '씹'이나 '좆'처럼 상스러운 단어, 성적 활동을 노골적으로 묘사한 포르노식 서술문이 들어 있었다. 과제를 마친 참가자들은 끔찍할 만큼 지루하게 계획된 토론 모임의 녹음본을 들었다. 한 무뚝뚝한 연사 그룹이 새의 외도 특성을 두고 길고 따분한 논의를 이어 갔다. 토론은 건조한 언어로 가득했고, 화자들은 한참 뜸을 들이고 중언부언하며 실수와 모순을 범했다. 애런슨과 밀스의 표현을 빌리자면 이는 "상상할 수 있는 가장 쓸모없고 재미없는 토론 중 하나"였다.

토론이 끝난 후 참가자들은 해당 집단과 집단 구성원의 대화가 얼마나 재미있었는지, 구성원들이 얼마나 똑똑하고 매력 있게 보였는지 등 다양한 측면을 평가해 달라고 요청받았다. 그 결과 약한 입회식 집단은 가입 시험 없이 토론에 참여한 대조군과 별 차이 없는 평점을 주었다. 하지만 심한 입회식 집단은 집단과 집단 구성원 모두를 더 우호적으로 보았다. 모든 집단이 정확히 같은 활동에 참여했는데도 더 강렬한 입회식을 겪은 사람들은 활동을 훨씬 더 재미있어했고 동료에게 더 호감을 느꼈다.

여자아이가 내숭을 떨도록 길러지고 섹스가 금기 주제였

던 1950년대 후반 미국 사회의 맥락에서 이 과제를 청중 앞에서 수행하는 것은 학생들에게 참으로 당황스러운 일이었을 것이다. 실은 읽어야 할 단어의 목록을 보자마자 참가자 중 한 명은 기권하고 벌떡 일어나 방을 떠났다. 그래도 이 언어적 과제는 아픔, 신체 절단이나 심리적 외상을 포함하는 실제 의례 일부와 관련된 강렬한 육체적, 정서적 각성과 비교도 되지 않는다.

몇 년 뒤 캘리포니아 대학교 리버사이드 캠퍼스의 두 심리학자는 요구 정도를 높이기로 했다.[4] 해럴드 제러드와 그로버 매슈슨은 앞의 실험과 비슷하지만 훨씬 충격적인 입회식을 수반하는 실험을 수행했다. 그들은 불운한 자원자들을 대상으로 당황스러운 단어 대신 전기 충격을 사용해 통증을 유발했다. 이 실험이 진행된 1966년은 대부분 대학이 연구 대상자의 윤리적 대우를 위한 절차를 확립하기 전이었으므로 이런 실험법이 드물지 않았다. 실험 결과는 애런슨과 밀스의 경우와 일치했다. 집단에 가입하기 전에 충격을 받은 참가자들은 집단과 집단 구성원에 대해 더 긍정적인 느낌을 표현했다. 더욱이 더 심한 충격을 받은 사람은 더 약한 충격에 노출되었던 사람보다 훨씬 높은 평점을 주었다.

이 고전적인 실험은 대가가 큰 의례 연구에 유용한 통찰

4 Gerard & Mathewson(1966).

을 제공했다. 하지만 아무리 실험자가 그들의 조작을 '입회식' 이라고 불렀어도 그 상황은 실제 의식과 닮은 구석이 거의 없었다. 그리고 과제 완수가 낭독 집단의 회원 자격과 관련되기는 했지만 이런 집단은 사람들이 일상생활에서 마주치는 의미 있는 사회적 상호 작용과 거리가 멀었다. 더 중요한 점은 자기 집단에 대한 긍정적 태도는 실제 행동의 동기가 되는 한에서만 중요하다는 사실이다. 이러한 연구는 연구자들이 올바른 쪽을 향하도록 인도했으나 실제 의례에서 나온 증거는 여전히 드물었다.

*

과학적 연구는 일련의 비교로 이루어진다. 우리는 개입 전후에 어떤 일이 일어나는지를 비교한다. 한 종류의 처리를 받은 집단을 다른 종류의 처리를 받은 집단 또는 처리받지 않은 집단과 비교한다. 서로 다른 시간에 또는 서로 다른 모집단 사이에 어떤 일이 일어나는지를 비교한다……. 실험실의 인위적 환경은 이런 차이를 설계하고 조작할 기회를 제공한다. 참가자가 무엇에 노출되고 노출되지 않는지, 무엇을 하도록 허락되고 허락되지 않는지에 대해 실험자가 통제권을 가지기 때문이다.

실험실을 나와 실제 세계로 들어갈 때 우리는 이러한 통제권 대부분을 포기한다. 더 이상 개인들을 다양한 집단에 무작위로 배정할 수도, 노출되는 조건의 종류를 조작할 수도 없다. 이는 우리가 연구 설계에 다른 식으로 접근해야 한다는 의미다. 이런 조건을 직접 만들어 내는 대신 자연적으로 발생하는 사례를 찾으려 노력해야 한다. 내 연구 목적으로 표현하자면 동일한 문화 집단의 구성원이 시시한 것에서 극단적인 것까지 강도 수준이 상당히 다른 의례를 수행하는 맥락을 찾아야 한다는 뜻이었다.

나는 다양한 잠재적 현장의 목록을 만들고 관련 정보를 모으기 시작했다. 그 장소들은 저마다 독특한 도전과 기회를 제시했으므로 프로젝트에 가장 적합한 곳을 고르기란 결코 쉽지 않았다. 인류학적 조사는 인간 공동체가 있는 모든 곳에서 행할 수 있다. 아마존 우림에서 국제 우주 정거장에 이르기까지 크든 작든 상관이 없다. 우주로 날아가는 것은 선택지가 아니었지만 바로 여기 지구상에도 가능성은 많았다. 나는 내 프로젝트에 결정적인 다양한 요인, 바로 현지 실험을 가능하게 해 줄 자연발생적 조건을 근거로 선택지를 좁혀 나가기 시작했다. 대부분을 탈락시키고서 마침내 모든 기준을 충족하는 듯한 장소를 발견했다. 마다가스카르 동해안에서 800킬로미터 떨어진 작은 열대 섬이었다.

미국에서 가장 작은 주인 로드아일랜드주의 절반보다 조금 크고 광활한 인도양 한복판에 있는 모리셔스는 세계 지도에서 놓치기 쉽다. 어떤 사람들은 이 섬을 도도새의 고향으로 알고 있다. 섬에서 인간 활동이 시작되자마자 멸종한 크고 날개 없는 바로 그 새 말이다. 많은 사람이 그곳에 관해 들어 본 적조차 없다. 어쨌건 지도상의 이 작은 점은 범상치 않다.

모리셔스는 사람이 거주한 세계 최후의 군주국 중 하나였다. 1968년 독립을 쟁취하기 전 역사도 짧은 그곳에 네덜란드, 프랑스, 영국의 식민지 개척자가 연달아 밀려들었다. 이전의 식민지 정부는 처음에 마다가스카르, 모잠비크를 비롯한 아프리카의 다양한 곳에서 사탕수수 농장에서 일할 노예 수천 명을 데려왔다. 노예제가 폐지된 후에는 인도, 중국을 비롯한 아시아 곳곳에서 훨씬 더 많은 계약 노동자가 이주해 왔다. 이 모든 인종 집단의 후손이 모여 구성한 진정한 무지개 국가의 주민들은 여러 언어를 사용하고 수많은 종교적 전통을 실천한다. 그 다양성 덕분에 모리셔스는 의례를 연구하기에 이상적인 장소다. 누구든 몇 킬로미터 범위 안에서 모든 주요 종교의 사원을 찾아 온갖 의식에 참석할 수 있다.

이런 의례 가운데 가장 매혹적인 몇 가지는 19세기 타밀족 힌두교도에 의해 모리셔스로 전해졌다. 타밀족은 인도 남부와 스리랑카 북부에 거주하는 민족으로 그 역사가 수천 년을 거슬러 올라간다. 그들의 근원지 외에도 전 세계에 수백만 명 이상이 공동체를 이루어 살고 있다. 이 공동체는 세계에서 가장 오래된 현용 언어 중 하나인 타밀어를 말하며 불 건너기, 검

타기(사다리에 가로대 대신 걸친 검의 칼날을 밟고 오르는 의식 — 옮긴이), 신체 피어싱처럼 진정으로 짜릿한 의례 관행을 포함해 다양한 고대 전통을 유지한다.

모든 의식 가운데 아마도 시바와 파르바티의 아들인 힌두교의 무루간 신에 대한 경의의 표시로 실천하는 길고 고통스러운 순례 타이푸삼 카바디가 가장 볼만한 것이다. 파르바티는 어머니 여신의 한 형태로 앞 장에서 살핀 칼리 역시 어머니 여신의 화신이다. 타밀 달력으로 타이 달 보름날에 기념하는 이 의례는 타밀 공동체의 가장 중요한 행사인 타이푸삼의 절정이다.

그 기원은 정확히 알지 못하지만 이 축제는 무루간이 어머니로부터 강력한 창을 받은 때를 기념한다고 한다. 악마 수라파드만은 시바를 속여 자신에게 특별한 권능을 주게 하는 데 성공했다. 천년 동안 찬송을 부른 악마는 신의 축복을 받아 시바의 친아들 말고는 아무도 그를 이길 수 없게 되었다. 시바는 자식이 없었으므로 수라파드만은 사실상 불멸이었다. 대담해진 그는 사악한 계획을 실행하기 시작했다. 형제의 도움을 받아 신들을 납치해 노예로 만들면서 땅과 하늘을 장악했다. 신들은 시바에게 도움을 청했고 파르바티를 만나 결혼하도록 주선했다. 둘의 결합으로 태어난 무루간은 신의 군대를 이끌고 악마와 맞섰다. 전투는 치열했고 엿새를 끌었지만 무루간이 최후의 일격을 위해 어머니가 준 창을 쓰면서 마침내 승리를 거두었다. 수라파드만은 뉘우치고 신에게 그를 섬기도록 살려 달라고 애원했다. 무루간은 그를 영원히 자신의 탈것이 될 공작새로 바꾸어 소원을 들어주었다. 무루간의 승리를 기념하기 위해 타이푸삼 카바디에 참가한 사람들은 그의 창을 상징하는 바늘로 자신을 찌르고 공작새 깃털로 장식한 공물을 나른다.

남아프리카부터 호주까지, 유럽과 북아메리카 곳곳에서 인도양, 태평양, 카리브해의 다양한 섬에 이르기까지 타밀족 힌두교도 수백만 명이 거행하는 타이푸삼 카바디는 세계에서 가장 오래된 극한 의례 중 하나일 뿐 아니라 세계에서 가장 광범위한 극한 의례 중 하나이기도 하다. 축제는 여러 날에 걸쳐 진행되며 수많은 활동이 포함된다. 카바디 아탐은 그중 가장 범상치 않다. 그 기간에 신도들은 뾰족한 물건으로 몸을 찌르고 무거운 사당(카바디)을 어깨에 지고 무루간 사원까지 가는 긴 행렬을 이룬다. 이 의례에 참가하는 것은 흔히 신에게 맹세한 결과다. 신도들은 참가한 보답으로 무루간에게 질병의 치유나 승진, 자녀의 학업 성공 등 구체적인 대가를 청할 수 있다. 다른 사람들은 이미 받은 축복에 대해 신에게 보답할 것을 맹세하기도 한다. 하지만 많은 사람이 사회적인 이유로 이 책무를 치른다.

카바디를 수행하는 이유를 물었을 때 사람들은 일반적으로 관습과 집단 구성원 소속을 이유로 들었다. "우리는 타밀 사람이고 그건 타밀 사람들이 하는 것이니까요."라고 그들은 말하곤 했다. "그건 우리 전통이에요." 또 어린 시절부터 다른 사람들이 하는 것을 봐 와서 언젠가는 자신도 하고 싶었다고 설명했다. 다른 사람들은 선조를 언급하기도 했다. "우리 아버지가 그랬고 아버지의 아버지도 했으니까 우리도 발자취를 잇는 거예요."

타이푸삼의 날은 모리셔스의 공휴일이다. 그날 섬 어디에 있든 뭔가 중대한 일이 벌어지기 직전이라는 것을 눈치채지 못할 수 없다. 섬 방방곡곡에 있는 100개가 넘는 사원에서 행렬을 주최한다. 가장 작은 행렬은 순례자 수백 명을 이끌 수도 있지만 더 큰 행렬은 수천 명을 끌어들인다. 하나하나가 참으로 장관이다. 그런데 특히 눈에 띄는 행렬이 있다. 코빌 몽타뉴로 알려진 사원은 서쪽의 인도양부터 동쪽의 중앙 고원에 이르기까지 섬의 많은 부분을 내려다보는 카트르 보른 시내 코르 드 가르드 산자락의 언덕 위에 지어졌다. 한 세기도 더 전에 모리셔스에서 타이푸삼 축제를 조직한 최초의 사원이다. 오늘날 이곳은 전국은 물론 해외에서도 숭배자가 모여드는 주요 순례지가 되었다.

축제는 사원에서 준비의 시작을 알리는 깃발 게양 의식으로 시작된다. 무루간의 상징인 창과 공작새를 묘사한 깃발이다. 타이푸삼에 이를 때까지 매일 신도들은 신의 조각상을 우유와 강황 물로 씻기고 옷을 입히고 꽃으로 꾸민다. 그들은 집에서 추가 기도를 한다. 고기와 술과 성관계를 삼가 자신을 정화한다. 어떤 사람들은 바닥에서 자는 한편 다른 사람들은 텔레비전 보기, 음악 듣기, 운동하기, 단것 먹기나 청량음료 마시기 같은 일상의 작은 즐거움을 피한다. 신도들은 카바디를 지으며 며칠을 보낸다. 카바디란 목재나 금속 틀 위에 세워서 성상, 꽃, 코코넛 잎, 공작새 깃털로 꼼꼼하게 장식한 이동식 제단이다. 그들은 많은 시간이 걸리는 여정 끝에 그것을 신에게 바치기 위해 행렬 중에 어깨에 지고 나른다.

타이푸삼 날 먼동이 틀 무렵 사람들은 밝은 자홍색이나 주홍색의 전통 예복을 차려입고 가까운 강가에 모인다. 친구와 가족을 동반한 순례자들은 자신의 카바디를 가져와 강둑을 따라 반듯하게 줄을 맞춰 늘어놓고 모든 사람이 볼 수 있도록 자랑스럽게 전시한다. 얕은 강물에서 정화 의례를 수행하는 것으로 하루가 시작된다. 강황을 사용해 목욕한 후 샅바로 갈아입고 신성한 재로 몸을 문지른다. 그리고 무루간과 그 어머니 파르바티에게 앞으로 닥칠 일을 위해 힘과 용기를 달라고 기도한다. 거기에는 모든 강이 갠지스강과 상징적으로 연관되어 있기에 신성하다는, 목욕이 몸과 영혼을 모두 정화한다는 힌두교의 믿음이 있다.

머지않아 큰 소리가 정적을 깬다. 신도들은 순례를 시작하기 전 고통스러운 신체 피어싱을 견뎌야 한다. 혀를 꿴 바늘은 사원에 도달할 때까지 지켜야 할 침묵의 맹세를 상징하고 강제한다. 일부 여성들은 바늘 대신 스카프를 입 둘레에 묶어 같은 용도로 쓸 수 있다. 그렇지만 남성들은 대부분 여러 번의 피어싱을 견딘다. 이런 피어싱은 뺨과 이마에 꽂은 바늘한 줌부터 전신을 뚫는 수백 개의 못, 종이나 라임을 걸 갈고리를 아우른다. 바늘은 은으로 만들어졌는데 머리가 잎사귀처럼 생겨 무루간의 창과 닮았다. 바늘은 빽빽하다 못해 등, 가슴, 팔다리에 아름다운 대칭 무늬를 형성하며 질서 정연하게 배열되기까지 한다.

한번은 사원에서 내려오는 10대 소년에게 피어싱을 몇 개나 했느냐고 물었다. 그는 열다섯 살 내외가 틀림없었는데, 지쳐 보였지만 자랑스러운 미소를 거두지 않았다. "파이브 헌드레드(500개)."라고 그가 서툰 영어로 말했다. 나는 방금 들은 말을 믿을 수 없다는 듯 그를 쳐다보았다. 양 뺨에 난 큰 상처와 가슴과 팔에 난 수십 개의 구멍 자국이 보였지만 그 정도로 많은 수는 아니었다. "두 유 민 피프티(오십 개라고요)?" 내가 물었다. "노(아니요)." 소년이 우겼다. "파이브 헌드레드!" 이것은 언어 문제가 틀림없다고 생각해 이번에는 서툰 프랑스어로 다시 물었다. "생컹트? 생크-제호?" "노."라며 그는 단어를 하나씩 끊어 대답했다. "파이브. 헌드레드. 파이브, **제로**, 제로." 그러고는 돌아서서 등을 보여 주었다. 그의 등판은 1인치마다 구멍이 뚫린 체처럼 보였다.

피어싱을 하는 동안 고함이 군중 사이에 물결처럼 퍼지기 시작한다. 육체적 외상을 겪는 사람도 물론 괴로워 보이지만 가장 크게 비명을 지르는 쪽은 아들이나 남편, 형제가 고문당하는 모습을 지켜보는 여자들이다. 이런 공감적 반응은 고통스러운 의례의 중요한 구성 요소다. 스페인 사람들의 불 건너기 연구에서 보았다시피 사회적 연관성은 정서적 전염을 촉진한다. 신도들이 고통스러운 행위를 거칠 때 가족은 그들의 입장이 되어 괴로움을 공유하고, 그들이 그러는 동안 전체 공동체는 더 끈끈해진다.

물론 외지인에게도 구경하기 쉬운 광경이 아니다. 수년간 나는 이런 피어싱을 본 학생들과 연구 팀의 팀원이 구역질하거나 울거나 기절하는 모습을 봐 왔다. 시간이 지날수록 편해지기는 하지만 누군가 창으로 뺨을 꿰뚫는 모습을 볼 때면 언제나 속이 울렁거린다. 나는 대개 카메라를 통해 보는 방법에 의지하는데 렌즈가 거리감을 부여하기 때문이다.

심지어 더 나아가 많은 실천자는 빗자루만큼 굵고 길이는 수 미터에 달하는 커다란 철봉으로 뺨을 뚫기도 한다. 이런 봉은 길고 무거워서 양손으로 붙잡아야 하고, 봉을 든 사람은 얼굴이 찢어지는 것을 방지하기 위해 쇳덩어리를 악물어야 한다. 그것으로도 충분치 않다는 듯 어떤 신도는 등의 살갗에 갈고리를 꿰고 갈고리에 달린 사슬로 수레를 끈다. 이 수레는 바퀴 달린 사원처럼 보이는 특대형 카바디다. 실물 크기의 조각상이나 신화적 장면을 표현하는 등 호화롭게 장식되어 있다. 카바디는 여러 층일 수도 있고, 대나무 장대로 송전선을 들어 올려야만 지나갈 만큼 높을 수도 있다. 나는 한 남자가 기차를 끄는 기관차처럼 바퀴 열여덟 개가 줄줄이 연결된 수레를 살갗에 건 갈고리로 질질 끄는 모습도 보았다. 다른 사람은 금속판을 벼려서 만든 모형 산을 끌고 있었다. 꼭대기에는 무루간의 조각상이, 산비탈에는 살아 있는 나무를 심었다. 전설에 따르면 무루간은 산악 지대의 신이고, 그런 이유로 주로 산비탈에 사원을 세운다.

피어싱을 모두 마친 신도들은 한데 모여 무루간의 사원으로 가는 행렬을 형성한다. 그들은 카바디를 멍에처럼 어깨에 얹고는 목적지에 도달할 때까지 내려놓지 않는다. 타밀어로 '짐'을 뜻하는 단어 카바디는 적절한 선택으로 보인다. 이런 구조물은 높이가 최대 3미터에 달하고 무게는 50킬로그램이 넘기도 한다. 각각 무루간의 성상은 물론 사원에 도착하는 대로 공양과 함께 신에게 바칠 우유로 가득한 놋쇠 항아리가 실려 있다. 무루간은 우유를 상하지 않게 지켜 준다고 한다. 행렬은 6킬로미터 경로를 따르며 순례자들은 맨발로 이동한다. 일부는 못을 세워 만든 신발을 신고 걸으며 추가적인 고난을 부과한다. 한여름 열대의 태양에 달궈진 아스팔트는 데일 정도로 뜨거우니 안 그런다고 덜 고되지도 않다. 맨발로 걷는 데 익숙지 않은 나 같은 사람은 단 한 발짝조차 고통스럽다.

행렬은 카바디 사원을 선두에 세우고 천천히 움직인다. 카바디 사원을 나르는 의무는 대단한 영광과 축복으로 여겨져 해마다 다른 사람이 맡는다. 여기에는 공작새, 무루간 신상, 황금 창, 나무 지팡이 그리고 시바의 음경을 상징하는 링감의 운반자가 동행한다. 한 무리의 악사가 긴 클라리넷인 나다스와람과 술통 모양의 북인 타빌을 연주하며 속도를 맞춘다. 군중은 모든 교차로에 멈춰서 악마를 내쫓는 의례를 수행한다. 여기서 교차로란 많은 문화에서 그렇듯 영혼과 기타 어두운 세력이 자주 다니는 경계 공간으로 여겨진다. 그들이 멈출 때마다 음악은 속도를 높이고 순례자들은 짐을 내려놓지 않은 채 곡에 맞춰 몸을 흔들며 춤추기 시작한다. 음악이 리듬과 음량을 단계적으로 고조시킴에 따라 많은 사람이 눈알을 뒤집은 채 빙글빙글 돌며 무아지경 상태로 들어가는 것처럼 보인다. 일부는 울부짖기도 하는데 그때마다 그 정서가 군중을 휩쓸고 지나간다. 사람들이 하나둘 주위에서 벌어지는 일에 무심한 듯 몸을 흔들며 빙글빙글 돌기 시작한다. 그들이 정신을 차리지 못하는 것 같으면 나란히 걷던 가족이 부드럽게 어루만지며 주변에 대한 감각을 되찾도록 돕는다. 머지않아 음악이 느려지면 다음 교차로까지 행진이 재개된다.

이런 속도라면 행렬이 종점에 도달하기까지 몇 시간이 걸린다. 하지만 지치고 탈수 상태가 된 순례자들이 목적지에 도착하자마자 가장 힘든 부분이 기다리고 있다. 사원에 도달하려면 그들은 언덕 꼭대기까지 무거운 짐을 날라야 한다. 온종일 태양 아래 데일 만큼 뜨거워진 검은 화산암으로 만들어진 계단 242개를 올라간다는 뜻이다. 이 시점이면 많은 사람이 쓰러지기 직전인 것처럼 보이지만 어떻게든 모두가 가까스로 밀고 나간다. 적어도 거의 모든 사람이 그렇다.

타이푸삼에 참석한 수년간 나는 순례를 마치지 못하는 사례를 딱 한 번 봤다. 40대로 짐작되는 남자는 거대한 카바디를 메고 언덕을 오르는 중이었다. 올라가기 시작할 때부터 나는 그가 기운이 없고 지친 것을 알아차렸다. 몇 걸음마다 한 손으로는 난간을 잡고 다른 손으로는 어깨 위의 카바디를 지탱하면서 한참씩 쉬어가곤 했다. 가족은 걱정스러워 보였고, 누군가가 그가 기운을 되찾을 때까지 짐을 들어 주겠다고 했다. 그는 고개를 젓고 서서히 고통스럽게 계속 올라갔다. 하지만 머지않아 다시 멈추었다. 그는 몸을 구부리더니 등에 진 카바디의 균형을 유지하려고 한쪽 무릎을 꿇었다. 동반자들은 이제 돕게 해 달라고 애걸하고 있었다. 하지만 그것은 선택 사항이 아니었다. 그의 짐이었고 그가 혼자 져야만 했다. 그는 천천히 하라는 주위의 간청에 따랐다.

그는 그 자세로 몇 분을 머물렀다. 하지만 다시 일어서려 해도 일어설 수 없었다. 그는 좀 더 쉬고 다시 시도했다. 두 남자가 겨드랑이 아래를 붙잡고 일어서도록 도왔지만 이내 다시 무릎을 꿇었다. 여러 번 일어서려 시도했지만 그럴 수 없었다. 그는 고개를 들고 절망에 찬 표정으로 사원을 쳐다보았다. 너무도 가까이 와 있었다. 그저 몇 발짝 거리일 뿐이었다! 그는 가까스로 피어싱을 견디고, 온종일 걸린 행렬을 끝내고, 타는 듯한 태양 아래 카바디의 무게를 버텨 냈다. 심지어 언덕을 오르는 계단도 거의 다 올라온 터였다. 자신의 전부를 바쳤고 더는 줄 것이 남아 있지 않았다. 마침내 동반자들이 등에서 짐을 내리도록 허락한 남자는 울음을 터뜨렸다. 그는 카바디가 자기 없이 사원까지 여정을 마치는 것을 지켜보며 패배감과 굴욕감을 삼켰다.

얼마 뒤 나는 사원을 떠나는 그를 보았다. 말을 걸어 보려 했지만 그는 구실을 만들어 떠나 버렸다.

타이푸삼 카바디는 내가 자연주의적 실험을 구성하기에 이상적인 조건을 제공했다. 이 축제의 맥락에서 같은 공동체 구성원들은 서로 다른 역할에 다양한 정도로 참가하며 각양각색의 의례를 실행한다. 이는 이런 요인이 자연스러운 맥락 안에서 사람들의 태도와 행동에 어떻게 영향을 미치는지를 비교할 수 있다는 뜻이었다.

매일 저녁 사원에서 열리는 집단 기도는 몇 시간 동안 앉아 있기와 기도문 읊조리기를 포함한다. 육체적으로든 정서적으로든 강렬한 긴장이 없으므로 카바디가 요구하는 최고 수준의 각성과 극명한 대조를 이룬다. 이러한 의례의 사회적 역할에 관한 인류학 이론에 근거하면 한 가지 의문이 떠오른다. 고

강도 의례에 참가하는 사람들은 더 친사회적일까?

그렇다고 해도 모든 사람이 같은 양의 고통에 노출되지는 않는다. 어떤 카바디는 작고 다른 카바디는 거대하다. 어떤 신도는 피어싱을 한 개만 하는데 다른 신도는 수백 개를 한다. 바늘과 갈고리 하나하나가 다 아프지만 봉으로 얼굴을 꿰뚫는 것은 완전히 다른 이야기다. 여기서 두 번째 의문이 든다. 통증을 더 많이 경험한 사람은 통증을 덜 경험한 사람보다 더 친사회적이었을까?

마지막으로 순례자가 짐을 나르는 동안 가족들은 그 고통스러운 활동에 전혀 참여하지 않은 채 행렬 내내 함께 걷는다. 만약 의례의 친사회적 효과가 있다면 그들에게도 적용될까?

행동 과학에서 친사회적 행동을 측정하는 데 가장 흔히 활용하는 방법은 '경제 게임'이라고 알려진 것이다. 경제 게임은 이 맥락에서 흔히 '플레이어'라 부르는 참가자 사이에 금전 거래를 포함한 실험 과제로 플레이어들은 실험자가 부과한 특정한 규칙에 구속된다. 아마도 그중 가장 단순한 과제는 독재자 게임으로 알려진 것이다. 플레이어들은 예정된 액수의 돈을 받고, 원하는 만큼 밑돈을 가진 뒤 나머지는 다른 플레이어에게 기부해도 된다는 말을 듣는다. 연구자는 이를 통해 각 개인이 다른 개인들과 비교해 얼마나 너그러운지를 조사할 수 있다.

경제 게임의 가장 큰 장점은 진짜 돈을 건다는 점이다. 피험자는 상대에게 주지 않으면 그 돈을 자기 주머니에 넣을 수 있다. 이 점은 매우 중요하다. 연구자가 사람들에게 자신의 태도와 행동에 대해 말하라고 하면, 특히 특정 사회에서 긍정적이거나 칭찬할 만하다고 보는 특성을 이야기할 때 참가자의 대답이 실제 생각이나 행동과 늘 일치하는 것은 아니기 때문이다.[5] 의식적으로든 무의식적으로든 사람들은 사회적으로 바람직한 속성을 부풀리는 경향이 있다. 경제 게임은 사람들을 대가가 큰 상호 작용에 참여시켜 이 문제를 처리한다. 돈을 얼마나 거저 주겠다고 **말하는지** 보는 대신 **실제로** 얼마나 주는지 보면 되지 않겠는가?

최근 수십 년 사이 우리는 이런 종류의 게임을 통해 인간 본성에 관한 많은 것을 알게 되었다. 예컨대 경제 이론의 여러 분야를 오래도록 지배한 가르침에 따르면 사람들은 순전히 효용을 극대화하려는 욕구에 따라 합리적이고 철저히 이기적인 비용 편익 계산에 근거해 결정을 내린다. 호모 에코노미쿠스로 알려진 모델이다. 그러나 행동 실험으로 사람들이 어떻게 결정을 내리는지 살펴보기 시작했을 때 연구자들은 호모 에코노미쿠스가 단지 이론적 구성물로만 존재함을 알게 되었다. 실생활에서 본능, 정서, 무의식적 편향과 사회적 기대는 수많은 방식으로 우리의 행동을 좌우한다.

그렇지만 그 가치와 무관하게 형식화된 경제 실험은 심각

5 Xygalatas & Lang(2016).

한 단점도 지닌다. 실험이 맥락이 없고 실생활에서 평소에 접할 법한 상황을 닮지도 않았기 때문에 참가자들에게는 당황스러울 만큼 생소하게 느껴질 수 있다. 누군가 길거리에서 당신을 멈춰 세우고 10파운드(약 1만 6000원 — 옮긴이)를 건넨 다음 익명의 낯선 사람과 나눠 가지고 싶은지 묻는 일이 언제 있었는가?

이러한 함정을 피하고자 우리는 실생활에서 흔히 접하는 활동인 자선 기부를 과제로 사용했다. 우리는 사람들에게 연구에 참여해 달라고 청하고 200루피를 지급했는데, 이는 그러한 맥락에서는 상당한 액수였다. 그런 다음 참가자에게 자선에 대해 알려 그중 얼마나 많은 돈을 기꺼이 쏟아부을지 알아보려 했다. 그들이 충분한 선택지를 갖도록 우리는 20루피짜리 동전으로 주었고, 관대함을 측정하는 데 사용할 수 있는 0에서 10까지의 척도를 효과적으로 만들어 냈다.

이 계획은 우리 연구의 현실성을 높여 주었다. 하지만 예기치 못한 난제도 발생했다. 이런 종류의 실험을 수행하려면 수천 개의 동전을 조달해야 했다. 이는 내 예상보다 더 어려운 일로 드러났다. 그렇게 산더미 같은 동전을 구할 곳은 누가 봐도 은행뿐이었다. 문제는 어떤 이유에선지 현지 은행에서 단 한 군데도 그만큼 많은 동전을 내줄 의사가 없어 보였다는 점이다. 축제가 코앞에 닥쳤는데 그때까지도 필요한 만큼 동전을 입수하지 못해 우리는 회의를 열었다. 그리고 비정상적인 상황은 비상한 조치를 요구한다는 데 동의했다. 은행을 털 수는 없었기에 우리는 그만한 현금을 쥐고 있을 만한 유일한 곳인 카지노로 가기로 했다.

거기서도 우리의 요청은 불신에 부닥쳤다. 출납원은 우리의 의심스러운 행동을 보고하려 지배인을 불렀다. 카지노는 고객에게만 잔돈을 제공한다고 지배인은 정중하게 안내했다. 우리가 원한다면 남아서 얼마든지 도박을 해도 좋았겠지만 카지노에서 내 줄 동전은 없을 것이었다. 우리는 어슬렁거리다가 슬롯머신이 가끔 20루피 동전을 토해내 플레이어에게 상금을 준다는 것을 발견했다. 또 기계마다 있는 '지불금'이라고 표시된 버튼을 누르면 플레이어가 넣었던 금액을 얼마든지 빼낼 수 있다는 사실도 알게 되었다. 이런 지불금도 지폐나 토큰, 전표가 아닌 20루피 동전으로 나올까? 나는 조마조마한 마음으로 1000루피짜리 지폐 한 장을 기계에 넣었다. 내가 농담으로 지금이야말로 의례를 거행할 때라고 하자 다들 자기가 떠올린 의례를 내놓았다. 누군가는 슬롯머신에 입을 맞췄고, 다른 사람은 손가락을 교차했으며, 나는 구세주 무루간에게 호소했다. 내가 버튼을 누른 순간 모두가 숨을 죽였다. 빠르게 연속해 이어진 쉰 번의 금속성 소리는 우리 귀에 음악과 같았다. 날이 저물기 전에 우리는 준비를 완료했다.

*

타이푸삼 당일 우리는 일찍 사원에 도착했다. 사원 위원회가 사용을 허락한 언덕 기슭의 맞이방에 장비를 설치하고 기다렸다. 군중이 경내에 도달하는 순간 상황은 무질서해질 테고, 마지막 신도가 사원을 떠나기 전에 참가자를 모집할 시간이 몇 시간뿐임을 우리는 알고 있었다.

순례자들은 언덕 꼭대기까지 계단을 올라간 뒤 줄지어 카바디를 내려놓고서 차례로 사원에 들어가기 전에 무루간에게 공양하고 사제에게 축복을 받고 피어싱을 제거했다. 많은 사람이 사원 안에 들어가자마자 기쁨과 안도감에 압도되어 울음을 터뜨렸다. 시련을 마친 신도들은 출구를 향해 언덕 반대편으로 걸어 내려가기 시작했다.

그들에게 연구에 참가해 달라고 청하기 위해 연구 조수들이 이 출구에 가 있었다. 동의한 사람들이 방에 들어오면 우리는 그곳에서 그들의 경험이 얼마나 고통스러웠는지 평가하도록 고안된 간단한 설문지를 제시했다. 설문지 작성을 마치면 우리는 참가에 감사하고 보상을 주었다. 다만 그들이 건물을 떠날 때 연구 팀이 고용한 배우가 그들에게 번 돈을 얼마간 지역 자선 단체에 기부할 의사가 있느냐고 물었다. 그들은 봉투를 건네받고 완전히 비밀리에 기부금을 넣을 수 있는 부스로 안내받았기 때문에 각자의 선택은 익명으로 남을 것이었다. 봉투마다 고유의 비밀 코드가 표시되어 우리는 익명성을 침해하지 않고도 설문지에 대한 각 참가자의 답과 봉투를 관련지을 수 있었다.

이때의 기부가 다른 때와는 어떻게 비교되는지 알아보고자 우리는 다른 맥락에서도 동일한 절차를 따랐다. 이보다 며칠 전 우리는 사람들이 같은 축제의 일환으로 같은 사원에서 수행한 집단 기도에 참석한 후 참가자를 모집했다. 몇 주 뒤에는 의례의 맥락을 벗어난 또 다른 비종교적 장소에서 대조군 데이터를 수집했다. 우리 참가자는 모두 같은 시내에 살다가 타이푸삼 축제에 참여한 사람이었다. 그들을 무작위로 모집한 만큼 이는 이론적으로 그들 행동의 주요 차이점이 성격이나 인구통계학적 특징이 아닌 특정 행사에 대한 참여로 인한 것임을 의미했다.

자료를 분석한 결과 어떤 의례에도 참석하지 않은 대조군은 번 돈의 평균 26퍼센트를 자선 단체에 준 것으로 나타났다.[6] 자신을 위해 전액을 챙길 수 있었음을 고려하면 꽤 큰 몫이지만 실험실에서 독재자 게임을 하는 사람들의 전형적 할당량과 비슷한 수준이다. 비교하자면 저강도 의례인 집단 기도에 참석한 사람들은 유의미하게 더 큰 몫인 평균 약 40퍼센트를 주었다. 하지만 카바디 의례에 참가한 사람들은 그보다 거의

6 Xygalatas et al.(2013b).

두 배를 기부했다. 그들의 평균 기부액은 번 돈의 75퍼센트 이상에 달했다. 즉 이 고통스러운 의례에 참여한 후 사람들은 자기 수당의 전액에 가까운 4분의 3을 자선 단체에 준 셈이었다.

실제로 고통과 기부금의 관계를 살펴보았을 때도 유의미한 정적 상관관계가 발견되었다. 의례 중 고통을 더 많이 경험한 신도일수록 자선 단체에 돈을 더 많이 주었다는 말이다. 하지만 의례의 친사회적 효과는 고통스러운 활동을 몸소 경험한 사람들에 국한되지 않았다. 행렬에서 그들과 동행한 사람들도 비견되는 기부금을 냈다. 그 관찰자들은 일가친척이 피어싱을 받는 동안 옆에 서 있었고, 짐을 나르는 동안 나란히 걸었으며 그들을 응원하고 그들을 위해 울었다. 그러는 동안 그들의 희생을 대리 경험했다. 그들은 능동적 수행자처럼 느꼈을 뿐만 아니라 그들처럼 행동하기도 했다. 카바디 당일에는 전 공동체가 더 너그러워졌다.

연구에서 우리는 의례 가운데 측정할 수 있는 측면에 집중했다. 하지만 친사회성의 다른 징후들은 맨눈으로도 관찰할 수 있다. 타이푸삼 당일에는 지역 공동체 전체가 똘똘 뭉친다. 행렬이 시내를 통과하는 동안 사람들은 구경하기 위해서만 아니라 돕기 위해서도 대문을 연다. 호스와 주전자를 가지고 나와 카바디를 진 사람들의 발을 흠뻑 적시며 물집이 생길 만큼 뜨거운 아스팔트를 맨발로 걷는 고통을 덜어 준다. 또 행렬을 따라가는 수천 명의 사람도 보살피고 테이블과 임시 차양을 설치해 다과와 과일, 그리고 잠깐이나마 그늘을 제공한다. 사원에서는 자원봉사자들이 청소하고 심부름하는 것은 물론 수백 건의 기부로 들어온 재료를 써서 저물녘 모든 사람에게 무료로 제공할 식사를 조리하는 일로 하루를 보낸다. 그날 밤 각 가정에서는 바나나잎 위에 밥, 타피오카 후식, 다양한 과자와 음료를 곁들인 일곱 가지 채식 카레로 구성된 전통 식사인 '셉트 카리'를 정성껏 요리해 차려 낸다. 주민들은 가족과 친구만 아니라 낯선 사람도 초대해 함께 식사하는 것을 무척 자랑스러워한다. 공동체에서 가장 부유한 일원들은 아마 그날 밤 수백 명을 먹일 것이다. 나는 카바디에 참석할 때마다 이런 잔치 여러 곳에 초대받았다. 초대가 너무도 진실하고 집요하게 이어져 결국 그날 저녁을 두 번 이상 먹게 되는 일이 종종 있었다.

*

외지인에게 타이푸삼 카바디와 같은 극한 의례는 당혹스러워 보일 수 있다. 그렇지만 친사회적 효과에 기저가 되는 것은 시련의 강도 자체다. 공유된 고난 앞에 조성되는 강한 유대는 초기 인류 공동체가 전쟁이나 포식자, 자연재해 같은 실존적 위협과 맞닥뜨렸을 때 합심하여 역경을 극복하도록 도운 진화적 적응일 수 있다. 이런 이유 때문에 인간이 가장 이례적으로 협력한 일부 사례는 그러한 실존적 위협 한복판에서 발견된다.

인류학자 브라이언 매퀸은 리비아에서 무아마르 카다피의 독재 정권에 대항해 싸우던 반군 집단에 들어갔다. 현지 조사를 하는 동안 매퀸은 이 남자들이 서로 가까운 가족 관계만큼, 혹은 심지어 그보다 더 강한 관계를 형성한다는 사실을 알게 되었다. 하지만 부대 전체의 데이터를 모았을 때 발견한 바에 따르면 무장하고 적군과 직접 충돌하는 최전선의 전투병들은 정비나 보건 인력처럼 전투에 노출되지 않는 병참병보다 훨씬 더 강한 유대 관계를 구축했다. 이 유대 관계는 전투병들이 종종 전우를 지키기 위해 기꺼이 자기 목숨을 내놓을 정도로 깊었다. 비록 혈연관계는 아니었지만 병사들은 서로에 대한 형제애를 표현했고 종종 가족보다 부대와 관계가 더 끈끈하다고 말했다. 그런 정서를 묘사할 때 그들은 전투를 치른 경험과 관련해 외부인은 이해할 수 없는 뭔가가 있다고 설명했다. 그들의 전우가 그 내밀한 경험을 공유했음을 아는 것이 이들의 관계를 독특하게 만든 요인이었다.

베트남전 참전 용사인 로버트 라일리 소령은 이렇게 말했다.

> 전투를 견뎌 내는 가장 강력한 동기는 (……) 분대원이나 소대원 간에 형성되는 유대다. 이 결속력이 전투병을 지탱하고 동기를 부여하는 그 무엇보다 중요한 힘이다. 요컨대 병사들은

자신의 소부대에 속한 다른 구성원 때문에 싸운다. (……) 대부분이 고귀한 이상을 위해서가 아니라 (……) 그들의 끈끈한 집단 구성원을 위해 목숨을 건다.[7]

2차 세계 대전 중 중위로 복무한 철학 교수 제시 그레이도 비슷한 맥락에서 할 말이 있었다.

무수한 병사가 거의 기꺼이 죽은 이유는 국가나 명예나 신앙을 위해서 혹은 다른 어떤 추상적 선을 위해서가 아니라 자기 자리에서 달아나 자신을 구하면 동지들을 더 큰 위험에 노출시키게 된다는 것을 알았기 때문이다. (……) 무슨 주의 따위가 아니라, 민족주의도 아니고 애국주의도 아니라, 남자가 세뇌되면 조종될 수 있는 정서 따위가 아니라 오로지 전우애, 집단에 대한 충성심이 사기(士氣)의 본질이다. (……) 사기를 유지하고 강화할 수 있는 지휘관은 다른 모든 심리적, 신체적 요인은 상대적으로 미미함을 안다.[8]

요컨대 극한 의례는 친사회적 이익을 거두려 이런 조건을 흉내 내는 것처럼 보인다. 많은 공동체가 전쟁이나 다른 어떤 재난이 일어날 때까지 기다리는 대신 적극적으로 강력한 의례

7 Rielly(2000).
8 Gray(1959).

적 경험을 제공해 구성원의 기운을 북돋울 줄 안다. 그리고 아닌 게 아니라 그처럼 강력한 집단 의례를 겪은 사람들이 표현하는 바는 흔히 전투원들의 감상을 연상시킨다. 의례에 참가한 젊은이가 나에게 이렇게 말했듯이 말이다. "다음 날 길에서 다른 사람을 보면 알아요. 이 의례를 함께 통과했지, 한통속이 된 거야, 이제는 이 사람과도 관계가 달라졌어. 누군가가 당신의 적이라 할지라도 거기 있으면 동지가 되고 형제가 됩니다." 이처럼 다른 집단 구성원과의 깊고 무조건적인 동일시는 특별한 종류의 결속을 형성한다.[9]

어떤 사회 집단의 구성원이 될 때는 대개 개인으로서 우리가 누구인지에 대한 의식과 우리가 다른 집단 구성원과 공유하는 것 사이, 즉 개인적 정체성과 사회적 정체성 사이에 모종의 절충이 필요하다. 우리의 개인적 자아는 독특한 인생 경험, 우리 성격을 조형해 온 삶의 주요 순간을 통해 형성된다. 반대로 집단 정체성은 보통 더 추상적인 사상, 이상, 이를테면 민족이나 종교에 관한 교의, 다른 집단 구성원에 관한 일반론을 기반으로 한다. 그 결과 두 가지 자아 사이에는 유체역학적 관계가 있을 수 있다. 누군가의 집단 정체성을 활성화하려면 그 사람의 개인적 자아를 경시해야 하고 그 반대도 마찬가지다. 나 자신을 그리스인이라고 생각할 때 나는 개인적 경험이

9 Whitehouse & Lanman(2014).

나 특성을 생각하지 않는다. 그 대신 그리스적인 것을 대표하도록 만들어진 원형적 특징, 상징, 교의 따위를 떠올린다. 그것은 국가의 깃발이나 지도상 윤곽, 혹은 역사와 문화의 측면, 혹은 내가 그리스 정신에 관해 다년간 형성하게 되었거나 가르침을 받아 온 다양한 일반론일지도 모른다. 부모나 형제, 친구처럼 구체적인 사람과 맺은 특정한 유대 관계를 생각하는 것도 아니다. 그처럼 모든 그리스인에게 중요한 것이 아닌 나에게 중요한 것들은 내 개인적 자아에 관해 생각할 때 활성화될 가능성이 더 크다.

이러한 추상적 형태의 사회적 동일시는 사회화의 결과다. 어떤 집단의 관행에 규칙적으로 참여하고 그 교의, 규범, 상징과 전통에 노출되면 우리는 스스로 다른 구성원과 수많은 포괄적 유사성과 관심을 공유하는 유기적 사회 구성원으로 인식하게 된다. 이는 추상적인 사회 질서를 받아들이고 그것에 충성하도록 고무함으로써 복잡하고 종종 이질적인 집단을 단결시키는 종류의 결속이다. 이런 유형의 결속을 다지는 데는 화이트하우스가 교의적이라고 부른 종류의 잦은 저각성 의례로 충분하다. 종교 집단의 정기 예배, 군대에서 매일 하는 국기 게양, 어느 회사에서 매주 음료를 싸게 파는 시간대 모두 개별 자아를 경시하는 반면에 집단 자아를 강조하는 데 효과가 있다.

심상적 의례는 다르다. 이는 참가자들에게 집단 구성원 간에 공유되는 남다른 경험을 제공함으로써 개인적 자아와 집단적 자아를 동시에 활성화한다. 그런 경험을 함께 치른 집단 내 개인의 마음속에서 그 집단을 대표하는 것은 그들의 서술적 자아를 표시하는 형성적 기억과 다르지 않다. 어느 집단의 입회자들을 한 단위처럼 느끼게 만드는 것은 그들이 가르침을 받아 온 교의가 아닌 무엇보다 그들이 공유한 입회식 경험이다. 심상적 의례는 개성을 억누르는 게 아니라 더 두드러지게 만들며 동시에 그들의 사회적 자아와 구분할 수 없게 한다.

심리학자들은 이런 집단과의 일체감을 **정체성 융합**이라고 불렀다. 사람들의 개별 정체성이 집단 정체성과 융합되는 느낌을 반영하는 용어다.[10] 연구자들은 이를 측정하기 위해 몇 가지 방법을 고안해 왔다. 예컨대 응답자가 다음과 같은 서술문에 동의하는 정도를 표시하는 설문 조사 형태로 구두 측정을 실시할 수 있다. "나는 내 집단을 지지한다." "나는 내 집단에서 힘을 얻는다." "내 집단이 곧 나다." 또 다른 방법은 하나는 자신을, 다른 하나는 자기 집단을 나타내는 두 개의 원이 그려진 시각적 보조 도구를 활용한다. 응답자들은 두 원을 원하는 만큼 떼거나 붙여 놓아 자신과 집단의 관계를 어떻게 보는지 묘사해 달라고 요청받는다. 자기 집단과 완전히 융합되었다고 느끼는 사람들은 심지어 자신과 동료를 아예 구분하지 않고 두 원을 완전히 겹쳐도 된다.

10 Swann et al.(2009).

사람들은 어느 집단과 단단히 융합되면 단지 추상적으로 그 집단에 동조하는 것이 아니라 그 집단의 개별 구성원들에게 동조하고, 이에 따라 마치 그들이 친족인 것처럼 실제로든 상상으로든 그들과 개인적 유대 관계를 형성한다. 그들은 인간미 없는 집단 구성원이 아니라 무장한 형제자매가 된다. 여러 연구에 따르면 고도로 융합된 개인들은 집단에 대한 위협을 자신에 대한 개인적 모욕으로 여긴다. 동료 집단 구성원이 위협을 받으면 가족이 위협받았을 때와 비슷한 정서적 반응을 드러낸다.[11] 융합되지 않은 개인들에 비해 그들은 동지를 돕고 집단 가치를 위해 싸우기 위해 더 기꺼이 희생을 감수하고, 집단을 위해 싸우다 죽을 용의도 더 많이 표현한다.[12] 심상적 의례는 이런 종류의 초강력 접착제를 만들어 낼 수 있다.

인류학자 데이비드 자이틀린은 카메룬 맘빌라족의 성년 의례를 연구했다. 해마다 어린 소년들이 제레(jere)라고 하는 울타리를 두르고 남자만 들어가게 해 놓은 숲속 장소를 향한다. 그들은 비밀 선서를 하고 진흙 칠을 당하는 의식을 수행한다. 소년들은 안내에 따라 의례를 치르느라 거대한 가면을 쓰고 흉포한 귀신 복장으로 어둠 속에 숨어 있는 남자를 볼 수 없다. 그가 갑자기 뒤에서 튀어나와 덮친다. 겁에 질린 아이들이 도망치려 할 때마다 어른들이 붙잡아 괴물 같은 귀신을 향해 도

11 Swann et al.(2010).
12 Whitehouse(2018).

로 던진다.

> 가면을 지나 제례를 빠져나가지 못한 아이들은 호되게 당할 용기를 끌어내기 위해 히스테리 상태로 한데 엉켰다. 더 나이 든 소년들은 비슷한 경험을 이미 여러 번 해 보았을 게 틀림없었음에도 철저히 겁에 질려 있었다. (……) 성인 남자들은 껄껄 웃으면서, 또는 가면이 다른 소년을 거칠게 다루는 동안 빠져나가려는 소년들을 문간에서 붙잡아 가면을 도와주면서 수수방관했다. 한 소년은 얼마나 겁을 먹었던지 힘으로 울타리를 뚫고 나갔다. 다른 소년들은 똑같이 하려다 붙잡혔다.[13]

현지 조사를 수행한 지 수십 년 뒤 자이틀린은 동료 팀과 함께 이런 성년식이 집단적 유대 형성에 미치는 영향을 조사하러 카메룬으로 돌아갔다.[14] 맘빌라족 남성 약 400명을 대상으로 설문 조사를 했는데 그중 대략 절반은 어릴 때 성년 의례를 수행했고 나머지 절반은 아니었다. 그들은 시련을 겪은 남성이 공동체와 더 융합되었다고 느끼고 집단을 지키기 위해 더 기꺼이 싸우고 희생하겠다고 말한다는 사실을 알게 되었다. 성년식 이후로 수십 년이 지났음에도 그 경험은 집단 정체성에 지울 수 없는 흔적을 남겼다.

13 Zeitlyn(1990), p.122.
14 Buhrmester, Zeitlyn, & Whitehouse(2020).

*

의례적 초강력 접착제의 영향은 명백한 만큼 광범위하다. 심상적 의식은 좋든 나쁘든 매우 응집력 있는 집단을 결성하는 데 도움을 줄 수 있다는 말이다. 포용성을 강조하는 맥락에서 이러한 의례는 단결을 위한 중요 수단이 될 수 있다. 예컨대 모리셔스에서 타이푸삼 카바디에 참가한 사람들을 설문 조사했을 때 우리는 이러한 사실을 발견했다. 이 의례는 국경일로 기념되어 비교적 평화로운 방식으로 공존하는 다른 종교 공동체의 구성원도 종종 참석한다. 그런 배경에서 우리는 참여가 사람들의 국민적 일체감을 높인다는 점을 발견했다. 참가자들의 국민적 자부심은 고통스러운 의례를 수행한 후에 커졌다. 그들이 자신을 더 모리셔스인으로 여겼다. 하지만 동시에 현지의 다른 집단들도 더 모리셔스인 같다고 보았다. 흥미롭게도 이런 평가는 각 집단이 타이푸삼 카바디에 참여한 정도에 따라 달랐다. 놀랄 것도 없이 그들은 자기 집단인 힌두교도를 가장 모리셔스인답다고 보았으며, 그다음은 기념식에 자주 참여하는 기독교도, 마지막으로 더 드물게 참여하는 이슬람교도가 뒤를 이었다.

반대로 실제든 상상이든 외집단의 위협에 직면한 공동체에서는 이런 의례가 적대감과 폭력의 지지를 조장할 수 있다. 예컨대 브라질에서 실시한 연구는 자기 팀과 더 단단히 융합된 축구 팬이 경쟁 팀의 팬에 대한 물리적 폭력에 가담할 가능성이 더 크다고 밝혔다.[15] 그리고 스페인의 죄수들 사이에서 수행한 연구에서도 연구자들은 종교 집단과 더 단단히 융합된 죄수가 테러 행위를 저지를 가능성이 더 크다는 사실을 알게 되었다.[16]

우리는 극한 의례에 참여함으로써 결속 효과에 기여하는 몇 가지 심리적 메커니즘들을 살펴보았다. 하지만 스페인과 모리셔스에서 얻은 연구 결과는 이러한 의례가 사회적 결과에 중요한 또 다른 측면을 시사한다. 즉 극한 의례의 사회적 결과는 충격적인 시련을 직접 경험한 소수의 개인에 한정되지 않는다. 조건이 맞으면 전 공동체로 확대될 수 있다. 이런 일이 어떻게 일어나는지를 더 자세히 조사하기 위해 극한 의례의 상징적 특성이 어떻게 그런 의례를 강력한 소통 장치로 만드는지를 탐구할 것이다. 이제 개인의 **마음속에서** 벌어지는 일에서 개인들 **사이에서** 벌어지는 일로 넘어가 보자.

15 Newson et al.(2018).
16 G?mez et al.(2021).

7장

희생에서 얻는 것

1860년 찰스 다윈은 동료인 아사 그레이에게 보내는 편지에 "수컷 공작의 꽁지깃 생김새는 볼 때마다 구역질이 나는구려!" 라고 썼다.[1] 다윈의 기분이 나빴던 이유는 수컷 공작의 화려한 꽁지가 난제를 제기했기 때문이다. 그의 진화론에 따르면 환경에 더 잘 적응한 개체는 생존하고 번식할 가능성이 더 크다. 결과적으로 성공한 개체는 자기 성공에 기여한 형질을 물려줄 테고, 유용한 형질은 여러 세대에 걸쳐 덜 유용한 형질을 도태시키며 더 흔해질 것이다. 이러한 과정은 **자연 선택**이라고 알려져 있다.

대부분의 형질은 극단적인 것조차 분명한 쓸모가 있다. 치타의 긴 꼬리는 고속으로 몸을 트는 동안 균형을 잡고 방향을 조종하는 데 쓰이고, 벌새의 긴 부리는 대롱 모양의 꽃에서 꿀을 빨아내도록 해 주며 고슴도치의 긴 가시는 포식자를 물리치는 데 도움이 된다. 하지만 수컷 공작의 터무니없이 긴 꽁지

1 Darwin Correspondence Project.

는 어떻게 그 새를 더 적합하게 할까? 최대 2미터에 달해 '기차'라고도 알려진 그 꽁지는 나는 동안 질질 끌려 운반자를 짓누르고 덜 민첩하게끔 해 포식자의 눈에 더 잘 띄도록 한다. 그런 짐이 어떻게 진화 과정에서 없어지지 않고 살아남았을까?

이 난제를 열심히 고민한 다윈은 마침내 **성선택**이라는 해답을 구상할 수 있었다.[2] 답을 찾으려면 공작 종 중 큰 꽁지를 갖고 다니지 않는 구성원인 암컷 공작을 고려해야 했다. 만약 어느 종의 암컷이 수컷에게 있는 특정 형질, 말하자면 더 큰 갈기를 지닌 사자나 더 밝은 깃털을 지닌 새를 선호하기 시작하면 그 형질을 가진 수컷의 성적 접근을 더 잘 받아들일 것이다. 그 결과 해당 형질의 더 과장된 형태를 지닌 수컷들은 짝짓기 성공률이 높아진다. 이런 장식을 가진 수컷은 더 바람직한 짝이 될 터이므로 그들과 짝짓기를 선호하는 암컷은 더 섹시한 아들을 낳을 가능성이 커지고, 자기 유전자를 퍼뜨릴 기회도 늘어난다. 또한 그 암컷들이 딸에게 긴 꽁지 취향을 물려주면서 이러한 순환은 영속된다. 물론 수컷이 화려한 암컷 형질을 선호하기 시작하면 반대의 일도 일어날 수 있다. 이런 식으로 장식과 취향은 되먹임 고리 안에서 짝지어져, 처음부터 직접적인 쓸모는 없을지라도 이 매력적인 형질이 걷잡을 수 없이 선택되는 결과를 가져온다.[3]

2 Darwin(1871).
3 Fisher(1930).

이스라엘의 생물학자 아모츠 자하비는 이러한 형질이 신체적이든 행동적이든 중요한 소통 수단이 된다는 점에 주목했다.[4] 자하비가 조사한 그런 특질의 많은 예 가운데 하나는 특정 영양 종에서 관찰되는 기이한 습성이다. 아프리카 가젤은 포식자를 발견하면 뛰어오르기 또는 튀어 오르기로 알려진 행동을 한다. 네 다리를 모두 들고 공중에 수직으로 솟구쳐 오르면서 최대한 높이 껑충껑충 뛰는 것이다. 언뜻 보기에 이 행동은 정말 당혹스럽다. 가젤이 사자를 발견했을 때 최선의 행동은 들키지 않기를 바라며 사바나의 키 큰 풀 속에 납작 엎드리거나 뒤돌아 죽어라 달리는 쪽일 것이다. 굶주린 포식자가 뻔히 보는 데서 체조를 하는 것은 최악의 생각처럼 보인다. 사냥꾼이 미처 가젤을 의식하지 못했더라도 이제는 틀림없이 보게 될 테니 말이다.

관찰자에게 튀어 오르기는 자살행위가 아닌 한 이상해 보일 수 있다. 실은 일부 동물행동학자도 튀어 오르기를 포식자의 주의를 끌어 무리의 다른 구성원에게 도망칠 기회를 주고자 하는 가젤 개체의 자발적 희생이라고 여겼다. 어쨌거나 가젤은 감히 사자를 공격한다고 해도 좋을 만큼 놀리고 있는 듯하다. 도발에 의한 자살이 아니라면 이처럼 이상한 행동을 달리 어떻게 설명해야 할까?

4 Zahavi(1975).

그렇지만 이타적 자살 가설에는 중요한 경고가 따른다. 가장 이타적인 가젤은 도망치거나 엎드리는 가젤이 유전자를 퍼뜨릴 기회를 얻는 동안 결국 사자에게 먹힐 것이므로 이러한 행동은 장기적으로 계속될 수 없다. 그러므로 일부 가젤이 이타적 자살을 저질렀더라도 진화적 압력은 결국 이를 도태시킨다. 게다가 튀어 오르기의 목적이 다른 집단 구성원에게 탈출할 기회를 주는 데 있다면 개체는 주위에 더 많은 가젤이 있을 때만 그래야 한다. 사실 알고 보면 가젤은 혼자일 때 포식자 앞에서 **더 자주** 튀어 오른다. 그렇다면 무엇으로 이 괴상한 행동을 설명할 수 있을까?

가젤 외에도 많은 종의 포식자-먹이 상호 작용을 연구한 자하비는 이 수수께끼에 전혀 다른 해답이 있음을 알게 되었다. 그는 사냥꾼과 사냥감 사이의 만남 수천 건을 주의 깊게 관찰하고 수량화한 후 이러한 대담한 과시가 가젤이 사자에게 공격당할 가능성을 키우지 않는다는 사실을 발견했다. 오히려 튀어 오르는 동물은 포식자에게 공격당하는 빈도가 더 **적었다**. 이와 유사하게 그는 종달새가 매에 쫓기는 동안 노래를 부르는 모습을 관찰했다. 작은 새가 최대한 폐를 동원해야 하는 고속 추격전에서 그런 에너지 낭비는 불리해 보인다. 그런데도 매는 추적 중에 노래하는 종달새를 포기하는 경향이 있다.

이러한 증거를 보고 자하비는 다른 상황에서라면 비합리적으로 보일 과시가 만약 그리 행동하지 않는다면 관찰하기 어려울 그 개체의 자질에 관해 포식자에게 중요한 정보를 전달하는 신호로 기능한다는 견해를 내놓았다. 스스로 핸디캡을 붙임으로써 사실상 자신의 취약성이 아닌 적합도를 광고하는 것인데, 그처럼 귀한 자원을 낭비할 여력이 있는 동물은 최강자뿐이기 때문이다. 불필요해 보이는 비용을 감수해 개체의 적합도를 광고하는 신체적, 행동적 형질의 진화를 설명하는 이러한 견해를 자하비는 **핸디캡 원리**라고 불렀다.

상대에게 주먹싸움을 걸면서 한 손을 등 뒤로 묶어도 좋다고 선언한다면 우월한 체력에 대한 강한 자신감이라는 신호를 보내는 셈이다. 이는 **대가가 큰** 신호다. 이러한 허풍이 중상을 초래할지 모르기 때문이다. 그러므로 싸움 기술을 허위 광고하는 약자는 실제로 일을 감당할 수 있는 강자보다 잃을 것이 많다. 이런 이유로 상대방은 도전을 수락하기 전에 아마도 두 번 생각할 것이다. 어쨌거나 그처럼 심각한 핸디캡을 달고 기꺼이 싸우는 사람은 정말로 적합한 자임이 틀림없다. 아니면 정말로 미친놈이겠지만, 이 경우라도 제지하는 효과는 대등할지 모른다.

일부 스포츠에서도 유사한 원리를 찾아볼 수 있다. 예컨대 특정한 경마에서는 가장 빠른 말이 더 무거운 중량을 지는 식으로 핸디캡이 붙어 더 가벼운 중량을 지는 느린 말보다 불리하다. 경쟁마의 자질을 전혀 모르는 사람도 핸디캡 크기만 알면 최고의 경주마를 확인할 수 있다. 따라서 핸디캡은 다른 방법으로는 관찰이 어려운 근본적인 자질에 대한 신뢰할 만한 신호가 된다.

자연에서 이런 종류의 신호가 수신자와 발신자 쌍방에 이득을 제공하면 진화할 수밖에 없다. 건강한 성체 가젤은 보통 상대가 다가오는 것이 보이는 한 어떤 대형 고양잇과 동물보다 빨리 달리거나 움직일 수 있으므로 포식자는 더 어리거나 늙거나 다친 가젤에 힘을 쓰는 편이 낫다. 포식자로서는 대다수의 공격이 성공으로 끝나지 않을뿐더러 아프리카 초원의 가차 없는 열기 속에서 맞붙을 때마다 결과적으로 포식자와 먹잇감 둘 다 지칠 때까지 엄청난 에너지를 소비하기 때문이다. 대형 고양잇과 동물은 흔히 새로운 사냥을 개시하기 전에 기력을 회복하는 데만 몇 시간이 필요해 이룰 수 없는 목표를 무턱대고 뒤쫓다가는 굶을 위험이 있다. 그러므로 이런 종류의 교신에 참여하면 먹잇감뿐 아니라 포식자도 불필요한 말썽을 겪지 않아도 된다.

또한 다른 수신자도 덩달아 이득을 볼 수 있다. 예컨대 같은 종의 구성원은 이러한 단서를 잠재적인 짝의 적합도나 잠재적인 경쟁자의 힘 또는 사회적인 종에서 잠재적 동맹의 가치를 저울질하는 데 사용할 수 있다.

*

인간 역시 비용이 많이 드는 신호를 사용해 이득을 얻을 수 있고 또 실제로 얻는데, 의례의 영역보다 더 분명한 곳은 없다. 대중 의식을 수행하려면 종종 상당한 대가가 필요하다. 의례를 실천하는 사람이 가장 흔히 치르는 대가는 시간과 에너지 투자의 형태로 나타난다. 이는 누군가가 무엇을 하고 있는가와 포기한 기회의 측면 모두에서 상상해 볼 수 있다. 예컨대 전자의 경우 순례는 시간 소모적이고 피곤한 일일 수 있다. 또 후자에 관해 누군가는 의례 대신 무엇을 **했을 수도 있는가**를 고려할 것이다. 시간은 유한한데 정기적인 의례 활동에 참여하는 시간은 조금씩 늘어난다. 매주 일요일 아침마다 교회에 다니면 평생에 걸쳐 꼬박 한 해를 교당에서 보내게 될 수도 있다. 그 모든 시간은 일하기, 인간관계 추구하기, 자녀 돌보기를 포함해 얼마든지 다른 식으로 쓰일 수 있을 것이다.

이에 더해 대부분의 의례는 여행, 특별한 옷과 기타 용품 구매, 공물 제공, 호화로운 연회 개최 등 금전적인 대가를 수반한다. 일부는 심지어 신체적 위험을 포함한다. 불 건너기, 뱀 다루기, 신체 절단과 같은 의례적 관습은 신체적 상해, 감염, 극단적일 경우 사망에 이르는 상당한 위험을 부과한다. 의례가 신뢰할 만한 신호로 기능하는 까닭은 바로 이런 비용 덕분이다.

의례가 비용에서 쓸모의 일부를 도출할 수 있다는 발상에 관한 유명한 사례는 태평양 연안 북서부의 여러 토착 부족이 행하는 포틀래치 의식에서 찾아볼 수 있다.[5] 포틀래치는 공동체의 부유한 권력자가 중요 행사에 개최하는 호화로운 잔치다. 중요 행사란 아이의 탄생이나 명명식, 결혼식이나 장례식, 주로 장남에게 특권을 넘기는 양도 의식 등이다. 이러한 잔치에서 주최자는 참석자에게 값비싼 선물을 준다. 포틀래치라는 단어 자체가 치누크어로 '주다'라는 뜻이다.

역사상 이런 포틀래치가 추장들 사이에서 전면적인 경쟁으로 확대되는 일이 드물지 않았다. 그들은 귀중품을 거저 주거나 심지어 모닥불에 던져 넣어 파괴하는 능력에서 서로를 능가하고자 했다. 이러한 귀중품에는 값비싼 카누, 모피, 직물 담요와 상류층이 소유한 고가의 수입 구리로 만든 장식용 접시인 '코퍼'가 포함되었다. 극단적일 경우에는 마을 전체를 불태우고 노예를 희생시키기도 했다. 포틀래치 중에 경쟁자보다 많은 자원을 탕진할 수 있었던 사람은 그럭저럭 지위를 높여 지역 계층 구조에서 상승하는 데 성공했지만, 버티지 못한 사람은 파산과 치욕으로 내몰렸다.[6]

1885년 캐나다 정부는 포틀래치 의식 금지령을 제정했다. 근검절약의 미덕에 관한 기독교적 관점에 어긋나는 낭비 행동으로 보아서이기도 했지만 부의 재분배와 파괴가 자본주의 가

5 Jonaitis(1991).
6 Sahlins(1963); Mauss(1990[1922]).

치를 훼손할 것이 두려워서이기도 했다. 정확히 같은 이유로 20세기 마르크스주의 집단은 포틀래치를 비시장경제의 사례로 특기했다. 1950년대에 '포틀래치'는 어느 선도적인 프랑스 아방가르드 출판물의 이름이 되었다. 이 출판물은 사는 것이 아니라 한 사람이 다음 사람에게 선물만 할 수 있었다.

그러나 포틀래치는 역설적으로 현대 자본주의적 소비지상주의 사회의 특징 중 하나, 다시 말해 상류층이 공개적인 자원 낭비로 권력과 사회적 지위를 드러내고 재확인하기 위해 부를 사용하는 전형적인 모습을 보여 준다. 여기에는 명품 차량이나 고가의 그림 같은 사치품 구매, 전용기를 타고 비행하기 같은 사치스러운 서비스에 대한 비용 지불, 명명권을 대가로 한 기부가 포함된다. 사회학자 소스타인 베블런은 이 전략을 '과시적 소비'라고 설명했다.[7] 과시적인 소비자는 아무 쓸모도 없는 듯한 소비 행동에 몰두하며 자신의 금융 자본을 효과적으로 사회 자본을 사는 데 사용한다. 이럴 수 있는 이유는 정확히 그들이 구매하는 품목에 그 비용으로 쳐서 합리적으로 정당화될 만한 쓸모가 부족하기 때문이다. 4000달러짜리 루이뷔통 핸드백이라고 해서 20달러짜리 핸드백보다 더 실용적이지 않고, 도시에서 100만 달러짜리 스포츠카를 몬다고 해서 더 널찍하고 조용하기까지 한 2만 달러짜리 소형차보다 빨리 직

7 Veblen(1899).

장에 도착하지 않는다.

소비자가 그런 사치품 구매를 통해 실제로 대금을 치르는 것은 위신이다. 금융 자본이 사회 자본으로 전환되려면 먼저 공개적으로 가시화되어야 하기 때문이다. 이와 유사하게 추장의 상대적 부를 판단하는 유일한 방법은 그가 부를 공개적으로 소비하는 능력을 관찰하는 것이다. 매우 부유한 추장만이 귀중한 구리를 파괴할 여력이 있으므로 구리 파괴는 그의 근본적인 재정 능력을 나타내는 신뢰할 만한 신호로 기능한다.

의례의 실천자가 지닌 중요하지만 다른 방법으로는 관찰하기 어려운 자질에 관한 정보를 전달하는 이 능력 덕분에 대가가 큰 의례는 사회생활과 관련된 많은 문제를 해결하는 데 도움이 될 수 있다. 유성 생식을 하는 유기체가 직면하는 가장 중요한 문제는 배우자 선택이다. 성적 파트너의 가장 바람직한 형질 중 일부가 늘 관찰하기 쉽지 않기 때문이다. 건강, 생식력, 신체적 기량 같은 신체적 속성과 물질적, 사회적 자본 그리고 충성심, 관대함, 사회적 가치에 대한 고집 같은 성격 특성이 그러하다. 인류 역사를 통틀어 각양각색의 의례가 이러한 바람직한 형질의 진정한 소유자가 누구인지에 관한 단서를 제공하여 문제를 해결하는 데 도움을 주었다.

예를 들어 많은 전통 의식은 연출된 구애의 표현으로 기능하며 짝짓기와 직접 연결된다. 이런 의식은 춤 또는 힘들고 심지어 위험한 과제를 수행하는 일을 포함하며, 이는 대칭성,

조정력, 힘과 지구력 같은 적합도와 관련된 자질을 보여 주는 훌륭한 방법이다. 서아프리카의 목축 민족인 우다베족 사이에서는 게레월 춤이 짝짓기 경연으로 활용된다. 밝은 페이스페인팅, 다채로운 옷, 호화로운 장신구로 꾸민 젊은 남자들이 며칠 밤에 걸쳐 전 공동체가 지켜보는 가운데 몇 시간 동안 춤을 춘다. 관찰자들은 그들의 외모, 기술, 체력에 관한 감상평을 이야기한다. 저물녘에는 아가씨들이 가장 마음에 드는 춤꾼을 골라 밤을 함께 보내자고 청한다.

마찬가지로 속칭 '점핑 댄스'로도 불리는 마사이족의 유명한 아두무 의례는 젊은 전사를 위한 성인식인 에우노토의 일부다. 춤을 추는 동안 젊은 남자들은 교대로 꼿꼿한 자세를 유지한 채 가능한 한 높이 뛰어오르기를 반복한다. 바로 육체적으로 지치기 쉬운 과제다. 춤꾼들이 잠재적인 신부 앞에서 힘과 지구력을 과시할 기회를 제공하는 그 경연을 참관하러 전 공동체가 모인다.[8] 줄루족과 스와지족 소녀들의 성인식인 움랑가도 비슷한 방식으로 '높이 차기' 공연을 수반한다. 여러 아프리카 부족의 전통적인 춤 동작 중 하나인 높이 차기는 다리를 가능한 한 높이, 종종 발이 머리 위로 쑥 올라갈 때까지 차올려야 한다.[9] 굉장한 유연성을 요구하는 이 동작은 건강, 적합도, 생식력의 신뢰할 만한 신호로 통한다.

8 Amin, Willetts, & Eames(1987).
9 Nielbo et al.(2017).

의례는 신체적 기량과 기술을 보여 주는 것 외에도 아름다움, 취향, 부를 과시할 기회도 제공한다. 유럽과 미국 곳곳에서 혼기에 이른 상류층 처녀들은 데뷔 무도회로 알려진 의식에서 정식으로 여성으로서 상류 사회에 소개되어 말 그대로 '데뷔'한다. 최근에는 이러한 의례의 성격이 달라졌을지 몰라도 전통적으로 데뷔 무도회는 홍학이 춤추고 짝을 찾으러 모이는 레크와 같은 목적을 띠었다.

가장 유명한 행사 중 하나인 국제 데뷔 무도회(International Debutante Ball)는 뉴욕 월도프 아스토리아 호텔에서 2년마다 열린다. 여기에는 정치가, 억만장자, 왕족 같은 유명인과 사교계 명사의 자녀가 참석한다. 준비만 1년 넘게 걸릴 수 있으며 아가씨들은 그동안 드레스를 고르고 춤과 예절 수업을 받는다. 행사 전에는 맨해튼의 가장 배타적인 독신남 클럽에서 부유한 회원을 만나는 독신남 브런치에 참석한다. 무도회는 행사를 위해 금빛과 분홍빛으로 장식한 대연회장에서 열린다. 신부처럼 차려입은 소녀들이 대개 독신남 브런치에서 선택한 남성 동반자의 에스코트를 받으며 입장하고 하객들 앞에서 한 명씩 뽐내듯 걷는다('소개된다'). 그런 다음 남성 참가자 여럿과 춤추고 대화를 나눈다. 그들은 그날 밤 동안 외모, 춤 솜씨와 예절 등을 평가받는다. 이 행사는 초대자만 참가하고 참가비가 일부 사람들의 연봉과 비슷하므로 잠재적 구혼자들은 참석한 여성과 남성이 부유하고 연줄 좋은 가문 출신임을 확신할 수 있다.

데뷔 무도회는 보통 엘리트 전용이지만 많은 문화권에 비슷한 전통이 널리 퍼져 있다. 아메리카 대륙에서는 소녀의 열다섯 번째 생일을 축하하는 킨세아녜라라는 행사가 있다. 이 의식은 가톨릭 요소와 토착 요소를 모두 갖추었으며 원래는 소녀를 신붓감으로 지역 사회에 소개하는 역할을 했다. 성년식에는 성인 여성의 전유물인 화장, 장신구, 하이힐 착용, 다리털 밀기, 눈썹 뽑기, 데이트 허락 같은 일정한 특권이 뒤따랐다. 미국과 캐나다의 많은 소녀는 한 해 더 늦게 '스위트 식스틴' 생일 축하 행사로 비슷한 의례를 치른다. 이런 의식은 거의 모든 면에서 결혼 예행 연습과 닮았다. 소녀들은 신부처럼 차려입고 남성 후견인의 에스코트를 받아 비싼 차를 타고 도착하며, 춤추고 손님을 맞이하고 선물을 받으면서 저녁을 보낸다.

귀족의 데뷔 무도회도 대중적인 킨세아녜라나 스위트 식스틴 파티도 똑같은 기본 기능을 제공하도록 설계되었다. 주최자 입장에서는 아름다움, 우아함, 적합도로 깊은 인상을 남겨 많은 잠재적인 짝 앞에서 빛날 기회라는 장점이 있다. 이런 이유로 부유한 가문은 흔히 더 큰 장소를 예약하고, 신문에 유료 광고를 내고, 기획 전문가를 고용하고, 온라인에 딸의 킨세아녜라 동영상을 게시하는 식으로 청중을 늘리려 한다. 하지만 이런 의례는 주최자의 자질에 관한 중요 정보를 전달한다는 점에서 손님들에게도 이득이다. 소녀들은 저녁 내내 관심의 중심이다. 그들은 그들의 일거수일투족을 자세히 살피는 군중 앞에서 몇 시간 동안 춤춘다.

춤이 구애 의례에서 그토록 보편적인 이유는 유대감을 형성할 뿐 아니라 참관자가 춤추는 사람의 생물학적 적합도에 관해 판단하도록 해 주기 때문이다. 훌륭한 춤꾼은 더 매력적으로 여겨지고, 연구에 따르면 가장 섹시하게 여겨지는 동작은 성별에 따라 다르다.

영국의 한 심리학자 그룹은 춤추는 여성들을 녹화한 다음 3차원 모션 캡처 기술을 이용해 이목구비를 비롯한 개인적 특징이 드러나지 않도록 디지털 아바타를 만들었다. 그런 다음 200명에게 보여 주고 각 춤꾼의 자질을 평가해 달라고 했다.[10] 결과가 보여 준 바에 따르면 훌륭한 여성 춤꾼을 만드는 주요 동작은 생식력과 결부된 여성 특유의 형질인 엉덩이 흔들기, 건강과 운동 조정력의 지표를 제공하는 허벅지와 팔의 비대칭 운동이었다. 반면 남성의 가장 섹시한 춤 동작은 상체 움직임과 떡 벌어진 자세처럼 힘과 지배력을 보여 주는 형질과 관련 있었다.[11]

물론 미적 취향에는 일반적으로 문화적 차이가 매우 크고, 춤 동작에 대해서는 특히 그렇다. 하지만 미국인을 한국인과 비교하고 독일인을 브라질인과 비교한 연구로 암시되듯이 어떤 동작이 가장 섹시한가에 대한 의견은 문화를 막론하고 일

10 McCarty et al.(2017).
11 Neave et al.(2010).

치한다는 증거도 있다.[12]

미적 취향을 떠나 장기적 배우자 선택에서 가장 중요한 몇몇 형질은 가장 관찰하기 어려운 형질에도 속한다.[13] 성적 충실성, 가족관, 기타 사회적으로 바람직한 속성과 같은 성격 형질 등이다. 여기서도 비용이 많이 드는 의례는 잠재적 반려자와 짝지을 가치에 관한 유용한 정보를 제공한다. 이런 의례를 수행하는 것은 공동체 고유의 규범과 가치를 수용한다는 표시이기 때문이다. 의례의 비용을 기꺼이 부담하려는 의지는 그 사람이 좋은 구성원이 되어 집단의 도덕률을 지킬 작정이라는 신호다. 실제로 뉴질랜드에서 수행한 한 연구는 의례 참여도와 번식률 증가가 통계적 관련성이 있음을 발견했다. 이는 더 많은 의례를 실천하는 사람이 배우자로 더 적합하게 여겨질 수 있음을 시사한다.[14]

물론 의례의 비용이 배우자 자질에 대한 인식을 높이느냐 아니냐는 경험적인 질문이다. 나는 이를 알아내기 위해 동료들과 함께 모리셔스에서 실험을 진행했다. 우리는 현지의 젊은 남성 몇몇에 대한 데이트 프로필을 작성해 젊은 미혼 여성들에게 보여 주었다. 그리고 해당 남성과 데이트하는 데 동의할 가능성과 그가 남편으로서 얼마나 적합하다고 생각하는지를

12 Montepare & Zebrowitz(1993); Fink et al.(2014).
13 Slone(2008).
14 Bulbulia et al.(2015).

기준으로 프로필을 평가해 달라고 했다. 그들은 우리가 프로필을 세심하게 조작하여 서로 다른 세 조건을 만들어 냈다는 사실을 알지 못했다. 남자들의 얼굴 사진과 나머지 세부 사항은 전부 그대로 둔 채 프로필의 배경 이미지만 달리해 그들의 의례 습관에 관한 구체적 정보를 전달했다.

한 조건의 이미지에는 풍경이나 추상적인 예술 작품 같은 포괄적인 주제가 포함되었다. 두 번째 조건에서는 남자가 대중 의례에 정기적으로 참석한다는 인상을 주었다. 예를 들면 사원이나 힌두교도가 다양한 의식의 맥락에서 이마에 찍어 주는 재나 주홍 반죽을 가리키는 틸라크의 이미지가 포함되었다. 마지막 조건의 이미지는 이 남자가 엄청난 아픔과 괴로움이 수반되는 대가 큰 의례인 타이푸삼 카바디를 수행한 적이 있음을 구체적으로 시사했다. 행렬 사진이나 이 의식의 참가자들이 지는 이동식 사당의 사진이 그랬다.

우리는 이런 변형을 사용하여 의례 참여도가 남성의 배우자 가치에 어떤 영향을 줄지 알아보고 싶었다. 미혼 여성 외에 부모 집단에도 같은 프로필을 보여 주고 딸을 대신하여 판단을 내려 달라고 했다. 즉 딸이 각각의 남자와 데이트하러 나간다면 얼마나 흡족할지, 그가 좋은 남편이 될 가능성 면에서 얼마나 적합해 보이는지 물었다.

우리는 사람들이 남성의 배우자 가치를 평가할 때 의례 참여도가 판단에서 주요한 역할을 한다는 사실을 알게 되었다.

여성과 부모 모두 의례를 더 수행하는 사람을 특히 결혼에 관한 한 더 나은 상대로 간주했다. 하지만 예비 신부들에게는 의례의 유형이 별다른 차이를 보이지 않은 반면 부모들은 대가가 더 큰 의례를 수행하는 쪽에 분명한 선호를 보였다. 남성들의 나이, 학력, 독실함과 상관없이 의례 실천자를 더 고품질 재목으로 보았다. 의례는 배우자 자질의 가장 중요한 예측 요인이었으며 의례에 투자한 노력은 많을수록 좋았다. 고통스러운 의례에 참가한 사람들이 훨씬 더 호의적으로 여겨졌다.

부모의 평가가 중요한 이유는 배우자 선택에서 가족이 담당해 온 역사적 역할에 있다. 특히 모리셔스 힌두교도 사이에서 가족은 자식의 혼인 예정자를 추천, 조사, 거부하거나 대놓고 지시하는 등 배우자 선택에서 매우 중요한 역할을 한다. 물론 세계 곳곳에서 그렇듯 모리셔스 젊은이들도 배우자를 선택할 권한이 점점 더 커짐에 따라 이러한 상황은 빠르게 변하고 있다. 그럼에도 인류 역사상 사회 대부분에서 결혼은 가문 간 전략적 동맹 수립의 수단으로 사용되었고, 가족은 문화적으로 승인된 의례의 실천을 장려하는 강력한 선택압을 가하며 자손의 번식 관련 선택에 대단한 영향력을 행사해 왔다.

사회적으로 중요한 정보를 전달하는 이러한 능력 덕분에 의례는 가족의 범위를 뛰어넘어 사회적 딜레마 해결에 도움이 될 수 있다. 모든 인간 집단은 구성원 간의 지속적 협력에 그야말로 생존이 달려 있다. 소규모 사회에서 협력은 대개 큰 문제가 되지 않는다. 개인들 대부분이 서로 유전적 친척이어서 상호 작용이 더 직접적이고 모든 사람의 이해관계가 거의 일치하기 때문이다. 집단에 좋은 일은 보통 개인에게도 좋다. 하지만 인간 공동체의 규모와 복잡성이 커지면 무임승차자 문제를 겪기가 더 쉬워지는 탓에 집단 행동은 훨씬 어려워진다.

대가족이 한 땅뙈기에 산다고 생각해 보자. 구성원들은 여러 세대에 걸쳐 큰 마당을 중심으로 결혼 전까지는 부모와 함께 지내다가 그 후에는 부모 집 바로 위나 옆에 자기 집을 짓고 살았다. 그 결과 현재 이 땅에 거주하는 50명은 모두 혈연이나 결혼 관계로 맺어져 있으며 조상, 형제자매, 사촌, 숙모와 삼촌, 외척과 땅을 공유한다. 이는 인류사에서 가장 흔한 유형이고 오늘날까지도 세계에서 가장 전형적인 주거 형태 중 하나로 남아 있다.

어느 날 밤 두 도둑이 한 가정에 침입하여 집을 털려 한다고 하자. 집주인의 사촌이 창문을 타 넘는 도둑들을 본다. 그는 형제들을 불러 집을 에워싼 다음 침입자와 맞서 몸싸움을 벌이며 재산을 돌려 달라고 한다. 남자들은 사촌을 도움으로써 자신의 이해관계를 증진하고 있다. 언젠가 반대 상황이 벌어지면 사촌도 똑같이 하리라고 믿어도 되기 때문이다. 게다가 친척들의 형편이 더 나을수록 재정적 도움이 필요할 때 자신들의 안전망도 더 튼튼해진다. 또한 사촌을 방어함으로써 그들은 자기 유전자 중 일부를 지닌 조카와 조카딸을 보호하고 있다.

모두에게 득이다.

이제 사촌 한 명이 입대한다고 하자. 어느 날 적국이 조국에 전쟁을 선포하고, 머지않아 그는 전장을 향하라는 명령을 받는다. 부대원으로서 적과 맞설 때 그에게는 두 가지 선택지가 있다. 자진해 최전선에 서서 전우를 지키기 위해 목숨을 걸며 영웅이 되고자 할 수도 있고, 전투에 이길 만큼 다른 사람들이 용감하기를 바라며 무리 속에 숨어 뒤를 조심하면서 조용히 지낼 수도 있다. 어떤 행동 방침을 택해야 할까?

두 번째 각본에서도 집단을 위해서는 분명 협력이 가장 좋은 결과다. 모든 병사가 힘을 합쳐 용기를 발휘하면 전투에서 승리할 것이다. 모두 겁쟁이가 되어 변절하면 다 죽을 것이다. 하지만 집단이 충분히 크면 구성원 여럿이 변절해도 승리할 수 있다. 충분한 수의 병사가 임무를 다하는 한 집단 목표를 달성할 수 있다. 문제는 집단의 어느 한 개인으로 볼 때 최선의 행동 방침은 변절하고 남들이 협력하기를 바라는 쪽이라는 데 있다. 이러면 개인적 위험을 감수하지 않고도 집단적 노력의 혜택을 누릴 수 있다.

이런 유형의 협력 문제는 인간 집단에 너무도 흔하다. 세금은 모두에게 혜택을 준다. 하지만 어떤 시민에게든 가장 유리한 행동 방침은 다른 납세자가 자금을 댄 국가의 보호와 공공복지, 기반 시설의 혜택을 누리면서 분담금 납부를 회피하는 것이다. 변절자가 무임승차를 하는 동안 결국 협력자는 정당한 몫보다 더 많은 비용을 지불하게 된다.

그 밖의 상황에서는 규제를 행사해 협력을 이룰 수도 있다. 모든 집단 구성원이 이용할 수 있는 자원이 유한할 때 이는 흔히 '공공재 문제'를 초래한다. 예컨대 어느 어부 집단이 생계를 위해 한 호수에 의존하고, 호수에는 모든 사람이 그럭저럭 지낼 만한 물고기가 있다고 하자. 실은 몇몇 소수가 정당한 몫보다 더 잡더라도 물고기 개체군은 저절로 다시 채워질 것이다. 하지만 너무 많은 사람이 물고기를 남획하면 어장은 고갈되어 모두가 굶게 된다. 이런 종류의 문제는 어떤 집단의 관점에서도 진정으로 비극적인 상황을 만들기 때문에 종종 '공유지의 비극'이라고 묘사된다. 협력하면 집단의 모든 사람에게 득이 되지만 어떤 개인에게든 가장 이로운 행동은 변절하는 것이다. 그러므로 모든 사람, 아니 대부분이라도 자기 이해에 따라 행동하면 모두가 손해를 본다. 이보다 더 큰 위험이 있을 수 없다는 점을 고려하면 협력 딜레마는 중대한 의문을 제기한다. 서로 무관한 개인들의 집단은 무임승차자의 착취를 어떻게 피할 수 있을까?

*

2018년 호엘 마르티네스는 열다섯 살인 이르빈 데 파스를 찔러 죽인 죄로 보스턴 연방법원에서 40년 수감형을 선고받았다. 증거는 논란의 여지가 없었다. 검찰은 자기 범죄를 떠벌리는 마르티네스를 비밀리에 녹화한 비디오 영상을 입수했다. 하지만 이 사건은 전혀 개인적인 살인이 아니었다. 마르티네스는 피해자를 만나 본 적도 없었다. 소년의 목숨을 빼앗는 것은 단순히 MS-13으로 알려진 악명 높은 범죄 조직 마라 살바트루차의 단원이 되기 위한 자격 요건이었을 뿐이다.

입단식은 두 단계의 시련으로 이루어졌다. 첫째, 후보자는 경쟁 조직의 단원, 경찰 혹은 누구든 조직 두목의 눈 밖에 난 놈을 하나 골라 처형해야 한다. 성공하면 다음 단계는 이른바 '뛰어들기'다. 조직원들이 입단자를 둥그렇게 에워싸고 13초 동안 잔인하게 두들겨 팬다. 재수 없게도 마르티네스의 뛰어들기 또한 카메라에 잡혔다. 영상에는 다른 조직원이 그를 때려 눕히고 거칠게 다루는 동안 천천히 열셋을 세는 두목의 모습이 담겨 있다. 졸개들이 볼일을 마치면 두목은 그를 일으켜 세우고 껴안은 다음 환하게 미소 지으며 선언한다. "마라에 온 것을 환영한다, 이 자식아."

MS-13의 입단 의례는 유별나지 않다. 전 세계 범죄 조직에 비슷한 종류의 무시무시한 시련이 있다. 딱총 세례나 똥칠 당하기, 성적 학대 견디기, 자기 피를 마시거나 살인을 저지르는 것을 비롯한 여러 잔혹 행위는 단원으로 인정받기 위해 거쳐야 할 신체적, 심리적 외상의 일부에 불과하다.

이러한 의식의 이면에 있는 논리는 절박한 상황에 놓인

협력의 딜레마에 효율적인 해결책을 제공한다. 집단이 살아남으려면 구성원의 충성에 의존해야 한다는 것이다. 하지만 집단이 누구를 신뢰해도 될지를 어떻게 결정할까? 물론 열망에 불타는 모든 지망생은 쉽게 헌신을 맹세할 것이다. 하지만 말은 값이 싸다. 상황이 나빠지면 단 한 번의 변절 행위, 가령 누군가가 경찰에 밀고하는 것만으로도 집단 전체가 무너질 수 있다. 이 문제에 대한 해결책은 집단 구성원이 입단비를 **미리** 후하게 치르도록 하는 것이다.

가젤의 튀어 오르기나 마사이족의 점핑 댄스 같은 행동은 가장하기가 불가능하지는 않더라도 신체적 적합도처럼 까다로운 형질과의 직접적 관련성 때문에 신뢰할 만한 정보를 전달한다. 늙거나 다친 가젤은 건강한 가젤만큼 높이 뛰어오르지 못하고, 병들거나 허약한 인간 춤꾼도 마찬가지다. 도약은 저질 송신자가 쉽게 위조하거나 광고하거나 모방할 수 없는 기량의 직접적 지표가 된다. 하지만 헌신과 충성 같은 형질은 직접 관찰할 수 없으며 간접 증거를 통해 추론할 뿐이다. 일부 의례는 그런 형질의 직접적 증거를 제공하는 것이 아니라 진정으로 헌신적인 집단 구성원이 아니면 아무도 기꺼이 치르려 하지 않을 만큼 대가가 큰 간접 신호를 만들어 이 문제를 그럭저럭 해결한다. 행동은 말보다 힘이 세고, 변절의 위험이 클수록 신호의 정직성을 보장하기 위해 이 행동은 더 떠들썩해야 한다.

1970년대에 법학자 딘 켈리는 왜 미국에서 진보주의 교회는 쇠퇴하는 반면 보수주의 교회는 번창하는 듯한지를 궁금해했다.[15] 종교의 자유와 다원적인 환경이 제공하는 사상의 공개시장에서 신도들은 선택지가 얼마든지 있다. 조건이 그러하다면 구원에 비싼 값을 물리는 교회를 버리고 헐값에 제공하는 쪽으로 전향하고 싶어 하리라고 예상할 수 있다. 왜 이런 일은 일어나지 않았을까?

켈리는 직관에 반하는 답을 제안했다. 보수주의 교회는 엄격함**에도 불구하고** 번창한 것이 아니라 엄격하기 **때문에** 분투한다는 것이다. 그는 이러한 교회가 교인들이 무엇을 먹고 마시는가, 옷을 어떻게 입는가, 어떤 활동을 실천하는가, 누구와 상호 작용하는가에 대한 엄중한 규제를 통해 교인의 생활방식을 혹독하게 제한함으로써 사실상 **더** 매력적인 선택지를 제시한다고 주장했다. 엄격한 교회일수록 신도의 눈에 더 진지하고 가치 있게 보인 것이다.

경제학자 로런스 야너코니는 다양한 종교 교파의 자료를 엄밀히 조사해 켈리의 이론을 뒷받침하는 사실을 발견했다.[16] 그의 분석은 교인에게 더 엄격한 자격 조건을 부과하는 교회가 출석률이 더 높고 헌납도 더 많이 하며, 사회적 유대 관계가 더 강하고 이탈할 위험이 더 낮음을 보여 주었다. 그는 소속을

15 Kelley(1972).

16 Iannaccone(1994).

위한 높은 대가가 상당한 노력이나 자원을 바치지 않고도 회원의 혜택을 누리는 무임승차자를 방지하는 작용을 하기 때문이라고 주장했다. 엄격한 교회는 그러한 저질 구성원을 솎아 내어 교회의 가치를 높이고 더 헌신적인 신도를 끌어들이고 유지할 수 있다.

이런 이유로 높은 수준의 충성을 요구하는 집단은 대가가 큰 입단식을 치르는 경향이 있다. 전 세계적으로 군사 조직은 훈련 체제에 고강도 의례를 포함하고, 정예 부대일수록 시련을 견디기 더 어렵다. 세계에서 가장 치열한 특수 작전 부대 중 하나인 미국 해군 특수 부대의 대원이 되려면 후보생은 지옥의 주간이라고 불리는 가장 악명 높은 입소식을 통과해야 한다. 이 과정에는 가장 강인하고 헌신적인 후보생만 남기고 전부 걸러 내도록 고안된 여러 가지 극도의 신체적, 심리적 고난이 있다. 최근 몇 년 동안 전투에서보다 훈련 중 죽은 부대원이 더 많을 만큼 이 프로그램은 무자비하다.

인류학자들은 한 가지 유형에 주목했다. 목표 달성을 위해 사회적 결속에 더 의존하는 사회는 더 극적인 입회 의식을 하는 경향이 있다.[17] 어느 역사적 분석은 입회 의례 비용이 인류 문화 전반에 걸쳐 그들이 직면한 협력 문제의 심각성과 관련됨을 발견했다.[18] 연구자들은 민족지학적 기록을 이용해 전 세

17 Young(1965).

18 Sosis, Kress & Boster(2007).

계 60개 사회 표본에서 실행되는 남성의 입회 의례를 분석했다. 이들 사회에서 나타난 폭력적 분쟁의 유형을 분석한 결과 만연한 전쟁은 대가가 더 큰 의례와 관련 있었다. 또한 주로 내부 분쟁에 직면한 사회에서는 입회 의례가 덜 혹독했고 그 효과도 일시적인 경향이 있었다. 예컨대 이러한 의례에는 보디페인팅이나 감각 박탈 체험이 포함되었다. 이와 대조적으로 외부의 적과 교전 중이어서 더 큰 실존적 위협에 직면한 집단에서는 입회식 비용이 훨씬 많이 들고 입회자의 몸에 눈에 띄는 흔적을 남기는 경향이 있었다. 생식기 절단, 피부 절개, 신체 피어싱, 고통스러운 문신처럼 말이다. 이러한 행위는 수행 자체라는 비용 외에도 실천자에게 영구적인 신원 표지를 새긴다.

수컷 공작의 꽁지가 사치스러운 깃털을 기르는 데 투자된 비용을 근거로 암컷 공작이 그 적합도를 판단하게 하듯이 대가가 큰 의례는 집단 구성원이 상식을 벗어난 행동에 투자된 비용을 근거로 개인의 헌신을 평가하도록 한다. 그럼으로써 의례는 신호를 보낸 자와 받는 자 쌍방에 혜택을 제공하여 무임승차자를 제지하고 같은 헌신을 공유하는 구성원 간의 협력을 촉진하는 안전장치가 된다.

발신자에게 가장 큰 혜택은 지위 상승이다. 어떤 집단의 의례를 수행하는 것은 해당 공동체의 가치를 상징적으로 받아들이는 것과 같다. 결과적으로 그런 의례에 참가하기 위해 상당한 비용을 치를 용의가 있는 개인은 다른 구성원에게 그들의 이상을 지킬 가능성이 더 큰 사람, 따라서 신뢰할 만한 사람으로 여겨진다. 포틀래치 의식에서 추장이 금융 자본을 사회 자본으로 전환하는 것과 유사하게 일부 극단적인 의례는 참가자가 자기 몸이라는 신체 자본을 써서 사회적 지위를 높이도록 한다.

의례 참가자 역시 이런 신호의 논리를 모르지 않는다. 인류학자 알도 치미노는 일련의 실험에서 참가자에게 자신을 다양한 집단의 구성원이라고 상상하게 한 다음 그 집단을 위한 입단 의례를 고안하는 과제를 냈다.[19] 참가자들은 집단별로 집단 관련 임무를 수행하는 개인에 대한 서술문과 사진을 제시받았다. 이 가운데 절반은 목표를 달성하기 위해 높은 수준의 협력을 해야 했다. 말하자면 어떤 집단은 위험한 빙원을 기어오르고 극한 기후와 야생동물로부터 피신할 곳을 찾아야 하는 북극 탐험에 참여했다. 또 다른 집단은 전쟁으로 피폐해진 나라에서 인도주의적 원조를 제공했는데 이들은 때때로 폭격당하며 생존을 위해 협력해야 했다. 나머지 절반은 낮은 수준의 협력이 필요했다. 이들은 같은 관심사를 공유한 박물학자나 음악 애호가 모임의 구성원으로서 전시회나 경연을 주최해야 했다. 치미노가 발견한 바에 따르면 사람들은 더 협력적인 집단과 대가가 더 큰 의례를 직관적으로 결부시켰다. 매우 협력적

19 Cimino(2011).

인 집단을 위한 입단식을 고안해야 했을 때 참가자들은 스트레스가 더 심한 의례를 선호할 가능성과 그런 의례를 거치도록 다른 집단 구성원에게 압력을 가하는 것을 지지할 가능성이 두 배 더 컸다.

뉴욕 브루클린의 어느 새내기 불량배는 입단식을 막 끝낸 후 이렇게 회상했다. "그건 내가 앞으로 기억할 무언가예요, 아시겠어요? 나는 그 개 같은 경험을 늘 떠올릴 거예요. 몇 년이 가고 또 지나도요." 얼굴은 맞아서 멍들어 붓고 눈에서는 여전히 피를 뚝뚝 흘리며 그는 자신을 고문한 자이자 똑같은 시련을 몸소 겪은 상대에 대한 애정을 표현했다.

> 나는 형들을 사랑해요, 아저씨, 형들은 해야 할 일을 한 거예요……. 형들은 이해하고 있었어요. 그들도 거기 있어 봤잖아요. 형들도 그걸 치러야 했다고요, 무슨 말인지 아시죠? 그들은 내가 싸움판에서 함께 싸우고 싶고, 내가 맞짱 뜨고 싶은 사내들이에요. 형들은 내가 오늘 겪은 일을 겪었어요. 그 개 같은 경험은 진짜였다고요.[20]

이런 사회적 이득 때문에 지위가 낮은 개인들은 종종 대가가 큰 의례의 실천에 더 많이 투자함으로써 집단에 대한 헌

20 Burns(2017).

신을 알리려 기꺼이 노력한다. 일례로 모리셔스의 피어싱 의례 연구에서 우리는 사회 경제적 배경이 다른 사람들이 같은 의식의 맥락에서 매우 다르게 행동하는 것을 발견했다. 지위가 높은 사람들은 무루간 신에게 바칠 이동식 사당을 더 크게 짓고 더 잘 장식하기 위해 금융 자산을 이용했다. 반대로 사회 경제적 지위가 낮은 사람들은 의식을 치르는 동안 몸에 바늘을 더 많이 찌르는 등 더 고통스러운 방식으로 의례에 참가했다. 금융 자산이 없는 이들은 의례가 제공하는 지위의 대가를 그들이 지닌 유일한 화폐인 피와 땀, 눈물로 치렀다.[21]

*

일부 의례는 엄청난 희생을 요구한다. 하지만 이런 희생이 실제로 보람이 있을까? 인류학자 엘리너 파워는 인도 남부에서 현지 조사를 하던 중 두 시골 공동체의 주민에게 같은 마을 사람의 성격을 평가해 달라고 했다. 그녀는 그들이 대중 예배에 얼마나 자주 참여하는지도 기록했다. 그녀가 알아낸 바에 따르면 대중 의례의 수행에 시간과 노력을 더 많이 투자한 사람은 공동체의 다른 구성원에게 더 독실한 인물로 인지되었을 뿐 아니라 갖가지 친사회적 속성을 지닌 인물로 인식되었다.

21 Xygalatas et al.(2021).

예컨대 구성원들은 그들을 더 근면하고 너그럽고 지혜로운 인물로 묘사했다.[22]

이후 파워는 의례에 참가한 사람들이 이러한 평판상의 이득을 써먹을 수 있는지 알아보고자 다양한 유형의 개인들 사이에서 사회적 지원 관계를 기록하여 해당 마을의 사회적 관계망을 분석했다. 이 분석을 통해 그녀는 사람들이 정서적 혹은 금전적 도움, 조언과 지도, 친절을 바라고 부탁할 일이 생길 때 누구에게 의지하는가를 확인했다. 이를 통해 연중 빈도는 높지만 강도는 낮은 의례에 참여하든 1년에 한 번 고통스러운 의례를 수행하든 대중 의례 수행에 더 많이 투자하는 사람들은 마을 안에서 사회적 유대 관계를 더 많이 맺었고, 지원이 필요할 때 그 유대 관계를 더 잘 활용할 수 있다는 것을 알게 되었다.[23]

하지만 이러한 신호를 받은 사람들이 의례 실천자를 더 헌신적인 집단 구성원이라고 신뢰해야 마땅할까? 많은 경험적 연구가 시사하는 바로도 높은 의례 비용을 감수하는 사람을 향한 신뢰가 그처럼 큰 것은 현혹된 결과가 아니다. 이스라엘의 종교적 생활공동체인 키부츠에서 집단 의례 참석에 더 많은 시간을 쓰는 남성 구성원은 공동체의 다른 구성원과 경

22 Power(2017a).
23 Power(2017b).

제 게임을 할 때 더 협력적인 것으로 밝혀졌다.[24] 칸돔블레로 알려진 아프리카계 브라질 종교의 구성원 사이에서도 더 많은 대중 의례에 참가하는 사람이 더 너그러운 것으로 드러났다.[25] 그리고 모리셔스에서 보았다시피 공개적인 의례 중에 더 많은 아픔을 견딘 사람은 자선 단체에 더 많은 돈을 주었다. 우리는 후속 연구를 통해 그런 효과가 단일 의식이 진행되는 기간을 넘어서도 지속된다는 사실을 확인했다. 다시 말해 평생 고통스러운 의례에 더 자주 참가한 사람들은 경제 게임에서도 더 이타적으로 행동했다.[26]

이 서로 다른 맥락 전체에서 대가가 큰 의례를 수행하는 사람은 실제로 더 협력적인 집단 구성원인 듯하다. 대가가 큰 의례는 공동체가 구성원의 집단에 대한 충성도를 평가하게 해주어 협력을 증가시키고 사회적 유대를 강화할 수 있다. 엘리너 파워는 인도의 사회관계망 분석에서 과연 의례를 함께 치르는 사람들끼리 더 강한 관계를 형성하고 의례가 강렬할수록 집단 전체의 응집력이 더 강함을 발견했다.[27]

대가가 큰 의례는 공동체를 더 강하게 키우는 데 도움이 되며 장기적 생존과 번영에 중대한 영향을 미칠 수 있다. 이는

24 Ruffle & Sosis(2007).
25 Soler(2012).
26 Xygalatas et al.(2017).
27 Power(2018).

19세기 미국 공동체 사회에 대한 역사적 분석으로 입증되었다.[28] 연구자들은 83개 공동체에 관한 문헌을 샅샅이 뒤져 구성원이 지켜야 할 모든 규범의 목록을 작성하여 해당 공동체에 가입한 대가를 측정했다. 그들은 비용이 많이 드는 자격 요건 중에서도 구체적으로 두 유형을 살펴보았다. 구성원들은 경전을 외우며 시간을 보내거나 특정한 옷을 사서 입는 것처럼 그들에게 직접 도움이 되지 않는 일들을 해야 했고, 성관계를 맺거나 외부 세계와 소통하기처럼 그들에게 이익이 될 행위를 금지당했다. 다음으로 연구자들은 각 생활 공동체가 결국 소멸하기 전까지 얼마나 오래 살아남았는지를 살펴보았다. 그들이 알아낸 바에 따르면 공동체가 구성원에게 부과한 비싼 자격 요건의 수와 해당 공동체의 총 수명 사이에 정적 상관관계가 있었다. 가입비가 비쌀수록 집단은 더 오래 생존했다.

*

대가가 큰 의례는 실천자에 관한 중요한 정보를 전달할 뿐 아니라 공동체 자체와 해당 공동체가 지지하는 바에 관해서도 결정적인 정보를 준다. 우리 인간은 문화적 학습자다. 우리는 세상사를 처음부터 알아내는 것이 아니라 같은 인간의

28 Sosis & Bressler(2003).

도움에 의지하여 대부분을 학습한다. 그러므로 남들의 예를 따르면 대개는 우리에게도 매우 이롭다. 하지만 타인을 무분별하게 모방한다면 더 현명해지기 어려울 것이다. 그 대신 우리는 어떤 개인이 좋은 역할 모델인지, 언제 그 행동을 모방하면 유용할지 결정하는 데 도움이 되는 학습 편향을 진화시켰다.[29]

예컨대 모든 사회의 다양한 집단에 속한 아이와 어른은 저명하고 성공한 개인, 특히 자신이 속한 집단의 일원인 개인의 행동을 모방할 가능성이 크다.[30] 어쨌거나 그들은 그런 사람이 그 사회에서 성공과 지위로 이어진 지식과 기술을 소유했으리라는 사실을 익히 알고 있다. 이런 명망 편향은 우리 안에 너무도 뿌리 깊이 자리 잡은 나머지 종종 악용된다. 예컨대 마케팅 전문가들은 심지어 유명 인사가 제품과 관련된 전문 지식이 전혀 없을 때도 그를 광고에 세운다.

진화 과정에서 모든 작용은 반작용을 가져온다. 문화적 학습 편향이 때때로 우리를 남들의 조종에 취약하게 하는 까닭에 학습자에게는 역할 모델의 행동이 진실하다는 가시적 증거를 찾아보게 하는 선택압이 존재해 왔다. 여기서 크레드(CRED)가 쓰인다.

크레드란 '신뢰도 증진 표시(Credibility Enhancing Display)'의 약자로 하버드 대학교의 진화인류학자 조지프 헨릭이 특

29 Henrich(2015).
30 Henrich & Henrich(2007).

정 대가가 큰 행동이 어떻게 그 행동과 관련된 믿음 또는 이상의 신뢰도를 높이는 기능을 하는지 설명하기 위해 도입한 용어다.[31] 우리는 집단의 대의에 헌신하기로 결심하기 전 다른 구성원들이 그것에 얼마나 헌신하는 것처럼 보이는지를 조사하여 그 대의가 그럴 만하다는 증거를 찾는다. 사람들이 산타클로스를 믿는다고 주장하면서도 그를 기념하는 어떤 정기 예배에도 참여하지 않는다면 어린아이조차 산타는 고귀한 신분의 초자연적 존재가 아님을 깨닫게 될 것이다. 하지만 구세주 무루간을 믿는다고 주장하는 사람이 그를 위해 뺨에 꼬챙이를 찌르고 실제 행동으로 보여 준다면 이는 그들이 진정으로 헌신적이라는 정보뿐 아니라 무루간이 헌신할 만한 가치가 있는 신이라는 정보도 전달한다. 행동은 말보다 더 강하다.[32]

이 과정에서 대가가 큰 의례는 개인과 집단, 집단의 문화 모두에 이로운 정직한 헌신의 표시 역할을 하며 선순환을 만들어 낸다. 헌신적인 개인은 자기 지위를 높여 더 잘 결속될 수 있고, 헌신적인 구성원이 더 많은 집단은 응집력이 더 강해진다. 이는 대가가 큰 의례를 요구하는 집단에 상당한 진화적 이점을 제공하여 그러지 않는 집단을 능가하게 해 준다. 한편 대가가 큰 의례적 관행과 결부된 믿음이 더 믿을 만하게 보이는 만큼 집단 구성원들 사이에서 지지받고 전도될 가능성이 더

31 Henrich(2009).
32 Norenzayan(2013).

커질 뿐 아니라 다른 집단이 모방할 가능성도 커진다. 그리고 그런 믿음은 대가가 큰 의례적 관행의 시행으로 상징되기 때문에 새로운 신자들이 그러한 관행을 지지할 가능성은 훨씬 더 커질 것이다.

대가가 큰 의례가 가진 자기 강화적인 힘은 사회적 기능에서만이 아니라 심리적 특성에서도 나타난다. 이런 의례는 실천자에 관한 중요한 정보를 알려 주며 이 신호는 외부, 즉 다른 공동체 구성원만을 향하지 않는다. 그것은 내부, 즉 자기를 향할 수도 있다. 대가가 큰 의례는 단지 헌신을 **입증하기**보다 헌신을 **만들어 내고** 이로써 의미를 창출하는 데도 효과적이다.

*

1951년 젊은 심리학 교수 레온 페스팅거가 미네소타 대학교 사회관계연구소에 부임했다. 당시에 서른두 살이던 그는 이미 중요한 업적을 남긴 명망 높은 실험실 경험주의자였다. 그렇지만 많은 전임자와 달리 페스팅거는 실제 맥락에서 행동을 조사하여 좁은 실험실 바깥에서 사회적 현상을 연구하는 일의 중요성도 강조했다. 그는 인류학 이론의 열렬한 독서가였고 경력 말기에는 심리학 실험실을 닫고 선사 시대 고고학으로 주의를 돌렸다. 미네소타에서 그는 마음이 맞는 다른 학자들을 만났다. 과거에 제자였던 스탠리 샤터, 최근 하버드를 떠난 헨리

리켄 등이었다. 삼인방은 사람들이 어떻게 다양한 경험에 의미와 중요성이 있다고 생각하게 되는지, 그리고 상반되는 믿음과 감정, 행동을 어떻게 조화시키는지에 대한 관심을 공유했다.

페스팅거가 시카고의 미확인 비행물체(UFO) 추종 집단에 관한 신문 기사를 읽었을 때 이 주제를 더 깊이 파 볼 기회가 생겼다. 시커(Seeker)라고 불리는 이들은 종말을 준비하고 있었다. 교주인 도러시 마틴은 클라리온 행성 출신의 외계 종족인 가디언이 보낸 텔레파시 메시지를 받고 있다고 주장했다. 외계인들은 1954년 12월 21일 대규모 지진에 이어 엄청난 해일이 미국과 아메리카 대부분을 휩쓸 것이라고 경고하러 마틴에게 접근했다. 나머지 세계는 그 후에 곧 멸망할 것이었다. 하지만 외계인들이 마틴과 추종자들을 비행접시에 태워 클라리온에 안전하게 데려가기로 약속했으니 예언을 믿는 사람들은 희망이 있었다.

마틴의 추종자들은 보잘것없었지만 열렬했다. 종말이 가까워졌다고 확신한 많은 사람이 가족을 떠났고, 직장을 그만두었고, 재산을 기부했다. 그들은 정기 모임과 의식에 참석해 대재앙에 대비했다. 신문 기사를 본 페스팅거는 생각했다. 12월에 세상이 끝나지 않으면 어떻게 될까? 그때 시커들은 어떻게 말하고 행동할까? 그는 마틴에게 전화해 그 추종 집단에 가입하고 클라리온 행성에서 새 삶을 시작하는 데 관심 있다고 했다. 며칠 뒤 페스팅거, 샥터, 리켄은 대학원생 몇 명과 함께 민족지 잠복 연구의 임무를 띠고 집단에 가입했다.

예기된 최후의 심판까지 이어지는 날 동안 외계인 도착은 여러 차례 예언되었다. 사람들은 매번 접선하기 전 외계인의 요청에 따라 모든 금속성 물질을 제거하라는 지시를 받았다. 벨트, 손목시계, 안경과 브래지어가 버려졌고 단추와 지퍼가 뜯겨 나갔다. 사람들은 마틴의 정원에 모여 비행접시를 찾아 하늘을 훑으며 눈 속에서 몇 시간을 기다렸다. 비행접시는 끝끝내 오지 않았다. 하지만 처음엔 실망했음에도 불구하고 그들의 믿음은 예언이 빗나갈 때마다 더 강해지기만 하는 듯했다. 최후의 심판일이 왔다 가면 집단은 결국 자신들의 노력 덕분에 재앙을 막았다는 결론에 도달했다. 그들의 기도가 너무도 많은 빛을 뿌려서 가디언들이 지구를 파괴하지 않기로 했다는 것이었다.

실패한 예언에 대한 시커들의 반응은 믿음을 버리는 쪽이 아니라 배가하는 것이었다. 집단은 이전까지 비밀리에 만났지만 이제는 비행접시를 소환하기 위해 대중 의식을 주최하기 시작했다. 이전까지는 언론을 피하고 회원 자격에 관해 매우 선택적이었으나 이제는 인터뷰를 찾아다니고 공격적인 전도 캠페인에 나섰다. 그 결과로 그들의 숫자는 적어도 한동안 늘었다. 지역 공동체의 항의를 받은 경찰은 법적 조치를 하겠다고 겁을 주었다. 이런 전개에 불안해진 핵심 구성원들은 도시를 떠났다. 마틴은 페루로 이주해 우편으로 계시를 계속 전했다. 안데스산맥의 어느 수도원에서 몇 년을 보낸 그녀는 세드라 수녀라는 이름으로 미국에 돌아와 애리조나에서 새로운 사이비종교 사업을 시작했다.

페스팅거가 시커들 사이에서 보낸 시간의 결과물로 사회심리학 역사상 가장 영향력 있는 책 중 하나인 『예언이 끝났을 때』가 출판되었다.[33] 이 책은 인간이 내적 일관성을 얻으려 노력한다고 주장한다. 우리의 믿음과 행동이 서로 충돌하면 우리는 일종의 심리적 불편함을 경험하는데 페스팅거는 이를 **인지 부조화**라고 불렀다. 우리는 이 불쾌한 상태를 진압하고자 우리가 믿는 바와 행동하는 방식 간의 모순을 화해시키려는 경향이 있다. 하지만 페스팅거 이론의 참신함은 여기에 있다. 우리가 믿는 바에 따라 행동하리라는 것은 누가 봐도 분명한 듯하지만 정반대의 일도 일어난다는 것, 다시 말해 우리의 행동 자체에 우리의 믿음과 태도를 바꿀 힘이 있다는 것이다.

시커들의 사례에서 집단 구성원은 믿음에 이미 너무 많이 투자한 터였다. 직업을 포기하고 가족을 버리고 인생을 통째로 뒤집어엎었다. 이 모두가 헛되었다는 깨달음은 견디기 힘들었을 것이다. 이런 부조화를 줄이고자 그들은 예언을 돌이켜보며 갱신했고 남들에게 전도하여 믿음에 대한 사회적 지지를 더 많이 얻으려 했다. 점점 더 많은 사람이 그들의 믿음 체계를

33 Festinger, Riecken, & Schachter(1956).

수용한다면 결국 그것은 진실이 될 터였다.

페스팅거의 저작을 계기로 사람들이 자기 행동을 어떻게 해석하는가에 관한 경험적, 이론적 연구물이 쏟아져 나왔다.[34] 우리가 6장에서 본 입회식의 엄격성에 관한 연구도 페스팅거의 통찰을 시험한 많은 사례 중 하나로, 해당 논문의 주저자인 엘리엇 애런슨은 페스팅거의 제자였다. 이 실험은 어느 집단에 가입하기 위해 대가가 큰 입회식을 치르도록 무작위로 배정된 참가자는 해당 집단이 더 가치 있다고 여기게 된다는 것을 알려 주었다. 연구자들은 이런 현상을 '노력 정당화'라고 부른다. 이 관점에 따르면 어떤 것들은 그것이 요구하는 노력에도 불구하고 소중해지는 것이 아니라 그 노력 **때문에** 가치를 얻는다.

다양한 맥락에서 더 비싼 것이 더 귀중하기도 하다는 사실을 확인할 수 있다. 우리는 값을 치른 만큼 얻는다. 날마다 열심히 훈련하는 운동선수는 아마도 일주일에 한 번만 훈련하는 사람보다 성적이 좋을 것이다. 4년제 학위는 2년제 학위보다 더 나은 기술을 제공할 것이다. 좋은 일에는 노력이 든다. 실은 챔피언십 우승, 국방, 자녀 양육처럼 우리 삶에서 가장 의미 있는 것들은 가장 힘든 일이기도 하다.[35] 그러므로 어떤 일이 큰 노력을 요구한다면 대단한 의미를 지닌 일이 틀림없다고 봐도 무리가 아니다. 이런 어림 계산법은 유용한 휴리스틱

34 Inzlicht, Shenhav, & Olivola(2018).
35 Bloom(2021).

으로, 우리 뇌가 어떤 것의 상대적 가치를 추론하도록 하는 정신적 도구다. 사실 이는 타인의 행동을 평가하는 너무도 기본적인 방식이기 때문에 우리는 스스로의 행동에도 무심코 그것을 적용한다. 이는 한마디로 페스팅거의 통찰을 확장한 동시에 단순화한 자기 지각 이론이 주장하는 바다.[36]

그렇다면 이 관점에서 의례적 동작은 수행을 목격하는 사람뿐 아니라 수행자 자신에게도 헌신의 증거 역할을 한다. 어느 집단의 의례적 관행은 해당 집단의 믿음과 가치에 상징적으로 결부되므로 관행을 시행하는 것은 집단 구성원이 그 믿음과 가치를 내면화하는 데 도움이 된다. 따라서 인류학자 로이 라파포트가 표현했듯이 의식에 참가하는 것은 필연적으로 그것을 따른다는 뜻이 된다.

> 수행자가 그들이 구현하는 절차에 참여하거나 그 일부가 된다는 말은 메시지의 송신자와 수신자가 자신이 전달하고 수신하는 메시지와 융합하게 된다는 의미다. 그들의 수행이 만들어 내고 그러한 수행에서 생생하게 살아나는 질서를 따르는 동안 수행자와 그 질서를 구분하지 못하게 된다. (……) 그러므로 참여자는 전례의 질서를 수행하여 그 의식의 근본 원리에 부호화된 모든 것을 받아들인다는 점을 인정하고, 자신

36 Bem(1967).

과 타인에게 암시한다.[37]

또 다른 인류학자 에드워드 에번스프리처드는 "믿는 것처럼 행동해야 하는 누군가는 결국 (……) 행동하는 대로 믿게 된다."라는 말로 이를 더 간결하게 요약했다.[38] 의례는 단지 집단 소속을 드러내는 것이 아니라 적극적으로 창출한다.

이것은 또한 집에서 혼자 기도하거나 아무도 보지 않을 때 정원에서 깃발을 게양하는 것 같은 사적인 의례 실천조차 그러한 실천과 결부된 사상과 집단에 대한 실천자의 신심을 강화할 수 있다는 것을 시사한다. 물론 라파포트가 경고했듯이 어느 사회의 의례에 참여한다고 해서 그 사회의 규범을 준수한다는 보장은 없다. "우리 모두 알다시피 어떤 남자는 간통과 도둑질을 금하는 계명을 소리 내어 말하는 예배에 참석한 다음 교회 헌금함에서 돈을 훔칠 수도 있고, 성찬식에서 나와 이웃의 아내와 밀회하러 갈 수도 있다." 어쨌거나 문화적 의례는 행동을 직접 통제하기 위한 것이 아니라 사회적으로 수용할 만하다고 여겨지는 행동의 모범적 틀을 제시하기 위한 것이다.

간통을 금하는 의례에 참여해 다른 사람 앞에서 스스로 이를 공표한다고 해서 그 사람의 간통을 막지는 못하겠지만 이를

37 Rappaport(1999), p.118.
38 Evans-Pritchard(1937).

통해 간통의 금지가 스스로 생기를 불어넣은 동시에 그 자신이 받아들인 원칙으로 확립되기는 한다. 그가 규칙을 지키든 말든 그는 자신에게 그렇게 할 의무를 지웠다. 그러지 않으면 스스로 공약한 의무를 어긴 꼴이 된다.[39]

자기 신호 관점의 또 다른 함의는 의례 참가의 영향력이 투여량에 의존한다는 것이다. 다시 말해 어느 집단의 의례에 에너지를 더 많이 투자할수록 실천자는 그 집단의 가치를 더 지지하게 된다. 동시에 의례로 가려진 덕분에 그 관념들은 더 값지고 신성하게 느껴진다. 4장에서 보았다시피 의례적 행위는 특별하다고 인식된다. 하지만 그런 동작은 인과적으로 불투명하므로 해석이 필요하다. 실은 참여 비용이 무거울수록 의미를 부여할 필요성도 커진다. 따라서 의례적 행위의 비용은 참가자가 자신과 집단을 보는 관점에 영향을 줄 뿐 아니라 해당 동작을 그 자체로 더 의미 있게 만든다. 의례의 대가와 의미 간의 이런 연결 고리는 경험적 지지를 받아 왔다. 내가 민족지학 연구와 설문 조사로 여러 공동체에 걸쳐 발견한 바로도 대가가 더 큰 의례는 사람들의 삶에서 더 의미 있고 중요하게 여겨진다.[40]

이런 렌즈를 통해 보면 언뜻 쓸모없어 보이는 전통은 실

39 Rappaport(1999).

40 Xygalatas & Mano(forthcoming).

천자가 집단 가치를 내면화하고, 신뢰를 쌓고, 협력적 단위를 형성하게 하는 강력한 사회적 기술이 된다. 이러한 다층적 효과 덕분에 그 전통은 가장 놀라울지도 모르는 기능 또한 달성할 수 있다. 다음 장에서 보겠지만 이러한 의례는 그에 필요한 노력, 고투, 심지어 고통을 통해 수행자의 삶을 개선하는 데도 종종 도움이 된다.

8장

건강하고 행복한 의례

그리스 본토의 작은 시골 마을에서 사람들 한 무리가 금욕적으로 보이는 큰 방에 모인다. 그곳에는 긴 나무 의자 몇 개가 양옆에 놓여 있고 붉은 천으로 덮인 성상 몇 개를 받친 작은 사당 하나가 있을 뿐이다. 하지만 사람들이 모여들기 시작하면 금방 평상시 수용 인원을 훌쩍 넘어 가득 찬다. 방문자 대부분이 익숙한 공간인듯 엄숙하면서도 다정하게 서로 맞이한다. 그렇지만 분위기가 축제 같지는 않다. 그들은 불편해 보이고 괴롭기까지 한 듯하다. 악사가 리라를 켜기 시작하자 모든 사람이 이야기를 멈추고 침울해한다.

사람들은 곡조에 맞춰 서서히 몸을 흔들고 숨을 몰아쉬고 불안한 한숨을 내뱉기 시작한다. 명백한 원인은 없지만 분명 제정신은 아니다. 한 할머니가 보이지 않는 천벌과 싸우려는 것처럼 자꾸 허공으로 팔을 뻗으며 고래고래 소리를 지른다. 사람들이 달래려 하면 "안 돼, 안 돼, 안 돼!"라고 외치면서 단호한 손동작으로 밀어낸다. 염소 가죽으로 만든 큰 북 두 개가 리라에 합세하자 일어나서 음악의 리듬에 맞춰 작은 보폭으로 걸음을 떼며 사당을 향해 움직이기 시작한다. 할머니는 연기 나는 향로를 집어 들고 방을 돌아다닌다. 할머니가 무리를 뚫고 지나가면 사람들은 그를 향해 몸을 기울여 연기를 들이마신다. 한 할아버지도 성상을 집어 들고 방을 돌아다니며 춤추기 시작한다. 다른 사람들도 하나둘 그들을 따라 무거운 성상을 들고 돌아다니며 최면에 걸린 듯 즉흥적인 춤을 춘다.

이제는 답답하고 밀집되고 과열된 방이 향냄새로 꽉 차 질식할 것 같다. 큰 북소리의 울림 때문에 창자가 쿵쿵거릴 지경이다. 오래지 않아 춤꾼들은 사람들이 꽉 들어찬 홀에서 땀 흘리고 헉헉거리고 소리를 지르고 울부짖으며 미친 듯이 빙글빙글 돈다. 이런 감정 표현은 방 안의 많은 관찰자까지 울릴 만큼 강렬하다. 춤꾼들은 이따금 지쳐 바닥에 쓰러졌다가도 정신을 되찾으면 한 시간이 훌쩍 넘게 계속 춤을 춘다. 마침내 음악이 느려지고 활동이 멈춘다. 하지만 오래는 아니다. 짧은 휴식을 취한 후 이 모든 과정이 사흘 동안 반복되고 또 반복된다.

이것은 2005년 내가 처음 아기아 엘레니 마을에 갔을 때 마주친 장면으로, 나중에 내 박사 과정의 현지 조사 장소가 되었다. 그 마을은 성 콘스탄티누스와 성 헬레나에 대한 각별한 신앙으로 유명한 아나스테나리아라 불리는 소규모 정교회 공동체다. 그 공동체가 두 성인을 위해 행하는 무아지경의 의례는 수 세기 동안 추방과 박해에 직면한 사람들을 단결시키는 중요한 역할을 했다. 아나스테나리아 그들 자신은 이런 집단 무용을 개인과 집단 정체성의 중심이 된다고 하지만 즐거운 행사로 여기지는 않는다. 반대로 스트레스가 심하다 못해 괴로운 행사라고 말한다. 그것이 어떤 경험인지 묘사해 달라는 질문에 그들은 흔히 '중압감', '투쟁', '고통'과 같은 단어를 사용한다. 이 공동체의 이름이 '한숨 쉬다'를 뜻하는 그리스어 동사 아나스테나조(anastenāzo)에서 유래한 것도 그들이 춤을 추며 큰 소리로 신음하기 때문이다. 그럼에도 그들은 또한 자신의 경험을 영혼은 물론 몸까지 치유되는 깊은 충족의 과정으로 묘사한다.

그날 밤 춤을 주도한 스텔라 할머니의 경험이 꼭 그랬다. 왜 의례에 참가하느냐고 묻자 할머니는 말했다. "아팠거든. 나는 병에 시달리고 있었어. 아나스테나리아가 아니었다면 사람들은 나를 정신병원에 가둬 버렸을 거야." 스텔라는 더 젊었을 때 정신 질환으로 어려움을 겪었다. 그녀는 불안해했고 삶에서 아무 기쁨도 찾을 수 없었다. 피로를 느꼈고 집안일을 하기도 싫었다. 결국에는 사람들과 어울리기를 그만두었고 집 밖으로 나가고 싶어 하지도 않았다. 자신의 젊음이 허비되는 꼴을 하릴없이 구경만 하고 있었다. "2년 동안 의자에 앉아서 창문만 바라다보고 있었어." 그녀가 말했다.

그녀를 걱정한 가족은 도시로 데려가 의사에게 보였고, 의사는 그녀가 우울증, 그 시절의 병명으로 '멜랑콜리아'를 앓고 있다고 확인해 주었다. 하지만 기분 장애에 대한 생의학적 개입이 초기 단계에 불과했던 당시 의사가 할 수 있는 일은 별로 없었다. 그들은 지푸라기라도 잡으려고 마을 장로를 불렀고, 숙고 끝에 장로들은 그녀가 아나스테나리아에 참가해야 한다는 결론에 이르렀다. 그렇게 그녀의 인생이 바뀌었다. 그녀는 더는 우울함을 느끼지 않았다.

스텔라의 사례는 특별하지 않다. 전 세계의 수많은 문화에서 치유 의례를 수행한다. 처음에는 아무리 말해도 그러한 주장이 의심스럽게 들릴 수 있다. 오히려 그 일부는 종종 건강에 실질적 이득 대신 상당한 위험을 불러올 듯하다. 하지만 앞에서 보았다시피 의례가 물리적 세계에 직접 영향을 미치지 않는다는 사실이 의례에 영향력이 전혀 없음을 뜻하지는 않는다. 민족지학자들이 축적해 온 것은 수많은 개인적 경험만이 아니다. 상당한 연구 결과가 의례가 건강과 행복에 미묘하지만 중요한 방식으로 영향을 미치며, 이런 영향을 연구하고 이해하고 또 측정할 수 있음을 보여 준다.

*

인도는 세계에서 가장 오래된 몇몇 의례 전통의 발상지다. 따라서 의례에 관한 많은 현장 연구가 인도에서 나오는 것도 놀라운 일이 아니다. 한 국제 연구 팀은 힌두교의 빛 축제인 디왈리에 참가한 효과를 조사했다.[1] 원래 추수 감사제로 열리던 디왈리는 일련의 집단 기도와 공동 식사를 하고 불꽃놀이로 막을 내리는 닷새간의 의례로 어둠을 이긴 빛의 승리를 축하한다. 이러한 맥락에서 연구 팀은 인도 북부의 서로 다른 두 대도시에서 디왈리를 기념하는 사람들을 모집했다. 팀원들은 축제 전과 도중과 이후에 참가자와 만나 사회적, 정신적, 정서적 행복을 평가하기 위해 매번 다양한 인터뷰와 설문 조사를 시행했다. 그들이 알아낸 바에 따르면 사람들은 축제가 진행되면서 기분이 더 좋아졌고 더 긍정적인 정서를 경험했으며 공동체에 더 큰 연대감을 느꼈다. 사실 이러한 효과는 축제가 시작되기 전부터 나타나기 시작했다. 축제 준비로 바빴던 사람일수록 기분이 더 좋았다는 사실은 축제를 위한 사전 활동이 벌써 이로운 영향을 미칠 수 있음을 시사한다.

인류학자 제프리 스노드그래스는 근처 마디아프라데시주에서 배경은 무척 다르지만 비슷한 유형의 연구를 주도했다.[2] 스노드그래스는 수 세기 동안 쿠노 열대림에 거주해 온 일부 사하리아 부족 사이에서 2년간 현지 조사를 수행했다. 쿠노가 국가 야생 동물 보호 구역으로 지정되었을 때 이 지역의 스물네 군데 사하리아 마을은 모두 강제 이주해야 했고, 숲에서 몇 킬로미터 떨어진 곳에 가구마다 경작지 한 뙈기가 주어졌다.

1 Singh et al.(2020).

2 Snodgrass, Most, & Upadhyay(2017).

그들은 정착 농부라는 새로운 생계 형태에 적응하며 생활 방식에 급격한 변화를 맞았다. 설상가상으로 지리적, 사회적으로 고립되면서 도적의 습격과 정치적으로 강력한 목축민의 괴롭힘에 더 취약해졌다. 이 모두가 그들의 건강에 치명적인 영향을 주었다. 사하리야족은 이주 이후에 급성 스트레스에 시달렸고 평생 만성 스트레스를 경험했다. DNA 분석 결과에 따르면 쫓겨난 사람들은 노화와 질병으로부터 인체를 보호하는 염색체 말단부인 텔로미어가 짧아져 있었다.[3] 그러한 조기 단축은 심리 사회적 스트레스의 지표이며 건강 악화, 기대 수명 단축과 연관된다.

사하리야족은 토착 신앙과 힌두교 신앙의 혼합을 받아들여 힌두교의 주요 의례 대부분을 준수한다. 스노드그래스와 그 팀은 그러한 의례 참가가 고충 극복에 도움이 되는지 알아보고 싶었다. 이를 위해 두 가지 종교 축제가 건강에 미치는 효과를 조사했다. 첫 번째는 색(色)의 축제로도 알려진 홀리로 겨울이 끝나고 봄이 오는 것을 축하하기 위해 3월에 열린다. 축하 행사는 전날 밤에 시작하는데 이때 힌두교도는 모닥불을 피우고 사악한 악마 홀리카의 인형을 불태운다. 홀리 당일에 사람들은 거리로 나가 물로 서로를 흠뻑 적시고 모든 사람에게 밝은색 가루를 칠한다. 그들은 서로에게, 심지어 지위가 더 높은

3 Zahran et al.(2015).

사람에게도 짓궂게 장난을 친다. 1년 내내 엄격하게 준수되는 사회 규범을 깨는 것이 허용되는 날이기 때문이다.

두 번째 행사는 홀리 이후 몇 주 뒤에 열리는 또 다른 봄 축제인 나브라트리였다. 지역의 선호에 따라 두르가, 락슈미, 사라스바티 등 다양한 여신에게 경의를 표하는 의식이다. 나브라트리는 이틀간의 행렬, 기도, 종종 황홀경과 빙의 상태를 동반하는 춤과 노래, 그리고 뒤이은 공동 식사에서 절정에 달하는 다양한 준비 행사를 포함한다. 연구 팀은 그러한 두 축제의 맥락에서 날마다 타액을 채취했고, 스트레스 상황에서 급속히 증가하는 호르몬인 코르티솔의 수치를 측정할 수 있었다. 이 척도를 보완하고자 불안과 우울 증상을 평가하는 설문 조사도 활용했다.

인류학자들은 민족지학적 관찰 과정에서 축제 기간에 사회적 긴장이 드물지 않다는 점에 주목했다. 사람들이 떼로 몰려다니며 거리에서도 집에서도 거리낌 없이 상호 작용했으므로 불만과 오해에 몸싸움마저 빈발했다. 하지만 그런 긴장에도 불구하고, 데이터를 분석하고 각각의 의례 전에 수집한 기본 측정치와 비교한 결과 축제 참가가 참가자의 정신적, 생리적 건강에 긍정적인 영향을 미치는 것을 알게 되었다. 우울과 불안 증상은 극적으로 줄고 주관적인 정신적, 정서적 행복은 유의미하게 향상되었다. 각 의례를 수행한 후 코르티솔 수치가 떨어졌으므로 이러한 주관적 향상은 호르몬 데이터에도 그대로 반영되었다.

모든 사회적 모임에서 일어날 수 있는 간헐적 긴장에도 불구하고 디왈리, 홀리, 나브라트리 등의 축제는 사육제나 참회 화요일 같은 축하 행사와 마찬가지로 기쁨을 준다. 결국 집단 의례는 다른 목적이 무엇이든 간에 과거부터 쭉 사람들에게 일상을 접어 두고 웃고 떠들며 즐길 기회를 제공하는 대중 오락의 원천이었다. 그러므로 그러한 행사에 참여하는 일이 긍정적 결과를 가져오는 것은 놀랍지 않다.

그러나 집단 의례와 행복의 관계는 이러한 도취성 행사에 국한되지 않는다. 많은 맥락에서 스트레스가 심하거나 고통스럽거나 더없이 위험해 보이는 의례가 종종 갖가지 질병에 대한 문화적 치료법으로 처방된다. 예컨대 아프리카와 중동의 여러 지역에서 실행하는 자르 의식은 쓰러지기 직전까지 몇 시간 동안 춤을 추며, 실천자가 귀신에 씐 탓에 느끼는 우울과 불안 등 다양한 문제를 극복하도록 돕는다고 여겨진다. 멕시코의 산타 무에르테 숭배자들은 흙투성이가 된 손과 무릎으로 먼 거리를 기어가 신에게 불임과 그 밖의 문제들을 치유해 달라고 간청한다. 북아메리카의 원주민 부족은 살을 뚫거나 찢는 치유 의식인 태양 춤을 실천한다. 그리고 전 세계에서 사람들은 자기 문제에 대한 해답을 구하는 한 방법으로 인간의 인내력을 한계까지 밀어붙이는 순례에 나선다.

누군가는 이런 의례가 외부인이 보는 것만큼 실천자에게

스트레스를 주지 않는다고 주장할지도 모른다. 이런 사람들은 고통에 아랑곳하지 않거나 내성이 더 강할까? 실은 사람들은 종종 내게 이런 극한 의례에 피학적인 면이 있느냐고 물었다. 그런 관행에 끌리는 사람은 고통을 좋아하고 실제로 이를 쾌감으로 경험하는 것은 아닐까? 나는 이러한 일이 일어나고 있다고 생각하지 않으며, 인류학적 증거도 그렇지 않음을 시사한다.

극한 의례에 참가하는 사람들은 전형적으로 자기 경험이 유쾌하기는커녕 괴롭다고 묘사한다. 의례를 수행하는 사람들이 용기를 발휘하고 모든 불편한 기색을 억누를 것이 예상되는 경우조차 누구든 얼굴을 보면 알 수 있다. 실제로 나는 동료들과 불 건너기 의례의 상황에서 얼굴 표정을 연구한 바 있다. 고해상도 카메라로 의례를 녹화하고, 불타는 석탄을 밟을 때의 표정을 포착한 정지 장면을 2000컷 이상 추출했다. 그런 다음 실험실에서 의식과 무관한 판정단에게 사진을 보여 주고 그 얼굴에 반영된 정서를 평가해 달라고 했다. 이 의례의 참가자들은 불타는 석탄을 걷는 스트레스와 고통에 의연해 보이려 애썼지만 모든 판정단은 시련이 진행됨에 따라 괴로움이 커지는 것을 알아볼 수 있었다.[4]

이상의 연구 결과는 생체 측정 데이터의 분석 결과와도

4 Bulbulia et al.(2013).

일치한다. 극한 의례를 수행 중인 사람들의 생리 상태를 들여다볼 때마다 나는 그들 몸의 반응이 얼마나 격렬한가에 놀랐다. 이미 살펴보았다시피 일부 의례에서 참가자의 심박수는 건강한 성인에게서 불가능하리라 여긴 수준까지 치솟았다. 각성의 또 다른 척도인 피부 전기 활동은 타이푸삼 카바디 의례 중 스트레스 수준이 일상생활에서 경험하는 다른 어떤 스트레스성 사건보다 몇 배 더 높다는 사실을 드러냈다.[5] 누군가는 참가자들이 통증을 기분 좋게 느끼리라 의심할 만한 BDSM 콘퍼런스는 어떨까? 이 맥락에서 수행된 피어싱 의례에 참가한 사람들도 가시적인 괴로움의 징후를 나타냈다. 이 행사에서 타액 표본을 채집한 연구자들은 스트레스 호르몬 코르티솔의 수치가 250퍼센트 증가한 것을 발견했다.[6]

이러한 전통은 고통과 스트레스를 유발하는 데 더해 부상이나 흉터, 감염을 초래할 위험성도 다분하다. 대규모 모임의 환경에서 이루어지는 경우가 많아 과밀과 열악한 위생 조건으로 이어져 면역계에 문제를 일으키고 실천자가 전염병의 위험에 노출될 수 있다. 이러한 위험성 때문에 세계보건기구는 순례자의 건강에 관한 우려를 제기한 바 있고, 2012년 일류 의학 학술지《랜싯》은 대규모 집회에 관한 정책 권고 사항을 특집으

5 Xygalatas et al.(2019).
6 Klement et al.(2017).

로 다뤘다.[7] 그처럼 심각한 우려에 비춰 볼 때 많은 상황에서 위험한 관행이 건강에 유익한 것으로 언급되곤 한다는 점은 주목할 만하다. 이 말은 사실일까?

*

2012년 한 과학자 그룹은 역시나 인도에서 대규모 종교 집회 참가의 건강 효과를 조사하도록 설계된 연구를 수행했다.[8] 그들이 말한 '대규모 집회'란 정말로 거대했다. 쿰브멜라는 기원 시기를 알 수 없는 가장 중요한 힌두교 순례 중 하나다. 순례자들은 집회가 개최되는 4대 강의 강둑에 모여 기도하고 신성한 강물에 목욕하며 죄를 씻어 낸다. 이 행사는 12년 주기로 열리며 더 작은 형태는 6년마다 열린다. 소규모 순례도 2000만 명이 훌쩍 넘는 인원이 모일 수 있다. 알라하바드 근처 갠지스강 둑에서 개최되는 최대의 행사인 마하 쿰브멜라는 지구상에서 가장 큰 인간 집회로 최근 몇 년 동안 참석자 수가 최대 1억 5000만 명에 달한다고 추산된다.

기념행사는 한 달간 계속되며 많은 순례자가 이 기간 전체를 가혹한 조건에서 야영하며 보낸다. 임시변통한 천막에서 지내거나 땅바닥에서 자며 낮 동안은 아열대의 태양에, 밤에는

7 Memish et al.(2012).
8 Tewari et al.(2012).

영하에 가까운 기온에 속수무책으로 노출된다. 그들이 목욕하고 마시는 갠지스강은 강줄기를 따라 연결된 수많은 도시에서 화학 폐기물과 쓰레기, 처리되지 않은 인간 하수를 버려 지구상에서 가장 심하게 오염된 강 중 하나다. 게다가 순례자들은 극단적 과밀, 높은 수준의 소음, 기본 물품과 서비스 부족, 육체적 피로에 노출된다.

누가 봐도 이러한 조건이 건강에 대단히 파괴적인 영향을 미쳤으리라 예상할 수 있다. 연구자들은 쿰브멜라에 참석한 416명의 순례자를 불참한 대조군과 비교하여 이런 영향을 연구하기로 했다. 순례 한 달 전에 참가자들은 신체적, 심리적 질병의 증상을 보고하고 종합적 행복도를 평가해 달라고 요청받았다. 변화의 척도를 제공하기 위해 순례가 끝나고 한 달 뒤에 또 한 번 측정이 이루어졌다. 주목할 만하게도 자료 분석 결과에 따르면 순례에 참가한 사람들은 심리적, 신체적 건강 관련 증상을 더 적게 경험했고 주관적 행복도도 높아졌다.

쿰브멜라는 매우 힘든 의례이지만 참가자들이 강둑에서 야영하며 즐겁게 보낼 가능성도 있다. 하지만 실천자에게 직접적으로 고통과 괴로움을 가하는 다른 모든 의례는 어떨까? 쿰브멜라 연구 결과에 흥미를 느낀 나는 위 연구의 저자 중 한 명인 사회심리학자 사미 칸에게 연락했다. 그의 연구 결과가 내가 연구하는 극단적인 의례에도 적용될 수 있다고 보는지 묻고, 그들의 연구 방법에 대해 요청받지 않은 비평까지 내놓았다. 사미는 훌륭한 과학자로서 내 비판을 환영했고, 우리는 극한 의례의 잠재적 결과물과 그것을 연구할 방법에 관해 긴 온라인 대화를 나눴다. 연구 관심사를 공유하고 있음을 알게 된 우리는 직접 만나서 가능한 협업에 대해 의논하기로 했다. 나는 그를 내 연구소 강연에 초청했고, 공동 프로젝트 자금을 마련하기 위한 연구비 신청서 준비에 공들였다. 마침내 우리는 지원금을 받아 장비를 구입하고 연구 팀을 꾸려 모리셔스에서 타이푸삼 카바디 의례가 건강에 미치는 영향을 조사하게 되었다.

타이푸삼 카바디는 의례적인 행복 가설의 한계를 시험하는 극심한 육체적 고난을 수반하기에 이 연구를 하기 이상적인 환경이었다. 수많은 신체 피어싱은 벌어진 상처를 남기고 종일토록 끊임없이 자극을 받아 피부나 혈류 감염의 위험이 상당하다. 뺨을 꿰뚫은 꼬챙이는 큰 구멍을 내어 피부가 찢기고 신경이 손상될 심각한 위협을 제기한다. 출혈, 육아종, 켈로이드 흉터 형성, 외모 손상도 추가적 위험에 해당한다. 이 의례는 아스팔트 길을 달구는 열대의 땡볕 아래 수행된다. 맨발로 걷는 순례자들은 발에 화상을 입고 물집이 잡히곤 한다. 그날 더위에 지쳐 실신하는 사람을 보는 일이 다반사고, 몇 년간 우리 연구 팀의 많은 팀원은 틈 날 때마다 태양을 피할 방도를 모색했으나 열사병과 일광 화상에 시달렸다. 신도들은 피할 수도 없었다. 이 의례의 격렬한 본성은 우리 프로젝트에 좋은 사례 연구를 제공했지만 큰 난제도 부과했다.

우리의 목표는 이 강렬한 체험이 참가자의 신체적, 심리적 행복에 미치는 영향을 측정하는 것이었다. 그러려면 의례 참가의 강도를 수량화해야 했다. 이를 달성하는 한 방법은 각 개인이 의례 중에 노출되는 통증의 양을 어떤 식으로든 평가해 괴로움의 외적 원인을 살펴보는 것이었다. 또 다른 방법은 괴로움의 신체적 표현을 측정하여 그 노출 결과를 살펴보는 것이다. 우리는 두 방법을 모두 사용하기로 했다. 타이푸삼 카바디에서 가장 고통스러운 활동은 순례자의 몸에 금속 피어싱을 하는 것이다. 어떤 신도는 혀에 바늘 하나만 꽂는 반면에 다른 신도는 전신에 수백 개를 꽂기도 한다. 각 참가자가 견딘 피어싱의 수를 세는 방법으로 통증의 추정치를 얻을 수 있었다.

이 통증은 행렬 내내 신도들이 겪는 다른 모든 고난과 합쳐져 높은 수준의 스트레스로 이어지리라 예상되었다. 하지만 얼마나 높을까? 이를 알아보고자 피부 전도도를 기록하여 사람들의 피부 전기 활동을 측정했다. 스트레스를 받으면 자율신경계의 교감 신경이 깨어나 외분비샘에서 땀을 분비한다. 이런 이유로 초조하거나 겁을 먹으면 손바닥에 땀이 난다. 땀은 피부에서 전기가 더 잘 통하게 하므로 아주 작은 전극 두 개를 몇 센티미터 간격으로 배치하면 눈에 보이지 않는 전류의 흐름을 추적하여 이러한 자율 반응을 측정할 수 있다. 이 반응은 어떤 의식적 통제도 받지 않기에 피부 전도도는 '거짓말 탐지기'로도 알려진 테스트의 주요소이기도 하다. 이 검사가 실제로 거짓말을 탐지할 수 있다는 발상은 유사 과학의 영역에 속하지만 스트레스 측정을 잘하는 것은 사실이다.

두 번째 과제는 의례에 참가해 얻을 건강상의 결과를 수량화하는 것이었다. 건강은 광범위하고 복잡한 개념이어서 단일한 측정 기준이 없다. 다행히 사미의 전력은 건강 심리학에 속했고 이런 유형의 데이터를 모아 본 경험이 풍부했다. 주관적 건강과 행복을 평가하도록 설계된 일련의 설문 방법을 이용해 타이푸삼 카바디 참가자 집단과 대조군, 즉 출신 지역과 문화적 배경이 같으면서 그해에 고통스러운 의례에 참가하지 않은 사람들로부터 정보를 모았다. 이런 설문 방법 외에 생리적 데이터도 확보했다. 종합적으로 우리는 의례 전과 도중, 이후로 이어지는 두 달간 두 집단을 추적 관찰했다.

이런 기술적 문제와 별개로 우리가 극복해야 했던 가장 중요한 과제는 의례를 방해하지 않으면서 연구를 수행할 방법이었다. 지역 공동체 구성원에게 이 축제는 가장 중요한 신을 기리기 위해 가장 신성한 사원에서 개최되는 연중 가장 중요한 기간이다. 누구든 시끄러운 연구자들이 순례를 방해하는 사태만은 피하고 싶을 터였다. 고맙게도 최근의 기술적 진전 덕분에 의례에 끼어들지 않고도 원격으로 측정을 진행할 수 있었다. 우리는 참가자가 팔에 차는 손목시계만 한 작은 장치인 휴대용 건강 모니터를 사용했다. 신체 활동, 스트레스 수준, 체온과 수면의 질을 기록할 수 있는 기기다. 배터리가 꼬박 일주일을 가서 의례 당일에 참가자를 방해할 필요도 없었다. 우리는 축제 한 달 전과 한 달 후를 포함해 두 달간 측정값을 모았다. 이 기간에 매주 한 번씩 참가자들을 방문하여 장치에서 데이터를 내려받고 심박수, 혈압, 체질량지수를 추가로 측정했다.

데이터를 통해 이 의례가 정확히 얼마나 힘든지를 알 수 있었다. 참가자들은 의례 당일 평균 64회의 신체 피어싱을 견뎠고, 일부는 몸에 400개가 넘는 바늘을 꽂았다. 이는 그들의 생리 현상에 관찰 가능한 흔적을 남겼다. 피부 전기 활동이 다른 어떤 날보다도 확연히 높았다는 점은 순례자들이 정말 고통스러워했음을 시사했다. 그렇지만 어떤 이들은 평균보다도 더 했다. 말하자면 만성 질환에 시달리는 사람들은 더 격렬한 형태의 의례에 참가하는 경향이 있었고 사회적 소외를 겪는 사람들, 즉 사회 경제적 지위가 낮은 개인들도 마찬가지였다. 더 곤궁한 사람들은 더 비싼 값을 치를 용의가 있었다. 그리고 그 값은 정말로 비쌌다. 어떤 건강 문제로 고통받는다고 말한 사람은 그렇지 않은 사람보다 열 배 더 많은 피어싱을 견뎠다.

놀랍게도 이 고문은 어떤 장기적인 부정적 영향도 미치지 않았다. 단 며칠 만에 그들의 신체 건강은 모든 면에서 정상으로 돌아갔다. 그리고 정신 건강은 사실 상당히 나아졌다. 의례에 참석하지 않은 사람과 비교할 때 참가자들은 심리적 행복과 삶의 질이 향상했고, 그 개선은 의식 중에 경험한 괴로움의 정도에 비례했다. 다시 말해 의례 중 더 많은 통증과 스트레스를 마주한 사람일수록 개선 효과는 더욱 컸다. 더 구체적인 예로 몸에 꽂은 바늘 수를 기준으로 나눈 두 집단 중 피어싱을 더 많이 견딘 쪽은 더 적게 견딘 쪽보다 심리적 건강이 30퍼센트 향상되었다.

*

이러한 결과는 관련 활동이 괴로움을 주고 실천자의 건강에 직접 위협을 가하기 때문에 얼핏 모순적으로 보일 수 있다. 하지만 현재 의례에 관해 알려진 모든 것을 고려하면 전적으로 놀라운 일은 아니다. 그런 의식의 일부가 수천 년 동안 살아남은 이유는 신체적, 심리적, 사회적 수준에서 강력한 효과를 발휘한다는 데 있다. 이 효과는 다른 영역에서 개별적으로 발견될 수 있지만 의례의 환경에서 독특하게 합쳐진다.

앞서 보았다시피 의례는 중요한 심리적 기능을 한다. 고도로 구조화되고 믿을 만하게 예측할 수 있는 특성 덕분에 폭풍 같은 세상에서 닻과 같은 역할을 한다. 일상생활에서 수시로 직면하는 무질서하고 걷잡을 수 없는 상황에 질서감과 통제감을 제공하여 불안을 극복하게 해 준다. 또한 정기적인 의례 활동 참가는 노력과 헌신을 요구하여 수행자가 훈련을 실천하고 자제력을 강화하게끔 한다. 이를 보여 주는 예로 일련의 연구 결과에서 식사 전 의례 수행은 사람들이 더 나은 음식을 선택하고 열량 섭취를 조절하도록 도왔고, 더 건강한 생활 방식을 추구할 힘을 얻은 느낌을 선사했다.[9]

종교적 전통은 의례를 신성화하고 규칙적인 수행을 처방함으로써 이러한 자기 규제의 잠재력을 증폭시키는 외적인 격려를 제공한다. 문화적 체계는 명확한 목표를 설정하고 사람들이 이를 성취하도록 분투할 동기를 부여한다. 이런 목표는 그 자체로 유쾌하지 않을 수 있다. 사람들 대부분은 음식을 빼앗기거나 몸에 바늘이 꽂히는 것을 즐기지 않는다. 목표를 달성하려면 의지력을 단련해야 하는데 의지력은 마치 근육처럼 쓸수록 더 강해진다.[10] 이런 도전적 과제 완수에 따르는 성취감은 자신감을 북돋아 실천자에게 종류가 다른 난제와 맞붙을 동기를 부여해 준다. 이는 더 낮은 약물 남용, 더 안전한 성행동 등 종교와 결부된 건강 증진 습관 일부를 설명하는 데 도움이 될 것이다.[11]

이런 효과는 대개 무의식적으로 작용하지만 문화적 의례는 더 명시적인 기대를 낳기도 한다. 우리가 보았다시피 사람들은 직관적으로 의례에 인과적 힘이 있다고 인식한다. 2장에 소개한 미취학 아동 연구에서 아이들은 생일잔치를 하면 나이

9 Tian et al.(2018).
10 Wood(2016).
11 McCullough & Willoughby(2009).

를 먹는다고 믿었다. 또 3장의 성인 대상 실험에서 슛하기 전 의례가 농구 선수의 득점 가능성을 높이는 것처럼 보였다는 점을 상기하자. 문화적 의례는 이런 직관을 분명하게 만들며, 이를 통해 긍정적인 기대를 불러일으키고 희망을 제공해 직관을 증폭시킨다.

의사가 설탕으로 만든 알약을 주며 효과가 있다고 하면 환자의 증세가 종종 호전되는 경우가 있다. 이는 위약 효과로 알려져 있다. 위약 효과는 스트레스 호르몬 감소로 이어지는 긍정적 전망을 유발해 면역계에 대한 압력을 줄이고 치유 과정을 거든다. 따라서 부러진 뼈를 붙이거나 종양이 줄어들게 하지는 못해도 통증, 편두통, 불면증, 불안, 우울증을 완화하는 데는 얼마간 공헌할 수도 있다. 모든 인간 문화는 심리학자들이 이런 발상을 거론하지도 않았을 먼 옛날부터 치유 의례를 이용해 면역계를 자극했다. 이러한 의식의 맥락에서 의례적 동작의 효험에 관한 직관적 기대는 그토록 많은 사람이 이 의례를 신뢰한다면 무언가 있는 것이 틀림없다는 문화적 교훈에 대한 신뢰는 물론, 초자연적 행위자 또는 힘의 역할에 관한 믿음과도 결합할 수 있다.

치유 의례의 사회적 구성은 부가적인 측면에서도 도움이 된다. 이런 의례에서 치유를 구하는 사람은 대개 정신 질환이나 심신 장애에 시달린다. 이는 그리 놀라운 일이 아니다. 사람들 대부분은 불안이나 우울 증세로 정신과 의사를 찾아갈 가능성보다 뻐가 부러져서 의사를 찾아갈 가능성이 더 크다. 전 세계 많은 지역에서 이러한 증세가 망신이나 지위 상실과 결부되어 환자가 도움을 구하는 것을 방해하기 때문이다. 하지만 환자들이 종교적 치유자를 찾아가면 그들을 괴롭히는 고질병은 귀신이나 마녀, 기타 외부 세력의 탓이 될 수 있다. 이는 환자가 증세를 자기 입맛에 더 맞을 뿐 아니라 사회적으로 더 용인된 방식으로 재해석하게 해 준다. 실은 많은 경우 전에는 병으로 여겨지던 것이 축복으로 여겨질 수도 있다. 아나스테나리아 중 치유를 바라는 사람들은 성자의 선택을 받아 고통받는다고 생각한다. 이들의 증상은 병의 징후가 아니라 성자의 부름을 받들러 가는 고생스럽지만 보람 있고 명예로운 길이다.

아마도 의례의 가장 중요한 기여는 연대감을 제공하는 데 있을 것이다. 집단 의례의 참가자들은 비슷한 배경, 가치, 경험을 공유하는 개인으로 구성된 지속적인 공동체의 구성원이다. 의례를 준수하는 것은 유대 관계를 강화하도록 돕고 구성원 자격의 상징적 표지, 참가자가 집단에 헌신한다는 증거가 되어 공동체 내에서 지위를 높이는 동시에 사회적 관계망을 강화하고 확대한다.

사회적 유대 관계의 폭이 넓다는 것은 어려울 때 의지할 친구, 기꺼이 고민을 들어 줄 사람, 활용할 자원과 전문 지식이 더 많다는 뜻이다. 그 결과로 더 강력한 지원망을 갖춘 사람은 스트레스에 더 잘 대처하고 더 건강한 삶을 영위하며 더 건강한 관계를 맺는다.[12] 반대로 사회적 지원이 빈약한 사람은 고독과 우울증, 사회적 소외에 취약하다.[13] 심혈관 질환, 약물 남용, 자살의 위험성이 더 크고 더 일찍 사망할 가능성이 크다. 이런 이유에서 사회적 지원은 심리적 건강과 행복의 주요한 구성 요소로 인정된다.

위의 효과는 정신과 사회가 몸에 영향을 미치는 능력에 기대어 하향식으로 작용한다. 하지만 의례는 상향식 효과도 미칠 수 있다. 의례가 참가자 뇌의 화학 작용을 직접 건드려 영향력을 발휘한다는 말이다. 도파민과 세로토닌 같은 신경 전달 물질 수치를 조절해 감각 기능을 높이고 기분을 좋게 하며 전반적인 행복감을 낳는 보상 체계를 예로 들자. 이 체계는 섭식이나 짝짓기 같은 생존에 필수적인 행위에 동기를 부여하도록 진화했다. 이런 이유로 도파민이 급증하면 행복감과 더불어 종종 변화된 의식 상태로 느껴지는 깊은 의미감이 생겨난다. 기분 전환용 약물이나 알코올 같은 중독성 물질은 이 회로를 작동하는 데 매우 효과적이다. 옛날부터 다양한 의례적 전통에서 환각 유발제를 사용한 것도 뇌의 도파민과 세로토닌 활동에 직접 간섭하여 강력한 느낌을 유도하기 위해서다. 이런 물질은 엔테오겐(entheogen), 즉 '안에 신성을 만들어 내는'이라는 뜻의 그리스어 단어로 불릴 만큼 영적 체험을 일으키는 데 효과적

12 Ozbay et al.(2007).

13 Liu, Gou & Zuo(2014).

이다.

그렇지만 약물이 유일한 엔테오젠은 아니다. 몸과 마음을 조종하는 방법으로도 같은 체험을 할 수 있다. 일부 의례는 신체 운동과 자세, 호흡이나 감각 자극을 조절하여 사실상 천연 엔테오젠으로 기능한다. 예컨대 연구가 보여 주는 바에 따르면 일정한 형태의 깊은 명상은 뇌의 화학 작용에 상당한 영향을 미칠 수 있다. 요가 니드라를 수련하면 뇌의 복측 선조체에서 도파민 수치가 높아지는 한편[14] 비파사나 명상, 마음 챙김 명상, 초월 명상 수련은 모두 세로토닌 수치를 조절하는 것으로 밝혀졌다.[15] 신기하게도 초월은 각성의 반대쪽 극단에 속하는 듯한 활동을 통해서도 경험할 수 있다. 말하자면 깊은 명상으로 유발되는 고요라는 초이완 상태나 무속으로 다다르는 황홀경이라는 초각성 상태나 모두 유사한 몰입감을 불러일으키고 해리 상태를 초래할 수 있다.

정서적 각성, 신체적 고통과 피로, 반복적인 음악과 춤, 단식과 감각과부하 또는 둘 다를 수반하는 고강도 의례에 참가하면 보상 체계가 기분 좋은 분자의 칵테일을 뿜어 내면서 뇌에 전기화학적 폭풍이 발생한다. 세로토닌은 부정적인 느낌을 억제하여 기분 조절을 돕는다. 말하자면 그것은 통증을 진압하고, 수면의 질을 높이고, 공격성과 폭력성을 줄이고, 사교성을

14 Kjaer et al.(2002).

15 Newberg and Waldman(2010).

키우는 진정제처럼 작용한다. 반면에 도파민은 쾌감과 더 직접 결부된다. 이 호르몬은 기분 좋은 감각과 흥분, 그런 감각을 적극적으로 추구할 동기를 만들어 낸다. 세로토닌과 도파민 수준의 균형이 깨지면 외로움, 불안, 우울 또는 기타 수많은 정신 장애를 겪을 수 있다. 이런 이유로 거의 모든 항우울제가 뇌의 세로토닌과 도파민 수준을 회복시키는 데 주력한다.

각성이 장시간 지속되면 뇌 자체의 기분 전환 약물인 내인성 도취제의 생산을 자극할 수 있다. 이런 물질은 기분을 띄우고 불편과 불안을 줄이며 통증을 완화함으로써 동기 유발을 조절하는 데 중요한 역할을 한다. 통증은 위험한 상황을 피하도록 하는 매우 중요한 감각이다. 치과에 가는 일 같은 몇 가지 예외를 빼고 일반적인 경험칙을 따르자면 아픔을 주는 무언가는 마땅히 피해야 한다. 하지만 통증이나 스트레스, 신체적 피로가 장기화되면 이는 우리 뇌에 어떤 생존 투쟁이 벌어지고 있다는 신호를 보낸다. 출산, 전쟁, 싸움, 도주, 기타 생사를 가르는 상황은 종종 우리 자신을 한계까지 밀어붙인다. 그러한 정황에서 통증은 주의를 심각하게 분산시키거나 걸림돌이 될 수 있다. 내인성 아편 유사 물질 계통의 기능은 상황이 힘들어져도 우리 몸이 계속 견디게 하는 것이다. 마치 의사가 진통제를 처방하듯 진화는 통증으로 인해 약해지지 않고 끝까지 밀고 나가도록 나름의 진통제를 고안해 왔다.

장거리 달리기 선수의 경험을 생각해 보자. 몇 킬로미터를 달리고 또 달리다 보면 그들은 때때로 '러너스 하이'로 알려진 상태에 도달한다. 흥분하고 불편감이 줄어들면서 종종 꿈결처럼 둥둥 떠다니는 느낌, 시간 감각이 사라지는 느낌을 동반하는 황홀감 말이다. 달리기 선수들은 이런 상태를 하늘을 나는 것, 높이 있는 것 또는 유체 이탈을 경험하는 것과 비슷하다고 묘사하곤 한다. 그것은 최면적이면서 기운을 불어넣어 주어 선수들이 동력을 얻는 동시에 긴장을 늦추고 걱정으로부터 놓여나게 한다. 이 주목할 만한 효과들은 내인성 아편 유사 물질 계통과 내재성 카나비노이드 계통 같은 구체적인 뇌 회로의 작용이다.

내가 동료와 함께 수행한 연구는 사람들이 신체를 뚫고 춤을 추고 칼날 위나 불타는 숯 위를 걷는 등 육체적으로 힘든 다양한 의식 행위에 참가한 후에 비슷한 효과를 경험한다는 사실을 알려 주었다. 이 고단하고 고통스러운 활동에 착수한 사람들은 우리가 스페인에서 기록한 것과 비슷한 수준인 분당 200회 이상의 심박수를 나타내며 생리 현상을 통해 고충의 증거를 영락없이 보여 주었다. 하지만 이 괴로움은 사실상 그들을 더 기분 좋게 했다. 다시 말해 노력을 더 많이 기울인 사람일수록 나중에 피로를 덜 느끼고 황홀감을 더 많이 느꼈다.[16]

내인성 도취제도 그 합성물과 마찬가지로 만성 통증과 우

16 Fischer et al.(2014).

울증 치료, 면역 기능 항진, 주관적 행복감 향상에 연관된다. 그래서 규칙적으로 운동하는 사람은 기분이 더 좋고 우울증과 불안 장애에 걸릴 가능성이 더 작다. 이러한 장애에 대한 약물 치료도 극한 의례 등 매우 자극적인 경험에서 촉발되는 신경 전달 물질과 동일한 물질의 일부를 조절하는 방식으로 작용한다. 실제로 의학 연구는 강도 높은 신체 운동이 주요 우울증을 치료하는 데 항우울제 투약만큼 효과적일 수 있음을 보여 준다. 물론 문제는 기분 장애를 앓는 사람이 대개 몸을 움직이려는 의욕이 없어서 악순환을 초래한다는 점이다. 문화적 의례는 참여해야 한다는 외압을 가하여 이 문제를 피하게 한다.

여기서 출발한 사회학자 제임스 매클래넌은 몰입, 해리, 변경된 의식 상태와 관련된 무속 의례가 종교와 영성의 생물학적 기초를 형성했다는 견해를 내놓았다. 그는 이러한 의례가 초기 인류 사회의 주요한 치유 수단이었을 것이라고 주장했다. 치료에 보탬이 된 덕분에 그것은 최면 가능성과 연관된 유전자형에 유리한 선택압을 가했다. 이러한 유전자형이 우세해짐에 따라 종교적 정서, 신화, 사상이 가능해졌고 그런 의례의 사용을 정당화하는 데 이용되었다.[17] 매클래넌의 발상은 사변적이지만 매우 흥미롭다. 만약 그것이 사실이라면 무속 의례 기법의 혜택이 그 기법에 민감한 개체들을 선택적으로 생존시켜

17 McClenon(1997).

왔음을 암시한다. 그리고 이는 결국 우리가 유전적으로 일정한 종류의 의례 경험을 추구하는 경향이 있는 사람들의 후손임을 뜻한다. 우리는 말 그대로 의례를 수행하도록 진화했다.

*

극한 의례는 건강과 사회적 이득을 거두기 위해 어떻게든 고통을 활용한다. 겉보기에 고통은 위험하다. 예컨대 실천자가 강도를 계속 높여 면역계가 위태로워지거나 중상을 입을 것처럼 보인다. 정말 희한하게도 그런 사례는 흔치 않다. 마라톤 선수 대부분이 심장마비로 쓰러질 때까지 달리지 않듯이 의례 참가자도 자기 인내의 한계를 알고 거기까지만 몸을 밀어붙이는 듯하다. 소수의 예외가 있기는 하지만 말이다.

치유 의례의 또 다른 잠재적으로 위험한 부작용은 그 힘에 지나치게 의존하는 데서 올지도 모른다. 입증된 이득에도 불구하고 의례는 만병통치약이 아니며 생의학적 개입을 대체할 수도 없다. 고맙게도 의례 실천자 대부분은 이를 잘 알고 있다. 농부들은 풍요 의례를 수행해도 작물 돌보기를 멈추지 않는다. 풍작을 확실히 하기 위한 기술적, 물리적 노력을 계속한다. 마찬가지로 치유 의례를 행하는 사람들도 보통은 의료진을 찾아간다. 의례적 실천과 생의학적 실천의 관계는 대개 적대적이 아니라 보완적이다. 사람들은 의례가 세상사에 모종의 직접적인 영향을 미친다고 믿는 순간에도 여전히 이것이 자연계의 물리적 인과성과 종류가 다른 효과임을 이해하고 있다.

훨씬 더 큰 위험은 동종 요법과 같은 유사 과학적 관행을 신뢰하는 데 있다. 이러한 관행은 의례처럼 약간 이로운 위약 효과가 있을 수 있지만 여기에 의존하는 사람들은 그것이 어떤 과학적 인과 과정을 수반한다고 믿는다. 그 결과 그것을 의학과 동등한 대안으로 취급하여 건강에 심각한 영향을 끼칠 수 있다.

그렇지만 어떤 경우에는 사람들이 의례적 행위에도 물리적 원인에 따르는 결과와 똑같은 피할 수 없는 영향을 받는다고 확신하게 될 수 있다. 그런 일이 일어나면 상황은 끔찍해진다. 이런 종류의 확신을 대변하는 일례는 '부두 죽음(voodoo death)'으로 알려진 괴이한 현상이다. 누군가가 자신에게 사악한 주문이 걸렸다고 믿은 결과 겁에 질려서 심각한 심신 증상을 겪기 시작해 병에 걸리고 극단적일 경우 사망에 이르게 되는 경우다. 이런 유형의 부정적인 위약 효과를 '노세보(nocebo)'라고 한다. 특정 약물에 부정적 부작용이 있다고 들은 환자는 그런 부작용을 경험하기 쉽다는 의미다. 그러므로 이 드문 현상에 대한 묘사 대부분이 의사에게서 나오는 것도 당연하다.

20세기 초 이 주제에 매혹되어 전 세계 다양한 문화에서 기록을 수집한 하버드 대학교 의대 교수 월터 캐넌도 그중 한 명이다.[18] 예컨대 어떤 오스트레일리아 원주민 문화에는 누군가에게 뼈를 겨누면 그 사람이 죽을 수 있다는 믿음이 있다. 이 뼈는 에뮤, 캥거루, 또는 인간 같은 특정 동물의 것이라야 하고, 때때로 사람의 머리카락으로 엮는 등 그 부족의 의례 살인 전문가가 집행하는 특별한 의식을 거쳐야 한다. 실제로 끝내 병들어 죽은 뼈 겨누기의 희생자에 관한 민족지학적 설화가 여럿 있다. 그리하여 이 현상은 '뼈 겨누기 증후군'으로도 알려져 있다. 캐넌은 이런 사례를 '공포사'로 해석했다. 의례가 죽음을 불러올 거라고 진짜로 믿은 피해자는 공포에 압도된 결과 무기력해지고 식음을 전폐한 채 죽기만 기다린다. 따라서 죽음은 자기 충족적 예언이 될 수 있다.

이 과정에서 중요한 요인은 사회적 환경이다. 누군가가 마법에 걸렸다는 소문이 돌 때 그 믿음은 그 사람의 마음뿐 아니라 다른 모든 사람의 마음에 있다. 공동체 전체가 그 사람을 저주받았거나 죽은 사람으로 취급하기 시작한다. 그에게 말을 걸지 않거나 피하거나 무시하거나 동정할 수도, 심지어 그를 위한 장례를 치르기 시작할 수도 있다. 그러므로 피해자의 내면 세계만이 아니라 그를 둘러싼 사회적 세계 전체가 붕괴하면서 예언의 충족이 가속화된다. 이는 일종의 강요된 자살이며 일부는 '심령 살인'이라 일컫기도 한다.

18 Cannon(1942).

저명한 성형외과 의사 맥스웰 몰츠는 1950년대 뉴욕에 있던 자신의 진료실을 찾은 러셀 씨에 관해 이야기했다. 러셀 씨는 부두의 위력에 대한 믿음이 널리 퍼져 있던 카리브해의 섬에서 태어났다. 그가 아랫입술 성형 수술에 저축한 돈을 다 써 버렸다고 말하자 여자 친구는 격분하여 그에게 부두 저주를 걸었다고 공언했다. 남자는 처음에 별로 신경을 쓰지 않았다. 하지만 다음 날 입술 안쪽에서 작은 혹을 발견하고는 그것이 '아프리카 벌레'가 틀림없다고 확신하게 되었는데, 전설에 따르면 이 벌레는 그의 영혼을 서서히 갉아먹을 것이었다. 몇 주 뒤 의사에게 다시 왔을 때 그는 사람의 거죽만 남아 있었다. "처음 나를 찾아왔던 러셀 씨는 조금 지나치게 큰 입술을 포함해 모든 면에서 매우 인상적인 사람이었다."라고 몰츠는 이야기했다.

> 그는 키가 195센티미터쯤 되었는데, 운동선수의 체격에 내면의 품위를 드러내고 사람을 끄는 매력을 부여하는 몸가짐과 태도를 지닌 덩치 큰 남자였다. (……) 지금 내 책상 너머에 앉은 러셀 씨는 적어도 20년은 늙었다. 손은 노인성으로 덜덜 떨렸다. 눈과 뺨은 푹 꺼져 있었다. 체중도 10킬로그램 이상 빠졌을 것이다. 그의 외모 변화는 전부 의학이 더 나은 이름이 없어서 노화라고 부르는 과정의 특징이었다.[19]

19 Maltz(1960).

이러한 종류의 현상을 전에도 본 적이 있던 몰츠는 그의 사연을 무시하지 않았다. 그 대신에 실은 수술로 생긴 표피상의 흉터에 지나지 않던 혹을 제거하여 보여 주었다. 이제 저주가 풀렸다고 확신한 환자는 빠른 속도로 완치되었다.

캐넌은 현지의 주술사들이 부두 죽음을 이와 유사한 방식으로 어떻게 치료했는지를 이렇게 기술했다. 그들은 환자의 몸을 조금 절개한 다음 뼈나 치아, 발톱을 작게 조각 내 환자에게 보여 주었고, 환자는 이제 강력한 주문이 풀렸다고 믿곤 했다. 이렇게 병의 원흉이 밝혀지고 제거됐다. 부두의 효력에 대한 믿음으로 생겨난 심신 스트레스가 원인이었기에 그들은 실제로 치유되었다.

누군가는 캐넌과 몰츠의 이야기를 당시의 글쓰기 스타일에 맞게 과장되고 인종주의 색채로 미화된 단순한 일화로 일축하고 싶을지도 모른다. 그렇지만 의학 연보에 비슷한 사례가 널려 있고, 실험 연구도 기대가 건강에 긍정적으로든 부정적으로든 중대한 영향을 미칠 수 있음을 입증한다.[20] 설탕 알약이 위약과 노세보로 쓰이기 오래전부터 의례는 정확히 같은 역할을 했다.

20 Lester(2009).

*

부두 죽음과 같은 현상은 드물다. 거의 모든 문화가 타인을 해치거나 개인적 적대 관계를 해결하려는 의례의 사용을 막는다. 이러한 활동은 흔히 마법의 영역에 속하는 것으로 구분된다. 그런 기법의 효력에 관한 믿음이 널리 퍼진 사회에서는 보통 그 실행을 금지하는 강력한 규범과 법도 찾아볼 수 있다. 예컨대 중앙아프리카공화국의 형법은 마법 행위를 5년에서 10년 사이의 징역, 벌금 및 강제노동으로 처벌하도록 규정한다. 상황은 사실 훨씬 더 나빠질 수도 있다. 사우디아라비아에서는 마법을 쓰면 사형을 선고받을 수 있다.

여러 세대의 시행착오를 통해 구축된 의례적 전통은 대체로 다중적 수준에서 작동하여 이를 실천하는 사람에게 이로운 결과를 낳는다. 수행의 신체적 경험, 실천의 효력에 관한 개인의 기대, 참가의 사회적 결과와 관련된 서로 구별되면서도 누적되는 이러한 효과는 수행자의 건강에 강력한 긍정적 영향을 미치도록 결합될 수 있다. 그 결과 수많은 연구가 종교가 있는 사람은 심신이 더 건강하고 삶에 더 만족하며 전반적으로 삶의 질이 더 낫다는 사실을 밝혀 왔다. 특히 이런 이득은 개인의 종교적 믿음하고는 거의 관계가 없고 공동체의 의례적 생활에 참여하는 정도와 관계가 깊다.[21]

분명 의례는 생의학적 개입을 절대로 대체하지 못한다.

하지만 많은 경우, 특히 모든 사람이 그런 개입을 손쉽게 이용할 수 없는 상황에서는 스트레스와 병을 이기고 용기와 의욕을 찾도록 도와 중요한 보완 기능을 한다. 이는 사회적 낙인을 동반할 수 있는 정신병에 관한 한 특히 더 그러하다. 우리가 본 의례 중 일부는 수천 년 동안 대대로 이어졌다. 이 사실이 자동으로 그런 의례를 액면 그대로 받아들여야 한다는 것을 의미하지는 않지만 진지하게 받아들여야 한다는 교훈을 주기는 한다. 다시 말해 이런 의례가 여기에 참여하는 수백만 명에게 무언가 중요한 것을 제공할 가능성을 너무 성급하게 일축하지 말아야 한다. 이제 우리는 이런 관행 다수, 심지어 무시무시하고 끔찍해 보일 수 있는 일부 역시 위안, 지지, 회복력과 치유를 가져다줄 능력이 있다는 증거를 갖고 있기 때문이다.

무엇보다 의례는 겉보기에 극단적인 것조차 사람들에게 의미심장한 경험을 제공한다. 심리학자 폴 블룸은 저서 『최선의 고통』에서 많은 반대 주장에도 불구하고 인간은 타고난 쾌락주의자가 아니라고 역설한다. 물론 안락과 쾌락도 중요하지만 좋은 삶에는 훨씬 더 많은 요소가 뒤따른다. 이런 이유로 에이브러햄 매슬로는 안전과 보장 등을 욕구의 위계 꼭대기가 아니라 중간에 두었다. 우리는 보람 있게 살고 싶어서 노력과 어려움과 투쟁을 필요로 하는 활동을 추구하기도 한다. 블룸은

21 McCullough et al.(2000).

선택된 고난을 두 종류로 구분한다. 첫 번째는 뜨거운 목욕, 매운 음식, 강렬한 운동이나 가학피학증 같은 것이다. 그런 활동에 몰두하는 사람들은 이와 관련된 감각을 쾌감으로 경험한다. 산을 오르고, 아이를 키우고, 극한 의례를 수행하는 것과 같은 두 번째 종류의 선택된 고난은 꽤나 다르다. 짐작건대 산악인은 부상과 눈보라를 상쾌하게 느끼지는 않고, 부모도 수면 박탈을 즐기지 않을 것이다. 마찬가지로 불을 건너는 사람은 발에 화상을 입으려 하지 않고 타이푸삼 카바디 참가자도 바늘과 꼬챙이로 살갗을 뚫는 것에서 기쁨을 얻지 않는다. "그런 활동은 노력이 필요하고 대개 불쾌하다. 하지만 그것은 잘 사는 삶의 일부다."[22]

22 Bloom(2021), p.4.

9장

의례의 힘 이용하기

내가 이 책을 쓰고 있을 때 세계는 새로운 세기 들어 가장 큰 실존적 위협을 마주하고 있었다. 2019년 12월에 SARS-CoV-2로 명명된 새로운 유형의 바이러스가 중국에서 발견되었다. 더 간단히 '코로나바이러스'로 알려지게 된 이 병원균은 어떤 포유류 종, 아마도 박쥐나 천산갑에서 발생한 다음 이 동물과 밀접하게 접촉한 인간에게, 아마 중국 우한의 야생동물 시장에서 옮겨진 것으로 추정되었다. 일단 첫 번째 인간이 감염되자 생명을 위협하는 중증급성호흡기증후군, 곧 코로나19가 사람 간 전파로 급속히 확산했다. 2020년 1월까지 1000명이 넘는 사람이 양성 판정을 받은 터였고, 바이러스도 중국 바깥의 다양한 나라에서 검출되었다. 3개월 뒤에는 100만 명 이상이 감염되었고 3개월 뒤에는 그 수가 1000만 명, 그다음에는 1억 명에 달했다. 전파는 기하급수적이었다. 세계보건기구는 세계적인 유행병의 발발을 선포했다. 사실상 전 세계 어디에도 바이러스가 없는 곳이 없었다.

코로나바이러스 범유행이 전 세계에 충격을 주면서 각국

정부는 전례 없는 조치를 시행해야 했다. 다양한 '사회적 거리 두기' 규칙이 발효되어 공공장소에서의 물리적 상호 작용을 극적으로 제한했다. 학교와 사업장은 폐쇄되었다. 해외여행이 금지되었고 행사가 취소되었으며 시민은 집에 머물라고 지시받았다. 전국이 봉쇄에 들어갔고 허가 없이 집을 떠난 사람은 무거운 벌금형을 받거나 체포되기까지 했다. 심지어 어떤 곳에서는 통행금지를 위반하면 경찰이 공개적으로 구타를 하기도 했다. 소득이 줄고 직장이 사라지고 경제 전체가 무너지면서 한 세기 만에 전 세계적으로 가장 큰 규모의 실업률 급증을 초래하여 세계가 재난의 영향을 빠르게 체감했다. 시민들은 정치 지도자에게 지침을 기대했지만 많은 이가 위기 대응에 갈팡질팡하고 모순된 지시를 내리면서 대처에 실패했다. 미지의 영역에 부닥친 의료 전문가는 끊임없이 예측을 수정했다. 그리고 사망자가 계속 증가하는 동안 언론은 대중에게 암울한 사진과 수치를 퍼부었다. 세계 최고의 강대국조차 재난을 막을 수 없을 듯했다. 오래도록 터널 끝에 빛이라곤 없었다. 백신이 개발되기 전까지는 언제 일상으로 돌아갈지, 아니 이 '새로운 일상'이란 어떤 모습일지 아무도 예측할 수 없었다.

범유행은 비할 데 없는 방식으로 사람들의 삶을 변화시킴으로써 인간 본성의 핵심적인 측면들을 강조했다. 새로운 사회적 거리 두기 규칙은 모든 사람이 인간관계와 물리적 상호 작용의 중요성을 깨닫게 했다. 자가 격리는 우리가 자연과의 접족을 갈망한다는 사실을 상기시켰다. 동시에 이 위기는 인간의 의례 욕구를 입증하고 의식이 지닌 변혁의 힘을 부각하기도 했다.

*

전 세계 대학이 코로나19 범유행에 대응하여 모든 학내 활동을 중단하는 등 바이러스의 확산을 막는 데 동원되었다. 강의는 온라인으로 전환되었고 기숙사가 폐쇄되었으며 연구는 보류되었다. 하룻밤 사이에 수백만 명의 학생이 몇 주 전까지 아무도 상상할 수 없었던 방식으로 삶이 돌변하는 사태를 목격했다. 우리 대학도 예외가 아니었다. 행정처에서 봉쇄를 발표한 다음 날 나는 그 학년도 강의실에서의 마지막 만남이 될 수업에 들어갔다. 학생들은 다들 불안해했다. 그날 강의 내용은 그리 많지 않았다. 수업 시간 대부분을 앞으로의 방향을 의논하고 어떻게든 안도감을 주려고 노력하는 데 보냈기 때문이다. 상황은 끔찍했지만 우리는 극복할 것이었다.

새로운 온라인 체제로 넘어가는 과정을 대략 설명한 뒤 학생들에게 질문이 있느냐고 물었다. 많은 학생이 손을 들었다. 하지만 첫 번째 질문은 수업에 관한 게 아니었다. "졸업식이 있을까요?" 한 학생이 물었다. 모두가 간절히 답을 듣고 싶은 듯했다. 그때는 졸업식이 공식적으로 취소된 상황이 아니었지만 내 생각에는 취소될 것 같다고 설명했고, 아니나 다를까 그렇게 되었다. 학생들의 표정으로 판단할 때 이것이 그날 가장 실망스러운 소식이었다.

이 책을 여기까지 읽었다면 아마도 학생들의 걱정이 그다지 놀랍지 않을 것이다. 우리가 의례에 관심이 깊은 이유는 의례가 의미를 찾고 인생의 많은 난관을 극복하는 데 도움이 되기 때문이다. 의례는 고도로 구조화된 특성상 일상생활의 불확실성에 대해 예측할 수 있고 통제할 수 있다는 감각을 제공한다. 집단 예식을 이행하도록 사람을 모아 유대감과 일체감을 제공한다. 그리고 인생의 주요 순간을 표시함으로써 성취하고 성장했다는 느낌을 준다. 끊임없는 변수로 가득한 세상에서 의례는 꼭 필요한 상수를 제공한다. 코로나바이러스의 돌연한 출현은 다소 독특한 곤경을 제시함으로써 그 모두를 전복시켰다. 사람들은 극도로 불안할 때 규칙성과 정상성에 대한 감각을 찾기 위해 직관적으로 의례에 의지한다. 집에서 쉬라는 명령은 가장 일반적인 대처 전략이 갑자기 무용지물이 되었다는 뜻이었다. 사회적 결집의 필요성이 어느 때보다 커졌지만 이동 제한과 사회적 거리 두기 규칙은 연대를 더욱더 어렵게 만들었다.

이런 예사롭지 않은 상황에서 전 세계의 사람들은 가능한 곳 어디에서나 의례를 추구했다. 구글에서 '기도'를 검색한 횟수가 사상 최고를 기록했다. 코로나19 신규 확진자가 8만 명

늘어날 때마다 기도의 검색 건수는 두 배로 뛰었다.[1] 사람들은 오래된 의식을 기념하는 새로운 방법을 찾기 시작했을 뿐 아니라 새로운 현실에 맞는 새 의례를 창조하기 시작했다. 미국의 코미디언 지미 키멀과 그의 아내 몰리는 격리 중인 사람들에게 비록 집에 혼자 있더라도 매주 의식을 치르듯 정장 차림으로 참석하는 '금요일 야회(formal Friday)'를 열라고 권유했다. "갈 데가 없어도 마치 어딘가에 갈 것처럼 차려입자는 생각이죠."라고 그는 설명했다. 이런 종류의 의례는 사람들이 구조와 정상성에 대한 감각을 유지하고 통제감을 되찾게 했다. 혹은 키멜의 말로 전하자면 이렇다. "우리가 이것을 하는 이유는 새장 속에 사는 앵무새가 아니라 인간인 척하기 위해서예요. 다른 건 없어요. 그러니 턱시도가 있다면 꺼내 입으세요."

재택 의례는 이행하기가 비교적 쉬운 데 반해 사회적 격리 시기에 집단적인 예식을 여는 일은 훨씬 더 도전적이었다. 그래도 사람들은 더 넓은 인간관계를 유지할 창의적인 방법을 찾아내며 어디서든 밀고 나갔다. 예컨대 이탈리아의 벨라라는 마을의 주민들은 사회적 거리 두기를 유지한다고 해서 사회적 활동을 못 하는 것은 아니라고 결정했다. 긴 대나무 막대를 이용해 포도주잔이 달린 컵 거치대를 장착한 장대를 만들었다. 그렇게 안전한 자택 발코니에서 좁은 길을 가로질러 이웃과

1 Bentzen(2020).

건배했다.

전 세계 도시 거주자들도 위기의 영웅으로 칭송받는 의료인에게 경의를 표하기 위해 발코니로 나섰다. 매일 같은 시각에 일제히 창문을 열고는 함께 환호성을 지르고 손뼉을 치거나 냄비와 프라이팬을 두들기며 최전방에서 일하는 사람들을 향한 기립 박수를 보냈다. 도시 전체에 환호성이 울리기 시작하면서 이 의례는 머지않아 일체감과 안도감을 제공하는 연대와 회복력의 상징이 되었다. 모든 사람이 동참했고, 그들은 함께 극복할 것이었다.

이와 유사한 감사와 단결의 의례가 전 세계에서 자발적으로 나타났다. 미국의 여러 지역에서 초등학교 교사들은 학생들을 격려하기 위해 자동차 퍼레이드에 참가하기 시작했다. 학생과 학부모들은 교사들의 집을 지나가는 행렬을 조직해 경적을 울리고 현수막을 세우고 노면에 분필로 메시지를 써서 감사를 표현했다. 스페인 마요르카섬 경찰관들은 거리에서 노래와 춤으로 지역 시민에게 경의를 표했다. 그리고 캘리포니아주 샌버너디노의 한 고등학생 무리는 원격으로 목소리를 동기화해 가상 합창단을 구성했다.

코로나19 위기가 장기화하면서 출퇴근, 쇼핑, 등교와 같은 일상 활동은 이제 많은 사람에게 날마다 똑같이 반복되는 일이 아니게 되었다. 사람들은 종종 시간 감각을 잊고 하루가 점점 더 무의미해진다고 느꼈다. 설상가상으로 우리의 자아감을 규정하고 개인적인 발전과 성취를 느끼게 하는 더 특별한 순간들이 취소되고 있었다. 하지만 상황이 어떻든 이러한 의례들은 그야말로 포기하기에는 너무나 중요했다.

거의 모든 다른 것들처럼 많은 의례가 온라인으로 옮겨갔다. 가상 프롬 파티는 원격 회의 플랫폼을 이용하여 고등학생들이 방을 떠나지 않고도 함께 모여 특별한 밤을 축하하고 상호 작용하고 심지어 춤출 수 있게 했다. MTV와 《틴보그》 같은 매체는 학생 수천 명이 참석하는 전국적인 프롬 파티를 주최해 유명 초대 손님의 라이브 음악 공연과 연설을 선보였다. 한편 생일잔치는 맨 처음 모바일로 전환된 의식에 속했다. 드라이브바이(drive-by) 축하는 친구와 친척들이 풍선, 색 테이프, 현수막으로 장식한 차를 타고 와서 경적을 울리고 생일 덕담을 외치고 차창 밖으로 생일 선물을 떨어뜨리는 식으로 이루어졌다. 이것은 때때로 생일 퍼레이드를 구성하기 위해 자동차가 줄지어 서는 행렬로 공식화되곤 했다. 머지않아 킨세아네라와 바르미츠바, 기타 통과 의례도 드라이브바이 축하 목록에 추가되었다. 이웃은 물론 완전히 낯선 사람까지 종종 가담해 소란을 더했다. 어떤 가족은 지역 신문에 행사를 게시해 인근에 사는 모든 사람이 차를 타고 지나가며 경적을 울리도록 초대했다.

학교와 대학은 온라인 또는 드라이브스루 졸업식을 개최했고 일부는 정말 독특한 경험을 창출할 방법을 찾아냈다. 몸바이의 인도공과대학교는 학생 개개인을 위한 맞춤형 아바타를 제작했다. 가상 졸업식에 초대된 아바타들은 역시 디지털 형태로 참석한 노벨상 수상자 덩컨 홀데인에게 졸업장을 건네받았다. 뉴햄프셔의 케넛 고등학교는 크랜모어산 꼭대기에서 졸업식을 열었다. 각 학생과 가족은 스키 리프트를 타고 정상에 도착해 졸업장을 받고 사진 촬영을 위한 포즈를 취했다. 일부 학교가 졸업식을 아예 취소했을 때도 학생과 부모는 종종 자구책을 찾아 나섰다. 루이지애나의 어느 아버지는 대학 졸업식이 취소되어 우는 딸을 보고 조치를 마련했다. 그는 집 앞마당에 연단, 음향 시설, 객석을 완비한 무대를 꾸렸다. 예복을 주문하고 심지어 두 기조연설자, 즉 딸의 이모와 가정 사목을 보는 사제를 데려왔다.

맨해튼에서 라일리 제닝스와 어맨다 휠러는 결혼하러 뉴욕 시청으로 가던 길에 나쁜 소식을 들었다. 전염병 때문에 시의 결혼 사무소가 그 즉시 다음 공지가 있을 때까지 모든 예식을 연기하고 있다는 것이었다. 두 사람은 망연자실했다. 하지만 처음의 실망에 구애받지 않고 그 무엇도 부부의 생애 가장 행복한 날을 망치지 않도록 행동에 나섰다. 그들은 성직자 친구에게 연락했고, 두 시간 뒤 친구네 집 4층 창문 아래에서 부부의 연을 맺었다. 주례가 가브리엘 가르시아 마르케스의 『콜레라 시대의 사랑』 중 한 구절을 읽는 동안 하객 몇몇은 보도에 서 있었지만 나머지는 자동차의 선루프를 통해 지켜보았다.

잠시 후 그는 자동차 경적과 이웃들이 창문 밖으로 갈채를 보내는 소리에 맞춰 두 사람의 성혼을 선언했다.

어떤 의례는 새로운 시작을 축하하는 반면 어떤 것은 마무리를 짓는 역할을 한다. 다른 많은 것과 마찬가지로 코로나바이러스 범유행은 사람들이 슬픔을 다루는 방식에도 변화를 가져왔다. 인간은 역사를 통틀어 죽은 자를 기리기 위해 친밀하고 정성스러운 장례를 수행해 왔다. 이슬람교도는 매장 전에 시신을 철저히 씻긴다. 힌두교도는 갠지스강을 비롯한 여타 강가에 모여 장례용 장작더미로 시신을 화장한다. 기독교도는 친구와 가족이 모여 고인에게 경의를 표하는 밤샘 행사 또는 '고인과의 대면' 자리를 마련한다. 유대인은 7일의 애도 기간에 집에서 시신을 지킨다. 모든 문화권에서 사람들이 사랑하는 사람의 시신을 단장하고 차려입히고 입 맞추고 쓰다듬는다. 이렇듯 심히 인간적인 행위는 우리 종이 출현했을 때부터 죽음의 현실을 받아들이고 슬픔을 표현하는 데, 위안을 구하고 나아갈 힘을 찾는 데 도움이 되어 왔다. 그렇지만 범유행 중에는 정부의 규제와 전염의 공포가 사람들 수백만 명에게서 전통적인 애도 방법을 앗아 가 무력감을 남기고 아픔을 가중시켰다.

많은 나라에서 병원과 노인 요양 시설이 방문객 출입을 막았다. 호스피스 시설에서 간호를 받던 많은 사람들은 홀로 죽음을 맞이할 가능성을 가장 두려워 했다. 가족으로서는 적절한 배웅 없이 그들을 잃는다고 생각되었다. 하지만 상황이 어떻든 임종 의례는 생략하기에 너무 중요했다. 많은 이들이 장례를 치르기 위해 금지령을 무시했고 병에 걸릴 위험은 물론 벌금형이나 심지어 징역형을 받을 위험을 감수했다. 나머지 사람들은 유구한 관습을 새로운 상황에 맞게 개조할 수밖에 없었다. 상주는 가상 장례식을 열었고 목회자는 전화로 마지막 전례를 집전했으며, 공동묘지 측은 마스크를 쓴 직원이 사랑하는 가족의 무덤 위에 추도식을 올리는 모습을 가족들이 지켜볼 수 있도록 생중계 행사를 마련했다.

*

코로나바이러스 범유행 중에 등장한 새로운 종류의 예식들은 의례에 관하여 한 가지 중요한 사실을 드러낸다. 의례는 일반적으로 변화에 저항하지만 인간이 그것 없이 살기에는 너무나 중요한 기능을 수행하므로 새로운 상황에 맞추어 빠르게 조정될 수 있다. 이런 적응은 이전부터 있었고 앞으로도 다시 일어날 것이다. 그런 새로운 상황의 일례를 전 세계 대학의 해부학과에서 열리는 다양한 의식에서 볼 수 있다.

수술과 장기 이식부터 방사선학, 치과학 및 모든 내과 영역에 이르는 전문 분야에서 현대 의학이 이룬 많은 발전은 시체에서 얻은 지식 없이는 불가능했을 것이다. 사람 사체의 해부는 인간 유기체 내부 작동에 대한 지식을 크게 증가시켰다. 이를 통해 의대생들은 귀중한 실습을 하고, 의학 연구자들은 새로운 기법을 실험할 수 있었다. 새로운 치료법과 수술법을 더 빨리 발견하여 더 안전하고 효율적이게 만들었고 이로써 수많은 생명을 구했다. 산 사람을 치료하려면 의사는 죽은 이를 상대로 연습해야 한다. 그렇지만 이런 연구의 엄청난 중요성에도 불구하고, 그리고 죽음은 인생에서 유일하게 확실한 것인데도 과학 연구를 위해 사체를 구할 가능성은 늘 제한되어 있었다.

과거 해부학자들은 해부용 사체를 얻기 위해 의심스러운 관행에 의존하곤 했다. 묘지에서 훔치거나 병원과 사형수 수감 건물에서 가족의 동의 없이 얻거나 암시장에서 아무것도 묻지 않고 구입하는 경우가 많았다. 시체에 대한 수요가 너무 커서, 오로지 의학 연구자에게 시신을 팔 목적으로 누군가를 죽이는 '해부학 살인'이 역사적으로 비교적 흔하게 발생했다. 당연히 이러한 관행은 더는 용납되지 않는다. 현대 의학은 수련과 연구에 필요한 시신을 자발적인 기증에 의존한다. 그래도 공급은 여전히 달린다.

해부학적 선물에 가장 큰 걸림돌은 고인이 마지막 예우를 받지 못할 것이라거나 친척들이 뭔가 마무리되었다고 느끼지 못한 채 남겨질 것이라는 걱정이다. 장례 의식이 없으면 죽은 사람도 산 사람도 나아가지 못한다. 이런 이유로 전 세계 의대와 해부학 실험실 대부분이 시신 기증자를 기리는 추도식을 연다.[2] 뉴질랜드 오타고 대학교의 해부학과는 매 학년도 초에 '길 트기' 의식을 거행한다. 이 마오리 전통 의례는 해부실을 정화하고 고인의 몸을 신성한 대상(타푸)으로 인식하는 데 사용된다. 연말에는 기증자의 가족과 친구를 위한 감사제를 연다. 태국 해부학 실험실은 승려가 배석한 봉헌식으로 매 학기를 시작한다. 기증자의 이름을 큰 소리로 낭독하고 '위대한 스승'이라는 칭호를 수여한다. 이 과정이 끝나면 학생들이 '스승'을 마지막 화장터로 모시는 의식 행렬을 진행한다.[3] 중국 의학도들은 해부학 실험실로 들어갈 때 시신에 절을 하고, 중국인이 조상의 무덤을 찾는 청명절에는 시체 안치소의 냉장고를 꽃으로 장식한다. 중국 다롄시의 한 대학교는 시신 및 장기 기증자의 삶과 업적을 기리기 위한 기념관도 지었다. 그리고 미국 메이요클리닉은 매 학년도 말에 '감사 집회' 의식을 개최하는데, 여기서 해부학 교수진과 학생들은 연설, 시, 음악, 미술 작품으로 고마움을 나눈다. 이 행사에는 부고를 읽어 사랑하는 사람을 개별적으로 기려 달라는 요청을 받은 기증자의 가족도 참석한다. 이러한 추도식을 여는 데 더해 해부학 실험실들은 지역 관습과 기증자의 희망에 따라 기증자의 유해를 매장 또는 화장하는 비용도 부담한다.

2 Štrkalj & Pather(2017).

3 Pawlina et al.(2011).

해부학과가 주최하는 추도 의례는 기증자의 가족, 의과 대학, 사회 전체에 귀중한 서비스를 제공한다. 학생, 교수, 연구자에게 이런 추도식은 기증자와 그 가족에게 고마움을 표시할 기회다. 게다가 죄책감이나 신성모독을 저지른다는 느낌 없이 해부를 할 수 있다는 안도감을 제공하여 죽은 이를 다루는 일과 결부된 불안과 불편을 줄이게 해 준다. 나아가 의료 전문가는 환자로부터 거리를 두어야 한다는 구식 관점과 반대로 이런 의식은 죽은 이를 인간화하여 존경, 존중, 감사로써 대접해야 마땅한 사람으로 볼 것을 권장한다. 기증자 가족에게 추도 의례는 작별의 기회를 제공하고 상실을 받아들이도록 한다.

과소평가할 것이 아닌 이런 의례는 과학 연구와 교육에서 시신 기증이 차지하는 중요성에 대한 인식을 높이고, 기증된 시신은 존경과 존중으로 대접받는다는 점을 대중에게 보여 준다. 잠재적인 기증자가 자신이 적절한 헌사를 받으리라는 것, 사랑하는 사람들이 자신을 기리고 마음을 정리할 기회가 있으리라는 것을 알면 그토록 지극히 개인적인 헌신을 실행할 공산이 클 것이다. 죽음을 기념함으로써 시신 기증 추도 의례는 생명을 구하는 데 도움을 준다.

*

상실과 슬픔은 죽음 이외의 상황에서도 종종 경험된다. 하지만 죽음은 기억할 수도 없는 과거부터 의례로 둘러싸여 온 데 반해 다른 종류의 상실은 늘 그렇지 않았다. 가장 명백한 예는 이혼이다. 모든 문화권에 정교한 결혼 의례가 있지만 이혼 의식은 드물다. 특별한 이혼 예배와 기도가 있는 그리스도연합 교회와 연합감리교회는 예외에 속한다. 유대교와 이슬람교 같은 일부 종교에 종교적 이혼을 발표하기 위한 특정 절차가 있지만 이는 사실상 의례적이기보다 법리적 절차에 가까워 오히려 법원 심리를 닮았다. 정반대로 가톨릭교회는 특정 상황에 혼인을 무효화할 수 있는 반면 이혼은 선택 사항으로 인정조차 하지 않는다. 그러므로 대부분 사람에게 이혼은 순전히 법적 절차다. 결혼 생활을 시작하는 것은 철저히 의례적인 데 반해 끝내는 것은 단지 서류의 문제다. 사실상 거의 모든 문화권에서 이혼은 전용 통과 의례가 없는 유일한 일생일대의 전환일 것이다.

이처럼 중대한 사건을 기념할 특별한 의식이 이다지도 없는 데는 역사적인 이유가 크다. 그리 멀지 않은 과거에는 이혼이 비교적 드물었다. 보수적인 문화 규범, 종교와 법의 규제, 여성의 복속으로 인해 수 세기 동안 전 세계 대부분에서 자발적 별거가 거의 불가능했다. 심지어 특례가 존재하는 곳에서도 높은 비용, 관료주의적 장애물과 사회적 압력 탓에 소수를 제외한 모두에게 이혼은 그림의 떡이었다. 하지만 20세기에 들어서면서 별거율은 전 세계적으로 폭증했다. 이제 몇몇 선진국에서는 모든 신혼의 절반 이상이 이혼으로 마감한다. 그리고 덜 부유한 지역에서는 사회적 태도가 달라짐에 따라 재정적으로 독립하기 위해 더 많은 여성이 일터에 진출하면서 이혼율이 계속 높아지고 있다. 그 결과 해마다 수백만 명의 사람들이 가장 정서적이고 의미심장하며 스트레스 많은 생활 변화를 거치는데도 이는 고작 법률 서류에 서명하는 것을 통해 인정된다. 이로 인해 부부였던 두 사람은 계속된 공허를 느끼고 독신자 또는 편부모라는 새로운 신분을 받아들이지 못하며, 종종 이상하게도 삶을 진전시킬 수 없다고 느끼는 상태에 처한다.

이 일생일대의 전환을 도와야 할 필요성을 인정하면서 종교 시설과 세속 단체가 너나없이 참신한 이혼 의식을 만들어내고 있다. 예컨대 일본에는 과거부터 그러한 의례의 수요가 높았다. 군마현의 불교 사찰 만토쿠지는 한때 폭력적인 남편에게서 벗어나려는 여성에게 피신처를 제공하는 비구니 절이었다. 오늘날 이 사찰은 여성에게 종이에 불만을 적어 사찰의 수세식 변기에 흘려보내는 이혼 의례를 제공한다. 일본 사업가들은 종종 친구와 친척을 동반한 부부가 서약을 무르는 동안 망치로 결혼반지를 부수는 이혼식을 제공한다.

비슷한 의식이 전 세계에서 인기를 끌고 있다. 미국에서는 보통 '이혼 코치'나 '이혼 플래너'가 식을 준비한다. 식은 매우 간단한 형태에서 대단히 공들인 형태까지 다양하고, 지극히 개인적으로 엄숙하게 치를 수도 있고 많은 사람이 참석해 축제처럼 치를 수도 있다. 나쁜 관계는 함께한 사진과 추억의 파괴로 표시될 수 있다. 좋은 관계는 감사를 전하는 것으로 인정받을 수 있다. 어떤 경우든 식의 목표는 같다. 전환을 돕는 것이다. 이는 부부에게 결혼 생활의 끝을 슬퍼하고 변화한 신분을 받아들일 기회를 제공한다. 나아가 두 사람의 지인들에게 이 새로운 신분을 전하여 모두가 두 사람의 새롭고 독립적인 사회적 역할을 처리하고 인정하도록 돕는다. 이러한 의식은 관계의 끝을 알리는 동시에 그들에게 새로운 삶이 시작되었음을 알려 준다.

*

의례의 힘을 이용하려는 그 밖의 현대적 시도는 부부보다 훨씬 더 큰 집단으로 확장된다. 해마다 여름이 끝날 무렵이면 전 세계 수많은 사람이 버닝맨(Burning Man)이라고 알려진 특별한 인간 회합에 참가하기 위해 네바다에 모인다. 이탈리아의 피사만 한 임시 도시가 사막 한가운데에 세워지고, 며칠 뒤면 흔적도 없이 철거된다. 그 주간에 버너(Burner)들은 자유분방한 의상을 입고, 초현실주의적인 차량에 몸을 싣고, 화려한 빛의 쇼를 즐기고, 모든 방식의 환상적인 인터랙티브 미술품 설치물을 즐기면서 호화로운 문화적, 예술적 경험에 몸을 담근다. 감각적인 구경거리가 사방에 넘쳐 난다. 행사는 명이 짧은 도시

중심에 우뚝 선 두 개의 거대한 구조물을 불태우는 의식으로 절정에 달한다. 사막의 분지 평야를 뜻하는 플라야 어디서나 보이는, '맨(The Man)'으로 알려진 우뚝 솟은 목제 인형은 끝에서 두 번째 밤에 불타오른다. 버닝맨의 마지막이자 아마도 가장 장엄한 장면은 마지막 밤에 모든 사람이 모여 사원이 불타는 모습을 지켜보는 것이다.

버닝맨에 설치물을 지어 달라는 청을 받았을 때 조각가 데이비드 베스트는 무엇을 만들겠다는 구체적인 아이디어 없이 장난감 공장의 폐목재를 모으기 시작했다. 행사를 며칠 앞두고 프로젝트에 참여한 팀원 중 한 명인 마이클 헤플린이 비극적인 오토바이 사고로 사망했다. 팀은 마이클이라면 프로젝트를 완수하기를 원했으리라 생각했고, 그래서 사막에 가서 '무언가'를 짓기로 했다. 그들이 커다란 목조 구조물을 세우기 시작하자 그들의 상실에 관해 듣고 찾아온 사람들이 자발적으로 자신이 잃어버린 사람들의 이름을 구조물에 집어넣기 시작했고, 이후 행사 마지막에 그것이 불타는 모습을 보려고 모였다. 그때서야 비로소 베스트는 자신이 사원을 지었다는 사실을 깨달았다.

이듬해 베스트는 또 다른 사원을 지어 달라는 요청을 받고 '눈물의 사원'이라는 이름을 붙였다. 이번에는 사람들 수천 명이 불타는 모습을 지켜보러 와서 한때 사랑했던 죽은 이들의 이름을 보탰다. 그 이듬해의 구조물은 '기쁨의 사원'이라고 불렸는데도 사람들은 계속 이곳을 기념비, 애도하고 과거를 잊어버릴 수 있는 공간으로 사용했다.

그때 이후로 매년 사원은 수천 장의 메모, 사진, 기념품으로 뒤덮였다. 많은 이가 사랑한 사람이나 심지어 미워한 사람, 이를테면 폭력적인 배우자나 부모, 떨쳐 버리고 싶던 나쁜 연인이 남긴 유골이나 애장품을 가져왔다. 그들 대부분이 진심 어린 메시지를 남겼다. 누군가는 "존, 난 아직 당신과 끝나지 않았어."라고 썼다. 또 다른 쪽지에는 "엄마, 아빠, 저는 원망을 멈추기 위해 아주 열심히 노력하고 있어요."라고 쓰여 있었다. 다른 누군가는 곧 닥칠 이혼을 생각한 듯 "곧 우리는 각자의 삶을 살게 될 거야. 당신이 찾고자 하는 것과 당신을 행복하게 하는 것을 찾길 바라."라고 썼다. 반려동물의 죽음을 애도하는 사람이 있는가 하면 자신의 두려움, 실패나 후회를 극복하려는 사람도 있었다. 한 메시지에는 이렇게 적혀 있었다. "미안해, 아가야, 우리가 널 맞이할 준비가 안 되어 있었어." 또 다른 메시지에는 "파트너였을 때보다 더 좋은 친구가 될게."라고 쓰여 있었다. 그처럼 간단한 상징적 행위는 슬픔을 극복하고, 고통스러운 기억을 지우고, 새로운 시작을 기념하고자 하는 사람들에게 놀랍도록 강력한 영향을 미치는 듯하다. 사원이 타서 재가 되는 동안 구경꾼 수천 명이 조용히 지켜보며 그 가운데 많은 이가 눈물을 흘린다. 사원 소각의 엄숙한 성격은 불꽃놀이, 음악, 열광적 파티가 동반된 즐거운 행사인 전날 밤의 맨 불태우기와 뚜렷한 대조를 이룬다.

버닝맨은 엄격한 정의를 거부한다. 버너들은 버닝맨이 일개 축제가 아니라 훨씬 더 많은 의미를 내포한다고 주저 없이 강조한다. 굳이 정의하자면 그들은 이를 일종의 공동체, 운동, 사회적 실험 또는 순례라고 묘사할 것이다. 뭐라 부르고 싶건 간에 그것은 놀라운 성공을 거둔 문화적 현상이다. 1986년에 시작할 때 수십 명이던 참석자 수는 30년 만에 네바다에서만 8만 명을 넘어섰고 전 세계 위성 행사에서는 수십만 명에 이르렀다. 이런 성공의 원인은 회원들에게 의미 있는 경험을 선사하는 버닝맨의 능력에 있다.

매년 수행하는 설문 조사에서 버닝맨 참석자 중 압도적인 수는 행사 중에 강한 연대감과 공동체 의식을 느꼈고 전체적으로 매우 높은 수준의 만족을 경험했다고 답했다.[4] 참가자의 4분의 3 이상은 한결같이 그렇게 큰 변화를 구체적으로 추구하거나 기대하며 행사에 참석하지 않았더라도 그 경험이 어느 정도 변화를 가져왔다고 말했다. 그중 90퍼센트 이상은 이런 변화의 경험이 블랙록 시티에 머문 시간을 넘어서도 지속되었다고 밝혔으며, 자기 인생에 영구적인 영향을 미쳤다고 말하는 사람도 80퍼센트가 넘었다.

따라서 버닝맨에 대한 충성도가 유별나게 높은 것은 놀랍

4 Shev et al.(2020).

지 않다. 참가자 대다수가 자신이 버너임을 밝히며 행사에 다시 참여할 계획이라고 말할 뿐 아니라 대부분이 그렇게 한다. 2019년에는 참석자 중 4분의 3 이상이 이전 소각에 참여했으며 그중 다수는 해마다 다시 돌아왔다.

버너들이 보고하는 깊은 영적 체험과 높은 수준의 충성심, 공동체 의식은 일부 종교 집단의 경험과 닮았다. 아닌 게 아니라 많은 사람이 이런 유사점을 숨김 없이 진술했다. 그렇지만 버닝맨은 공식적인 교리나 중앙 권력이 없고, 인구 통계에 따르면 참가자는 거의 비종교적인 사람들이다. 버너들의 거의 절반은 스스로 영적이라고 말했지만 5퍼센트 남짓만이 종교가 있다고 밝혔다. 그럼에도 종교와의 유사성은 우연이 아니다.

버닝맨의 주최자는 회원에게 의미 있는 경험을 제공하기 위해 종교 운동의 선례를 따랐다. 공동 창립자 래리 하비는 의례의 변화시키는 힘을 이해하려고 인류학, 심리학, 종교사회학 분야의 고전을 연구했다. 그는 "종교의 교리, 신조, 형이상학적 사상 너머에는 즉각적 경험이 있다."라고 썼다. 또한 이렇게 말했다. "이 원시적 세계로부터 살아 있는 믿음이 생겨난다. (……) 사건, 사물, 행위, 인격을 신성하게 만들려는 인간의 충동은 변화무쌍하다."[5] 하비는 버너들에게 믿음에 대한 모든 관념을 무시하고 그 대신 버닝맨의 핵심에 있는 의례의 즉각적

5 Harvey(2016).

경험에 몰입하라고 촉구했다. 이런 전례들은 근본적인 인간의 욕구, 즉 "덧없음의 한복판에서도 어느 장소에 속하고, 어느 시간에 속하고, 서로에 속하고, 우리 자신보다 위대한 무언가에 속하려는 욕망"을 다룬다고 그는 설명했다.

버너들의 의례 경험은 정문을 통과하자마자 시작된다. 사람들은 정문에서 서로 포옹하고 "귀향을 환영합니다!"라는 문구로 인사한다. 그들은 블랙록 시티를 고향으로, 외부를 '디폴트 세계'로 지칭한다. 고향은 성소로 여겨지고, 오각형의 직선으로 경계를 표시하며 외부 세계의 영향에 오염되지 않도록 보호된다. 버너들은 떠날 때 '제자리에 있지 않은 모든 것(Matter Out of Place, MOOP, 무프)'을 치워야 한다. 이는 인류학자 메리 더글러스로부터 빌려 온 개념이다. 이 개념은 사회가 신성시하는 대상을 지정하는 데 청결과 오염이라는 문화적 관념을 어떻게 이용하는지 묘사하기 위해 고안되었다. 더글러스에 따르면 정화 의례는 신성한 영역과 세속적 영역을 분리하는 상징적 경계를 만들어 낸다. 경계를 벗어나는 모든 것은 본질적으로 불결해서가 아니라 문화 규범에 따라 그곳에 속하지 않는다고 규정되기에 오염과 위험의 출처로 간주된다. 쇼핑몰에서는 신발을 신는 쪽이 청결하다고 여겨지지만 맨발로 걷는 것은 불결하다고 여겨진다. 많은 종교 사원에서는 그 반대가 맞다. 위반이 불가피하거나 필요한 경우라면 정화 의식이 그것은 해롭지 않음을 보장해 준다. 예컨대 사제는 제단에 들어가기 전에 세정 의례를 수행해야 한다. 버닝맨의 마지막에 버너들은 모든 무프를 찾아 제거하기 위해 '줄 쓸어내리기'를 수행한다. 정확한 규칙에 따라 사람의 수, 배치, 간격, 동작이 정해진다. 머리카락, 나뭇개비, 반짝이 등 아무리 작은 알갱이라도 모두 없애야 하고 모든 것을 꼼꼼하게 기록하고 점검한다. 심지어 전적으로 무프를 제거하는 기술만 다루는 블로그도 있다. 그 밖에 다양한 의례가 버닝맨과 외부 세계의 경계를 더 확실히 하는 데 쓰인다. 다른 통과 의례와 마찬가지로 사람들은 '외부 세계'의 자기 이름을 버리고 다른 버너가 지어 준 '플라야 이름'을 채택한다.

경계 밖에 남겨 두어야 하는 또 한 가지는 금전 거래다. 버너들은 '급진적 자립'을 실천하는데 이는 자기 생계를 책임지고 사막으로의 여정에 오를 때 모든 생필품을 가져와야 한다는 뜻이다. 일단 정문을 통과하면 돈을 쓸 곳이라고는 주 카페 밖에 없다. 그 외에는 사는 것도 파는 것도 엄격히 금지된다. 돈을 쓰다가 발각되는 사람은 쫓겨날 수도 있다. 물물교환도 허용되지 않는다. 그 대신 선물하기가 버닝맨의 핵심 원칙이다. 사람들은 저마다의 재주, 관심사, 재력에 따라 자유롭게 선물을 나눈다. 그런 선물이라면 물질적이든 비물질적이든, 그러니까 음식, 술, 마약부터 이발, 마사지, 요가 수업은 물론 예술에 이르기까지 무엇이든 괜찮다. 보답이나 교환에 대한 계산이나 가정 없이 모든 사람에게 이러한 선물을 무조건 권장한다.

블랙록 시티의 모든 것은 자원봉사자를 통해 만들어지므로 버너들은 물질적 소유물과 서비스뿐 아니라 시간과 노동도 기부한다.

버닝맨의 선물 경제는 전통적인 의례 관습을 모델로 한다. 조개 목걸이와 팔찌를 주고받는 복잡한 의례적 교환 체계를 유지했던 파푸아뉴기니 마심족의 예를 보자. 그러한 물건은 그 자체로 각별한 가치나 실용적인 쓸모는 없지만 섬 사람들은 그것을 교환하기 위해 엄청난 거리를 이동하고 다루기 힘든 카누를 타고서 태평양의 변덕스러운 바다를 건너는 등 실질적 위험을 감수하며 전력을 다한다. 여기서 '쿨라 고리'로 알려진 순환적 선물 양식이 탄생했다. 누군가는 상품이 재활용될 뿐이므로 이런 관행은 사실상 순이익을 가져오지 않는다고 말할지 모른다. 하지만 프랑스의 사회학자 마르셀 모스가 그의 고전적인 논문 『증여론』에서 살폈듯이 그것에는 사실 중요한 사회적 쓸모가 있을 수 있다. 모스는 의례화된 교환 체계가 일련의 사회적 의무를 창출한다는 데 주목했다. 같은 값어치의 결과물을 낳을 경제적 교환과 달리 기부 행위는 매번 고마움과 공동체 의식이라는 느낌을 형성하여 개인적 만족과 사회적 결속 모두를 증진한다. 실은 공짜 선물 따위는 없다. 주는 행위에는 늘 이런저런 형태의 상환에 대한 기대가 수반된다. 하지만 전체적으로 보면 이러한 선물은 상호 책임의 순환을 만들어 전 공동체를 포괄하는 호혜적 관계망을 확립한다.

금전 거래를 포기하는 것은 버너에게 요구되는 많은 희생 중 하나다. 가게나 식당도 없고, 샤워도 못 하고, 휴대전화 수신도 불가능하다. 사막의 태양이야 타는 듯 뜨거울 수 있다지만 사막의 밤은 꽁꽁 얼도록 춥다. 폭풍은 정기 행사고 플라야의 초미세 먼지는 모든 것을 뒤덮을 뿐 아니라 폐를 비롯한 모든 곳에 닿는다. 강한 알칼리성을 띠어 발에 '플라야 발'로 알려진 화학적 화상 증세를 일으킨다. 7장에서 살펴보았듯 이처럼 대가가 큰 희생은 헌신을 보장하는 역할을 한다. 그것은 일상의 안위를 포기할 용의가 없는 사람을 걸러 내어 공동체의 가치를 완전히 받아들이는 개인들을 선발하고 무임승차자를 쉽게 적발한다. 플라야에 있는 동안 어느 정도 사치를 유지하려는 유명인과 부자들은 빈축을 산다. 적대적인 사막 환경에서 이러한 희생을 목격할 수많은 기회는 버너 사이의 신뢰를 키우고 이들끼리 쉽사리 협력하도록 한다. 또한 희생은 참가한 적이 없는 사람들에게 집단 회원 자격이 소중하고 바람직함을 표시하여 신뢰를 높이는 전시물로 작용한다.

버닝맨을 쾌락주의적 흥밋거리와 결부시키는 해석에 솔깃할 수도 있다. 음악, 술, 섹스, 마약과 모든 종류의 파티는 확실히 그러한 거래의 일부다. 하지만 그런 것들은 다른 맥락에서 훨씬 더 쉽게 구할 수 있다. 술에 취하거나 약에 취하거나 섹스를 하러 황야로 여행할 필요는 없다. 버닝맨의 남다른 성공은 이런 쾌락뿐 아니라 아마도 대개는 의미 있는 경험을 위한 노력과 시련에서 기인할 것이다. 사실 이 운동은 초기에 참가가 쉽고 즐거운 형태였다. 소각은 샌프란시스코의 베이커 비치에서 열렸고 참가비도 무료였다. 그런데도 성장은 느렸고 군중이 쏟아져 들어오지도 않았다. 참석자 수는 행사가 멀고 척박한 사막 환경으로 옮겨 가고 참가비가 대폭 인상된 후에야 기하급수적으로 늘어났으며, 마침내 연방 정부의 권한으로 제한되었다. 외부인의 출입을 막기 위해 울타리가 추가되었고, 야간 투시경과 레이더 장치를 갖춘 주변 순찰대가 침입자를 막으려 경비를 섰다. 머지않아 버닝맨은 수많은 지역 행사를 낳았고 수십 개 나라로 가지를 쳤다.

버닝맨의 성공은 의미 있는 경험을 창출하고 동료애를 형성하는 의례의 힘을 강조한다. 그렇다 하더라도 이런 경험은 단 며칠 사이에 일어나고 그 후 사람들은 원래의 세계로 돌아간다. 수천 명의 개인이 일주일간 어울리고 협력하며 즐겁게 지내도록 하는 일은 결코 작은 업적이 아니다. 하지만 날마다 함께 일해야 하는 집단의 응집력을 키우는 것은 완전히 다른 이야기다. 의례가 유토피아 사회를 건설하는 데 효과적인 설계 원리라면 더 영구적인 집단 사이의 협력도 북돋울 수 있을까?

*

그리스에서 덴마크로 거처를 옮겼을 때 나는 두 나라 사이의 많은 문화 차이에 곧잘 얻어맞았다. '문화 충격'으로 알려진 경험이었다. 지중해 출신의 비덴마크인 관점에서 덴마크의 기이함을 일일이 설명하다가는 책을 한 권 더 쓰고도 남을 만하다. 하지만 특히 눈에 띄는 영역은 일터였다. 덴마크는 번영하는 산업, 숙련된 노동력, 효율적인 관료 체제와 함께 세계 최고 수준의 생산성을 자랑하는 나라다. 이를 염두에 둘 때, 또한 체제에 순응하고 규칙을 따른다는 덴마크인의 평판에 따라 누군가는 덴마크 회사를 직원들이 로봇처럼 지칠 줄 모르고 상부의 명령을 아무 생각 없이 실행하는 기름칠 잘된 조립 라인처럼 예상할지도 모른다. 이보다 더 사실과 먼 생각도 없을 것이다.

덴마크인은 전 세계 거의 모든 다른 나라보다 적게 일하는 동시에 휴가를 더 많이 쓴다. 경제협력개발기구(OECD) 자료에 따르면 2019년 덴마크 노동자들은 주당 평균 26.5시간을 일했고, 이는 유럽 1위를 차지한 그리스인들의 37.4시간과 비교해 무척 적다. OECD 평균보다 연간 총 346시간이 적고 미국인보다 399시간이 적으며, 모든 국가 중 가장 열심히 일하는 멕시코인보다 자그마치 757시간이 적다.[6] 놀랄 것도 없이 내가 덴마크에서 처음 취직했을 때 모든 것이 기존의 익숙한 상황보다 훨씬 느슨하게 느껴졌다. 실은 그 짧은 노동 시간조

6 OECD(2020).

차 업무 강도가 그다지 높지 않아서 나 같은 많은 외국인에게 덴마크의 직장은 지나치게 느슨하게 느껴지곤 했다. 근무 시간의 상당 부분이 커피 마시기, 점심 먹기, 케이크 먹기나 맥주 마시기처럼 얼핏 비생산적으로 보이는 활동에 소모되었다. 정기 회의는 의제가 없을 때도 소집되었다. 야유회가 개최되었고 노래하고 술을 마시고 게임을 하면서 많은 시간을 보냈다. 그리고 갖가지 파티와 축하연을 고용주가 꼬박꼬박 후원했다.

처음에는 이 모든 것이 기이하게 보였고, 보통은 즐거웠지만 때로는 짜증스럽기도 했다. 외부인에게 덴마크인은 직업 윤리가 희박하거나 적어도 절박감이 없는 것처럼 보일지도 모른다. 하지만 숫자는 매우 다른 이야기를 들려준다. 덴마크 노동자는 세계에서 가장 생산적이고 혁신적인 인력 중 하나일 뿐 아니라 가장 행복한 노동자 중 하나이며 전 세계적으로 가장 높은 수준의 만족도를 나타낸다. 그리고 첫눈에는 이상하거나 쓸모없어 보이던 덴마크 직장의 수많은 의례를 그대로 받아들이자 그것이 효율적이고 생산적이고 즐거운 노동 환경에 없어서는 안 될 무언가를 제공한다는 점이 분명해졌다. 이처럼 직장을 변화시키는 의례의 힘으로 인해 전 세계에서 가장 성공적인 기업 일부는 계획적으로 의례화되어 있다.

덴마크에서는 대부분 직장이 날마다 여러 번 있는 휴식시간을 지킨다. 보통 아침 커피를 마실 때, 점심시간에, 오후 커피를 마실 때 한 번씩 쉰다. 이런 휴식 시간은 단순히 일하다 한숨을 돌리기 위한 것이 아니다. 이는 동료 간 연대를 구축하는 데 도움이 되는 사교 행사다. 배가 고프지 않거나 음식을 직접 가져온 사람까지 사무실에서 나와 식당이나 매점에 있는 모든 사람과 함께한다. 어떤 프로젝트에 공을 들이느라 공동 식사를 거르면 상사에게 점수를 따지 못한다. 덴마크의 회사들은 크든 작든 이런 행사를 장려하고 후하게 지원한다. 거의 모든 회사에 시설이 완비된 주방, 값비싼 커피 머신, 그리고 직원이 식사를 함께할 수 있는 널찍한 식당이 있다. 내 아내의 고용주는 회사에 날마다 점심을 준비할 요리사까지 영입했다.

이런 조직은 그런 지출을 자원 낭비로 여기기는커녕 동료끼리 함께하는 식사의 사회적 이득이 비용을 보상하고도 남는다고 인식한다. 함께 먹기란 대개는 가까운 친척과 친구에 국한된 친밀한 행위다. 그러므로 음식을 나누는 것은 공동체를 상징하고 동료 간 유대를 강화하는 데 도움이 된다. 연구에 따르면 사람들은 혼자 먹는 것보다 다른 사람과 함께 먹기를 즐기고, 음식은 다른 사람들과 어울려 먹을 때 맛이 더 좋다고 한다. 유아기부터 음식을 함께 먹는 것은 사회적 관계의 신호로 지각된다. 음식을 공유하는 사람들은 더 친근하게 보인다. 나아가 함께 식사하는 사람들은 서로를 더 신뢰하고 더 효율적으로 협력한다. 코넬 대학교에서 수행한 연구는 공용 접시로

먹는 사람들은 별도의 접시로 먹는 사람들보다 서로에게 더 협력적이고 덜 경쟁적이라는 점을 발견했다.[7]

짐작건대 이런 이유에서 실리콘 밸리의 많은 거대 기술 기업이 직원에게 식사를 무료로 제공하거나 사내에 상근 요리사와 바리스타를 고용할 것이다. 샌프란시스코의 에어비앤비 사무실에서는 요리사가 직접 만든 간식과 음료를 제공한다. 페이스북은 직원에게 레스토랑과 카페테리아만 아니라 아이스크림 가게까지 무료로 제공한다. 핀터레스트는 모든 직원을 위해 금요일마다 특정 시간대에 음료 할인 행사를 연다. 킥스타터는 직원이 신선한 과일과 채소를 따 먹을 수 있는 옥상 정원을 마련했다. 구글은 여러 팀 간의 상호 작용을 장려하기 위해 '마이크로키친'이라고 불리는 푸드 스테이션을 부서와 부서 사이에 전략적으로 배치했다. 아이러니하게도 이들 기업은 직원에게 돈을 덜 쓰기보다 더 쓰겠다고 고집해서 지역 당국과 충돌을 일으키기까지 한다. 2018년 샌프란시스코는 지역 식당 로비스트의 압력에 굴복해 고용주가 사내에서 직원에게 식사를 무료로 제공하는 것을 금지하기로 했다. 이 금지령은 1년간의 논란과 부정적인 반응 끝에 폐기되었다.

직장 내 의례는 그저 여가를 위한 것이 아니다. 덴마크에

7 de Castro & de Castro(1989); Boothby, Clark, & Bargh(2014); Liberman et al.(2016); Miller, Rozin, & Fiske(1998); Woolley & Fishbach(2017); Woolley & Fishbach(2018).

서는 업무 회의 다수도 매우 의례화되어 있었다. 늘 같은 시간과 장소에서 열렸고, 같은 음식과 음료를 포함했고, 같은 구조를 따랐다. 업무와 관련하여 긴급히 논의할 쟁점이 있느냐 없느냐는 중요하지 않았다. 어쨌거나 진짜 업무는 대부분 개별 프로젝트를 관리하는 더 작은 팀 단위에서 이루어졌다. 물론 그룹 회의가 각 팀이 유용한 피드백을 얻는 데 도움을 주었지만 주로는 사람들에게 다른 그룹원과 연결되고 모두가 무엇을 하고 있는지 파악하고 최근의 실적을 축하할 기회를 제공했다. 그런 결과물은 언제나 집단의 것으로 표현되었기에 모든 사람이 성공에 대한 자부심을 공유할 수 있었고, 실패의 감정은 전적으로 개인적이라고 느껴지지 않도록 분산될 수 있었다.

이런 정기 회의와 휴식 시간 활동 외에 순수하게 기념하기 위한 행사도 여럿 있었다. 일부는 출산, 승진이나 퇴직 같은 개인적인 이정표를 축하하기 위한 것이었다. 경쟁과 무관한 개인적 성취를 공개적으로 인정해 주는 것은 직원의 사기와 의욕을 북돋웠고 공동체 의식과 소속감을 부여했다. 그 밖에도 다양한 축하 행사가 정기적으로 열렸다. 한 주가 끝날 때마다 학생과 교직원은 음악과 춤, 술을 완비한 금요 주점에 참석했다. 그리고 월요일 아침마다 첫 번째 업무 일정에 올라 있는 항목은 커피와 케이크였다. 그런 주기적인 의례가 주당 근무 시간을 지정하고 그 밖의 시간을 출입 금지로 만들어 직원이 주말 동안 업무를 하지 않도록 도왔다. 일과 삶의 균형을 자랑하는 나라인 덴마크에서 개인 시간은 실로 신성한 것으로 여겨졌다.

연말이 다가오면 그룹마다 크리스마스 파티를 주최했는데 이는 매우 중요하고 많은 준비가 필요한 행사였다. 참석 여부를 알려 달라는 초대장이 몇 주 또는 몇 달 앞서 발송되었고, 배우자와 파트너도 초대되었다. 고위 관리자는 참여만 한 게 아니라 행사 준비를 감독하고 축하연의 사회를 보며 전통을 지키는 데 상당한 시간을 투자했다. 여기에는 축사, 조명과 양초, 게임, 매번 만세삼창을 외치는 여러 차례의 건배가 포함되었다. 이런 의식에 포함된 높은 수준의 감각적, 정서적 각성은 조직의 인지된 위신과 가치를 높이고 공통의 관습과 상징을 통해 연결된 더 광범위한 공동체 의식을 제공했다. 그런 밤에 공유되는 다양한 연설과 일화는 공동체의 기풍과 가치를 강화해 주었다. 그리고 하루의 끝에 축하연은 이런 모임에 대한 애정과 향수를 자아내는 좋은 추억으로 남는다.

이러한 집단 활동은 대인 관계를 다지고 팀 결속력을 강화하는 의례의 힘을 효과적으로 이용한다. 아닌 게 아니라 연구에 따르면 회사의 조직 구조에 의례를 의도적으로 통합할 때 더 유기적이고 민주적이고 협력적인 문화를 형성할 수 있다.[8] 게다가 작업 그룹의 의례는 직장 관련 업무를 더 의미 있

8 Ozenc & Hagan(2017).

게 느끼도록 함으로써 직원의 행복과 생산성을 높여 준다.[9]

우리는 4장에서 의례적인 사회적 접착제의 기본 성분 몇 가지를 살펴보았다. 그중 상당수를 조직 설계에 곧바로 도입할 수 있다. 함께하는 식사와 정기 모임은 상징성과 집단 표지로 가득 채워질 수 있고 잦은 반복으로 강화될 수도 있다. 하지만 의례적 방안의 다른 요소는 모든 종류의 집단이 접근하기에는 까다로울 수 있다. 동기화된 움직임, 감각적인 겉치레, 공유된 정서적 각성 같은 성분은 사회적 접착제를 초강력 접착제로 바꾸기 위한 핵심이다. 그렇지만 이러한 요소는 별수 없이 사무실 환경보다는 스포츠 팀이나 군부대에 활용될 가능성이 더 크다. 이를 이용하기 위해 많은 회사가 의도적으로 직원들에게 운동선수나 군인의 경험과 유사한 활동을 시킨다. 이런 기업의 팀 구축 의례는 단체 노래 부르기와 군무부터 방 탈출, 페인트볼, 극한 스포츠, 심지어 깨진 유리 밟기처럼 겁나는 활동에 이르기까지 다양하다.

오랫동안 전통적인 직장은 거래가 이루어지고 인격이 배제된 공간이었다. 출근해서 근무 시간을 채우고 집으로 돌아가는 것이 전부였다. 따라서 이러한 의례적 설계 원칙을 수용한 조직에 들어가면 조직이 정한 일련의 의식을 도저히 따를 수 없을 것처럼 보인다. 더 메마른 유형의 직장에 있던 신입사원

9 Kim et al.(2021).

에게는 특히 더 그럴 것이다. 하지만 잦은 반복을 통해 각각의 의례가 지닌 괴상함은 금세 조직 문화를 상징하는 익숙한 특징이 된다. 그것은 독특한 집단 정체성을 구축하고 그 안에서 개인의 자리를 표시하여 의미 있는 경험을 창출하며 주체성과 목적의식을 제공해 준다. 결국 집단의 의식이 더는 이국적이거나 낯설거나 우스워 보이지 않고 친숙하고 편안하며 심지어 신성하게 느껴지기 시작할 때 그 사람은 진정으로 자신이 그 문화의 일부가 됐음을 알게 된다.

*

버닝맨에서 시행하는 의식이나 많은 직장 문화에서 실행하는 의식만 아니라 새로운 난제에 대한 조치로 등장한 의식은 인간 본성에 관한 중요한 진실을 강조한다. 의례는 우리의 개인적, 사회적 존재의 중심이 되는 원초적인 인간 욕구를 충족한다. 종교학자 캐서린 벨이 의례를 세상에서 문화적으로 전략적인 행동 방식이라고 규정한 이유가 여기에 있다.[10] 그녀는 의례가 단지 습관이나 일과의 문제가 아니라 인간 조건에 내재하는 다양한 문제에 대해 개인이 스스로 관리하거나 문화에 따라 달리 처방되는 해결책을 제공한다고 주장했다. 이러한 특

10 Bell(1992).

성과 추상적인 사회적 관계를 규정하고 사고와 행동을 조직화하는 능력 덕분에 의례는 역사적으로 종교 운동과 연방 국가 같은 이념 체계에 이바지했다.[11] 이들 제도가 의례의 힘을 활용하는 데 너무도 성공적인 나머지 우리는 의례의 힘과 제도를 동일시하게 되었다. 하지만 종교와 국가는 의례라는 힘을 이용하는 데에 대한 독점권을 주장하려 노력했을 뿐이다. 의례는 종교와 국가보다 오래전부터 존재했으며 그 이상으로 확장되었다.

현대에 들어 의례에 대한 종교와 국가 기관의 영향력은 약해지고 있다.[12] 전 세계적으로 산업화한 사회는 종교적 이데올로기가 사회 조직 원리의 하나로서 중심성을 점차 잃어 감에 따라 더욱더 세속화하고 있다. 조직화된 종교의 예배 생활에 참여하는 사람 수도 참석 빈도도 줄고 있다. 더욱이 인간 사회는 대체적으로 더 민주화하고 있다. 지역적 편차에도 불구하고 총체적으로 보자면 21세기 세계에는 인류 역사상 어느 시점보다 민주주의 국가가 많다. 그 결과 전체주의 제도가 패권을 주장하는 데 필요한 법정 의례도 줄고 있다. 이러한 추세에도 불구하고 우리는 그야말로 선천적으로 의례를 갈망한다. 따라서 종교 및 국가 의식의 후퇴로 생긴 공백은 다른 생활 영역이 점점 더 의례화하면서 필연적으로 채워진다. 그러나 이것이

11 Deacon(1997).
12 Inglehart(2020).

는 예상대로 나타나지는 않는다.

새로운 의례는 날마다 탄생하지만 그중 극소수만이 유의미한 시간 동안 존속한다. 우리가 주변에서 보는 의식은 길고 무자비한 문화적 선택 과정을 거쳐 여기까지 온 생존자다. 따라서 의례의 힘에 의지하려는 사회 공학적 시도는 그런 전통과 비교할 때 의미 있는 유사성을 확고히 하지 않는 한 실패할 공산이 크다. 안타깝게도 또 다른 문제는 의례란 적절한 맥락에서 실행될 때만 의미가 있다는 점이다. 현대에 존재하는 많은 상황은 심지어 불과 수십 년 전 우리 조상들이 마주한 상황과도 엄청나게 다르다. 생활 리듬은 더 빠르고, 우리가 동일시하고 상호 작용하는 사회집단은 과거 어느 때보다 더 크고 더 광범위하며 더 불균일하다. 따라서 단순히 옛날 관행을 베낀다고 해서 그 결과가 그대로 따라온다는 보장은 없다. 조상들이 오랫동안 시행한 고된 성인식을 공동체 원로의 지도를 받으며 또래 친구와 함께 통과하는 것과 남학생 사교 클럽 입회식에서 2학년생 선배들에게 굴욕을 당하는 것은 전혀 다른 문제다. 사제에게 죄를 고백하는 것은 정화 작용을 하겠지만 회사의 팀워크 강화 시간에 상사에게 사적인 질문을 받는 것은 곤혹스러울 수 있다. 경기장에서 목청껏 소리를 지르는 것은 같은 팀 팬과 유대를 맺는 데 도움이 되지만 정장 차림의 동기부여 강사에게 그렇게 하라는 요청을 받는 것은 코미디처럼 보일 수 있다.

이는 두려운 가능성을 제기한다. 서구 산업 사회에서 전통적인 의례 관행의 중요성이 감소하고 있다는 전반적인 인식은 우리 존재를 불안정하게 만드는 많은 두려움의 대상으로부터 상당히 동떨어져 지내 온 상대적으로 긴 안정기와 맞물렸다. 하지만 우리가 오늘날 누리는 많은 안락함이 가까운 미래에 위협받지 않으리라고 생각할 이유는 전혀 없다. 오히려 코로나19 범유행은 지금 우리의 생존 양식이 얼마나 취약할 수 있는지를 여실히 보여 주었다. 이는 지속 불가능한 성장, 지구 자원의 과도한 착취, 기후 위기와 정치적 실패에 떠밀려 격변의 시대가 열리는 굉음에 지나지 않을 수도 있다. 이것이 사실이라면 다가올 암울한 미래에 우리는 마음의 평화를 주고 결속을 다지고 의미감과 연속성을 제공하는 의례의 힘에 어느 때보다 크게 의지할지 모른다. 오랜 시행착오를 통해 조성되기보다 종종 급조된 우리 시대의 새로운 의례가 그 임무를 감당할 수 있을까? 그리고 미래 세대는 우리 조상이 수천 년 동안 해 온 만큼 직관적이고 효율적으로 그 힘을 활용할 수 있을까?

나는 회의주의자로서 의례와의 여정을 시작했다. 내게는 의식에 대한 인간의 집착이 이해할 수 없는 문제로 보였다. 이는 혼자만의 생각이 아니었다. 오랫동안 의례가 과학적 정밀 조사의 대상이 된 적이 거의 없었던 이유는 과학자들이 의례의 쓸모를 즉각 부인했거나 그 내적 작용을 미스터리로 여겼기 때문이다. 이제 의례에 관한 학제 간 학문을 통해 쓸모없어 보이는 행동이 의미 있는 동시에 이로울 수도 있다는 사실을 처음으로 이해하게 되었다. 나는 20년 동안 그러한 이점을 연구하면서 놀라운 경험을 했고, 이는 의례를 보는 방식뿐 아니라 동료 인간을 보는 방식까지 바꾸어 놓았다. 의식은 우리가 연대하고 의미를 찾고 누구인지를 알도록 돕는 인간 본성의 원초적인 부분이다. 우리는 의례적인 종이다.

감사의 글

모든 인생사가 그렇듯 이 책 역시 창작 행위를 훨씬 넘어서는 일련의 상황이 만들어 낸 결과물이다. 지금껏 더할 나위 없이 운이 좋았던 덕분에 나의 사고와 연구에 영향을 미치고 내 연구에 영감을 준 뛰어나고 친절하고 너그러운 사람들을 많이 만났다. 이들을 여기에 모두 나열하려다가는 중요한 누군가를 빠뜨릴지도 모르겠다. 게다가 과학적 지식은 집단적인 노력의 산물이다. 정말 한 마을이 필요할 정도로 말이다. 그래서 나는 이러한 영향을 개인이 아니라 특정한 맥락과 집단의 관점에서 생각하곤 한다.

말은 이렇게 했지만 진정으로 촉매 같은 영향을 미친 세 사람이 있었다. 테살로니키 아리스토텔레스 대학교의 파나요티스 파키스 교수는 종교의 과학적 연구에 대한 관심을 촉발한 장본인이었다. 그리스 시절 나는 늦깎이 학생이었다. 대학에 입학하고 첫 몇 년 동안 도무지 의욕이 나지 않아 진지하게 자퇴를 고민했다. 파나요티스는 가르침과 현명한 조언, 우정을 통해 나의 열정을 찾게 해 주었고 멋진 여정으로 인도할 길목까지 이끌었다.

그 여정 동안 나는 적절한 시기에 적절한 집단의 구성원이 되는 행운을 얻었다. 처음에는 학생으로, 나중에는 교직원으로 있었던 덴마크의 오르후스 대학교 부설 인터랙팅 마인드 센터와 종교, 인지 및 문화 연구 부서, 박사 학위를 받은 북아일랜드의 퀸스 대학교 벨파스트 캠퍼스 인류학과 부설 인지 및 문화 연구소, 그리고 박사후연구원으로 근무한 뉴저지의 프린스턴 대학교 부설 시거 그리스 연구소가 그랬다. 이러한 환경은 모든 젊은 연구자가 꿈꾸는 지도와 지원, 자유를 제공하여 나의 학문적 발전에 중추적인 역할을 했다.

체코의 마사리크 대학교 부설 종교 실험 연구를 위한 연구소(레비나) 소장으로 있는 동안에는 경이로운 사람들과 교류하는 즐거움을 누렸다. 그 가운데 많은 사람이 내가 가장 신뢰하는 협력자가 되었고, 그보다 더 많은 사람과 좋은 친구가 되었다.

더 최근에 몸담은 코네티컷 대학교의 인류학과, 심리과학과, 인지과학 프로그램 및 인문학 연구소의 동료와 학생들은 지적 자극과 영감의 지속적인 원천이 되어 주었다. 인문학 연구소는 이 책을 만드는 데 특히 중요한 역할을 했다. 이곳의 연구 지원비가 없었다면 나는 이 프로젝트에 착수할 시간을 영원히 갖지 못했을 것이다.

이 책에 소개된 연구는 코네티컷에 있는 내 실험인류학

연구실에서 일한 학생들과 나의 현지 조사를 도와준 수많은 모리셔스인 연구 조교의 도움이 없었다면 불가능했을 것이다. 그 많은 사람 모두가 나의 동료이자 공저자였다. 그리고 물론 현지 조사 과정에서 관계를 맺은 다양한 지역 공동체의 아량이 없었다면 불가능했을 것이다. 나는 그 공동체에서 보낸 시간이 내가 지금껏 받은 최고의 교육이라고 생각한다.

또한 저작권사인 사이언스 팩토리, 내 책의 영국판 출판사 프로파일 북스와 미국판 출판사 리틀, 브라운 스파크에도 고마움을 표한다. 이곳의 직원, 대표, 협업자들이 학술적인 아이디어를 더 많은 청중에게 전달하는 신나지만 힘든 과정을 내내 안내했고, 책에 대한 그들의 조언과 신뢰, 통찰 덕분에 이 프로젝트가 결실을 볼 수 있었다.

마지막으로 내게 가장 큰 영향을 끼친 사람은 부모님이었다. 두 분은 고등교육을 받을 수단이나 기회가 전혀 없었지만 언제나 자식에게 배움의 중요성을 강조하셨다. 나 자신의 궤적은 오로지 두 분의 많은 희생 덕분에 가능했다. 부모님께 이 책을 바친다.

참고 문헌

Amin, M., Willetts, D., & Eames, J., *The Last of the Maasai*(London: Bodley Head, 1987).

Anastasi, M. W. & Newberg, A. B., "A preliminary study of the acute effects of religious ritual on anxiety," *Journal of Alternative and Complementary Medicine* 14(2)(2008), pp.163~165.

Archer, John, *The Nature of Grief: The Evolution and Psychology of Reactions to Loss*(London: Routledge, 1999).

Aronson, E. & Mills, J., "The effect of severity of initiation on liking for a group," *The Journal of Abnormal and Social Psychology* 59(2)(1959), pp.177~181.

Atkinson, Q. & Whitehouse, H., "The cultural morphospace of ritual form," *Evolution and Human Behaviour* 32(1)(2011), pp.50~62.

Baranowski-Pinto, G., Profeta, V. L. S., Newson, M., Whitehouse, H., & Xygalatas, D., "Being in a crowd bonds people via physiological synchrony," *Scientific Reports* 12(2022), p.613.

Bekoff, M., "Animal emotions, wild justice and why they matter: Grieving magpies, a pissy baboon, and empathic elephants," *Emotion, Space and Society* 2(2)(2009), pp.82~85.

Bell, Catherine, *Ritual Theory, Ritual Practice*(Oxford: Oxford University Press, 1992).

Bellah, Robert N., *Religion in Human Evolution: From the Paleolithic to the Axial Age*(Cambridge, MA: Harvard University Press, 2011).

Bem, D. J., "Self-Perception: An alternative interpretation of cognitive dissonance phenomena," *Psychological Review* 74(1967), pp.183~200.

Bentzen, J. S., "In Crisis, We Pray: Religiosity and the COVID-19 Pandemic"(London: Centre for Economic Policy Research, 2020).

Bernieri, F., Reznick, J., & Rosenthal, R., "Synchrony, pseudosynchrony, and dissynchrony: Measuring the entrainment process in mother-infant interactions," *Journal of Personality and Social Psychology* 54(2)(1988), pp.243~253.

Biesele, M., "Religion and folklore," P. V. Tobias (ed.), *The Bushmen*(Cape Town: Human & Rousseau, 1978).

Bleak, J. L. & Frederick, C. M., "Superstitious behavior in sport: levels of effectiveness and determinants of use in three collegiate sports," *Journal of Sport Behavior* 21(1)(1998), pp.1~15.

Bloom, Paul, *The Sweet Spot*(New York: HarperCollins, 2021); 폴 블룸, 김태훈 옮김, 『최선의 고통』(알에이치코리아, 2022).

Bocquet-Appel, J.-P., "The agricultural demographic transition during and after the agriculture inventions," *Current Anthropology* 52(S4)(2011), S497~S510.

Boothby, E. J., Clark, M. S., & Bargh, J. A., "Shared experiences are amplified," *Psychological Science* 25(12)(2014), pp.2209~2216.

Boyer, Pascal, "A reductionistic model of distinct modes of religious transmission," H. Whitehouse & R. N. McCauley (eds.), *Mind and Religion: Psychological and Cognitive Foundations of*

Religiosity(Walnut Creek, CA: AltaMira Press, 2005).

Boyer, P. & Liénard, P., "Why ritualized behavior? Precaution systems and action parsing in developmental, pathological and cultural rituals," *Behavioral and Brain Sciences* 29(2006), pp.595~650.

Brenner, S. L., Jones, J. P., Rutanen-Whaley, R. H., Parker, W., Flinn, M. V., & Muehlenbein, M. P., "Evolutionary mismatch and chronic psychological stress," *Journal of Evolutionary Medicine* 3(2015), pp.1~11.

Brevers, D., Dan, B., Noel, X., & Nils, F., "Sport superstition: Mediation of psychological tension on nonprofessional sportsmen's superstitious rituals," *Journal of Sport Behavior* 34(1) (2011), pp.3~24.

Brooks, A. W., Schroeder, J., Risen, J. L., Gino, F., Galinsky, A. D., Norton, M. I., & Schweitzer, M. E., "Don't stop believing: Rituals improve performance by decreasing anxiety," *Organizational Behavior and Human Decision Processes* 137(2016), pp.71~85.

Buhrmester, M. D., Zeitlyn, D., & Whitehouse, H., "Ritual, fusion, and conflict: The roots of agro-pastoral violence in rural Cameroon," *Group Processes & Intergroup Relations* 25(1)(2020).

Bulbulia, J., Xygalatas, D., Schjødt, U., Fondevila, S., Sibley, C., & Konvalinka, I., "Images from a jointly-arousing collective ritual reveal emotional polarization," *Frontiers in Psychology* 4, 960(2013).

Bulbulia, J., Shaver, J. H., Greaves, L., Sosis, R., & Sibley, C., "Religion and parental cooperation: An empirical test of Slone's sexual signaling model," J. Slone & J. Van Slyke (eds.), *The Attraction of Religion*(London: Bloomsbury, 2015).

Burns, James (dir.), "Inside a Gang Initiation with the Silent Murder Crips"(Vice video, 2017).

Cannon, Walter B., "Voodoo death," *American Anthropologist* 44(2) (1942), pp.169~181.

Chang, Z. & Li, J., "The impact of in-house unnatural death on property values: Evidence from Hong Kong," *Regional Science and Urban Economics* 73(2018), pp.112~126.

Chartrand, T. & Bargh, J., "The chameleon effect: The perception-behaviour link and social interaction," *Journal of Personality and Social Psychology* 6(76)(1999), pp.893~910.

Cimino, A., "The evolution of hazing: Motivational mechanisms and the abuse of newcomers," *Journal of Cognition and Culture* 11(2011), pp.241~267.

Clegg, J. M. & Legare, C. H., "Instrumental and conventional interpretations of behavior are associated with distinct outcomes in early childhood," *Child Development* 87(2016), pp.527~542.

Csikszentmihalyi, Mihaly, *Flow: The Psychology of Optimal Experience*(New York: Harper & Row, 1990).

Dal Pesco, F. & Fischer, J., "Greetings in male Guinea baboons and the function of rituals in complex social groups," *Journal of Human Evolution* 125(2018), pp.87~89.

Damisch, L., Stoberock, B., & Mussweiler, T., "Keep your fingers crossed! How superstition improves performance," *Psychological Science* 21(7)(2010), pp.1014~1020.

Darwin, C., *The Descent of Man and Selection in Relation to Sex*(London: John Murray, 1871); 찰스 다윈, 다윈 포럼 기획, 『인간의 유래와 성선택』(사이언스북스, 근간).

Darwin Correspondence Project, "Letter no.2743," http://www.darwinproject.ac.uk/DCP-LETT-2743, 2021. 10. 23. 최종 접속.

de Castro, J. M. & de Castro, E. S., "Spontaneous meal patterns of humans: Influence of the presence of other people," *The American Journal of Clinical Nutrition* 50(1989), pp.237~247.

de Waal, Frans, *Good Natured: The Origins of Right and Wrong in Humans and Other Animals*(Cambridge, MA: Harvard University Press, 1996).

Deacon, Terrence, *The Symbolic Species: The Co-Evolution of Language and the Brain*(New York: Norton & Co., 1997).

Delfabbro, P. H. & Winefeld, A. H., "Predictors of irrational thinking in regular slot machine gamblers," *Journal of Psychology: Interdisciplinary and Applied* 134(2)(2000), pp.117~128.

Dissanayake, Ellen, *What Is Art For?*(Seattle, WA: University of Washington Press, 1988).

Dömötör, Z., Ruíz-Barquín, R., & Szabo, A., "Superstitious behavior in sport: A literature review," *Scandinavian Journal of Psychology* 57(4)(2016), pp.368~382.

Dulaney, S. & Fiske, A., "Cultural rituals and obsessive-compulsive disorder: Is there a common psychological mechanism?," *Ethos* 3(1994), pp.243~283.

Dunbar, R., "Bridging the bonding gap: The transition from primates to humans," *Philosophical Transactions of The Royal Society B:*

Biological Sciences 367(1597)(2012), pp.1837~1846.

Durkheim, Émile, *The Elementary Forms of the Religious Life*(London: Allen & Unwin, 1915); 에밀 뒤르켐, 민혜숙·노치준 옮김, 『종교생활의 원초적 형태』(한길사, 2020).

Evans, D. W., Milanak, M. E., Medeiros, B., & Ross, J. L., "Magical beliefs and rituals in young children," *Child Psychiatry and Human Development* 33(1)(2002), pp.43~58.

Evans-Pritchard, E. E., *Witchcraft, Oracles, and Magic among the Azande*(Oxford: Clarendon Press, 1937).

Evans-Pritchard, Edward, *Social Anthropology*(London: Cohen & West, 1951).

Fairlie, R. W., Hoffmann, F., & Oreopoulos, P., "A community college instructor like me: Race and ethnicity interactions in the classroom," *American Economic Review* 104(8)(2014), pp.2567~2591.

Festinger, Leon, Riecken, Henry W., & Schachter, Stanley, *When Prophecy Fails: A Social and Psychological Study of a Modern Group that Predicted the Destruction of the World*(Minneapolis, MN: University of Minnesota Press, 1956); 레온 페스팅거·헨리 W. 리켄·스탠리 샥터, 김승진 옮김, 『예언이 끝났을 때』(이후, 2020).

Fink B., Weege B., Neave N., Ried B., & do Lago, O. C., "Female perceptions of male body movement," V. Weekes-Shackelford & T. K. Shackelford (eds.), *Evolutionary Perspectives on Human Sexual Psychology and Behavior*(Berlin: Springer, 2014).

Fischer, R., et al., "The fire-walker's high: affect and physiological responses in an extreme collective ritual," *PLOS ONE* 9(2014), e88355.

Fisher, R. A, *The Genetical Theory of Natural Selection*(Oxford: Clarendon Press, 1930).

Fiske, A. & Haslam, N., "Is obsessive-compulsive disorder a pathology of the human disposition to perform socially meaningful rituals? Evidence of similar content," *The Journal of Nervous and Mental Disease* 185(1997), pp.211~222.

Flanagan, E, "Superstitious Ritual in Sport and the Competitive Anxiety Response in Elite and Non-Elite Athletes"(Unpublished dissertation, DBS eSource, Dublin Business School, 2013).

Foster, D. J., Weigand, D. A., & Baines, D., "The effect of removing superstitious behavior and introducing a preperformance routine on basketball free-throw performance," *Journal of Applied Sport Psychology* 18(2006), pp.167~171.

Frazer, J. G., *The Golden Bough: A Study in Comparative Religion* (London: Macmillan, 1890).

Gayton, W. F., Cielinski, K. L., Francis-Keniston, W. J., & Hearns, J. F., "Effects of preshot routine on free-throw shooting," *Perceptual and Motor Skills* 68(1989), pp.317~318.

Gerard, H. B. & Mathewson, G. C., "The effect of severity of initiation on liking for a group: A replication," *Journal of Experimental Social Psychology* 2(3)(1966), pp.278~287.

Gmelch, G., "Baseball magic," *Human Nature* 1(8)(1978), pp.32~39.

Gómez, Á., Bélanger, J. J., Chinchilla, J., Vázquez, A., Schumpe, B. M., Nisa, C. F., & Chiclana, S., "Admiration for Islamist groups encourages self-sacrifice through identity fusion," *Humanities and Social Sciences Communications* 8(1)(2021), p.54.

Goodall, J. "Primate spirituality," B. Taylor (ed.), *The Encyclopedia of Religion and Nature*(New York: Thoemmes Continuum, 2005).

Gray, Jesse G., *The Warriors*(Lincoln, NE: University of Nebraska Press, 1959).

Handwerk, Brian, "Snake handlers hang on in Appalachian churches," *National Geographic News*, 2003. 4. 7.

Harrod, J. B., "The case for chimpanzee religion," *Journal for the Study of Religion, Nature and Culture* 8(1)(2014), pp.16~25.

Harvey, Larry, "Burning Man 2017: Radical Ritual," https://journal.burningman.org/2016/12/black-rock-city/participatein-brc/burning-man-2017-radical-ritual, 2016. 12. 6., 2020. 9. 20. 최종 접속.

Henrich, Joseph, "The evolution of costly displays, cooperation and religion," *Evolution and Human Behavior* 30(4)(2009), pp.244~260.

Henrich, Joseph, *The Secret of Our Success: How Culture Is Driving Human Evolution, Domesticating Our Species, and Making Us Smarter*(Princeton, NJ: Princeton University Press, 2015).

Henrich, N. S. & Henrich, J., *Why Humans Cooperate: A Cultural and Evolutionary Explanation*(Oxford: Oxford University Press, 2007).

Henslin, J., "Craps and magic," *American Journal of Sociology* 73(1967), pp.316~330.

Herrmann, P. A., Legare, C. H., Harris, P. L., & Whitehouse, H., "Stick to the script: The effect of witnessing multiple actors on children's imitation," *Cognition* 129(3)(2013), pp.536~543.

Hockey, G. R. J., "Compensatory control in the regulation of human performance under stress and high workload: A cognitive-energetical framework," *Biological Psychology* 45(1997), pp.73~93.

Homans, G. C., "Anxiety and ritual: The theories of Malinowski and Radcliffe-Brown," *American Anthropologist* 43(2)(1941), pp.164~172.

Horner, V., & Whiten, A., "Causal knowledge and imitation/emulation switching in chimpanzees (Pan troglodytes) and children(Homo sapiens)," *Animal Cognition* 8(3)(2004), pp.164~181.

Hove, M. & Risen, J., "It's all in the timing: Interpersonal synchrony increases affiliation," *Social Cognition* 27(6)(2009).

Iannaccone, L., "Why strict churches are strong," *American Journal of Sociology* 99(5)(1994), pp.1180~1211.

Inglehart, R. F., "Giving up on God: The global decline of religion," *Foreign Affairs* 99(2020), p.110.

Inzlicht, M., Shenhav, A., & Olivola, C. Y., "The effort paradox: Effort is both costly and valued," *Trends in Cognitive Sciences* 22(4)(2018), pp.337~349.

Jaubert, J., Verheyden, S., Genty, D., Soulier, M., Cheng, H., Blamart, D., Burlet, C., Camus, H., Delaby, S., Deldicque, D., Edwards, R. L., Ferrier, C., Lacrampe-Cuyaubère, F., Lévêque, F., Maksud, F., Mora, P., Muth, X., Régnier, É., Rouzaud, J.-N., & Santos, F., "Early Neanderthal constructions deep in Bruniquel Cave in southwestern France," *Nature* 534(7605)(2016), pp.111~114.

Jonaitis, A., *Chiefly Feasts: The Enduring Kwakiutl Potlatch*(Seattle, WA: University of Washington Press, 1991).

Joukhador, J., Blaszczynski, A., & Maccallum, F., "Superstitious beliefs in gambling among problem and nonproblem gamblers," Preliminary data, *Journal of Gambling Studies* 20(2)(2004), pp.171~180.

Kapitány, R. & Nielsen, M., "Adopting the ritual stance: The role of opacity and context in ritual and everyday actions," *Cognition* 145(2015), pp.13~29.

Keinan, G., "Effects of stress and tolerance of ambiguity on magical thinking," *Journal of Personality and Social Psychology* 67(1994), pp.48~55.

Keinan, G., "The effects of stress and desire for control on superstitious behavior," *Personality and Social Psychology Bulletin* 28(1)(2002), pp.102~108.

Kelley, Dean M., *Why Conservative Churches Are Growing: A Study in Sociology of Religion*(New York: Harper & Row, 1972).

Kim, T., et al., "Work group rituals enhance the meaning of work," *Organizational Behaviour and Human Decision Processes* 165 (2021), pp.197~212.

Kjaer T. W., Bertelsen, C., Piccini, P., Brooks, D., Alving, J., & Lou, H. C., "Increased dopamine tone during meditationinduced change of consciousness," *Cognitive Brain Research* 13(2)(2002), pp.255~259.

Klavir, R. & Leiser, D., "When astronomy, biology, and culture converge: Children's conceptions about birthdays," *The Journal of Genetic Psychology* 163(2)(2002), pp.239~253.

Klement, Kathryn R., Lee, Ellen M. Ambler, James K., Hanson,

Sarah A., Comber, Evelyn, Wietting, David, Wagner, Michael F., et al., "Extreme rituals in a BDSM context: The physiological and psychological effects of the 'dance of souls'," *Culture, Health & Sexuality* 19(4)(2017), pp.453~469.

Knight, C., "Ritual and the origins of language," C. Knight & C. Power (eds.), *Ritual and the Origins of Symbolism*(London: University of East London Sociology Department, 1994).

Konvalinka, I., Xygalatas, D., Bulbulia, J., Schjødt, U., Jegindø, E., Wallot, S., Van Orden, G., & Roepstorff, A., "Synchronized arousal between performers and related spectators in a fire-walking ritual," *Proceedings of the National Academy of Sciences* 108(20)(2011), pp.8514~8519.

Kühl, H. S., Kalan, A. K., Arandjelovic, M., Aubert, F., D'Auvergne, L., Goedmakers, A., Jones, S., Kehoe, L., Regnaut, S., Tickle, A., Ton, E., Schijndel, J. van, Abwe, E. E., Angedakin, S., Agbor, A., Ayimisin, E. A., Bailey, E., Bessone, M., Bonnet, M., & Boesch, C., "Chimpanzee accumulative stone throwing," *Scientific Reports* 6(1), 22219(2016).

Lang, M., Kratky, J., Shaver, J. H., Jerotijević, D., & Xygalatas, D., "Effects of anxiety on spontaneous ritualized behavior," *Current Biology* 25(14)(2015), pp.1892~1897.

Lang, M., Bahna, V., Shaver, J., Reddish, P., & Xygalatas, D., "Sync to link: Endorphin-Mediated synchrony effects on cooperation," *Biological Psychology* 127(2017), pp.191~197.

Lang, M., Krátky, J., Shaver, J., Jerotijević, D., & Xygalatas, D., "Is ritual behavior a response to anxiety?," J. Slone & W. McCorkle (eds.), *The Cognitive Science of Religion: A Methodological Introduction to Key Empirical Studies*(London: Bloomsbury, 2019).

Lang, M., Krátký, J., & Xygalatas, D., "The role of ritual behaviour in anxiety reduction: An investigation of Marathi religious practices in Mauritius," *Philosophical Transactions of the Royal Society B: Biological Sciences* 375(2020), 20190431.

Larsen, C. S., "The agricultural revolution as environmental catastrophe: Implications for health and lifestyle in the Holocene," *Quaternary International* 150(1)(2006), pp.12~20.

Legare, C. H. & Souza, A. L., "Evaluating ritual efficacy: Evidence from the supernatural," *Cognition* 124(1)(2012), pp.1~15.

______, ching for control: Priming randomness increases the evaluation of ritual efficacy," *Cognitive Science* 38(1)(2013), pp.152~161.

Legare, C. H. & Nielsen, M., "Imitation and innovation: The dual engines of cultural learning," *Trends in Cognitive Sciences* 19(11)(2015), pp.688~699.

Legare, C. H., Wen, N. J., Herrmann, P. A., & Whitehouse, H., "Imitative flexibility and the development of cultural learning," *Cognition* 142(2015), pp.351~361.

Lester, D., "Voodoo death," *OMEGA Journal of Death and Dying* 59(2009), pp. 1~18.

Liberman, Z., Woodward, A. L., Sullivan, K. R., & Kinzler, K. D., "Early emerging system for reasoning about the social nature of food," *Proceedings of the National Academy of Sciences* 113(34)(2016), pp.9480~9485.

Liberman, Z., Kinzler, K. D., & Woodward, A. L., "The early social significance of shared ritual actions," *Cognition* 171(2018), pp.42~51.

Liu, L., Gou, Z., & Zuo, J., "Social support mediates loneliness and depression in elderly people," *Journal of Health Psychology* 21(5) (2014), pp.750~758.

Lyons, D. E., Damrosch, D. H., Lin, J. K., Macris, D. M., & Keil, F. C., "The scope and limits of overimitation in the transmission of artefact culture," *Philosophical Transactions of the Royal Society B: Biological Sciences* 366(1567), pp.1158~1167.

Madden, J. R., "Do bowerbirds exhibit cultures?," *Animal Cognition* 11(1)(2008), pp.1~12.

Malinowski, Bronislaw, *Argonauts of the Western Pacific*(London: Routledge, 1922).

Malinowski, Bronislaw, *Magic, Science and Religion and Other Essays*(Boston, MA: Beacon Press, 1948).

Maltz, Maxwell, *Psycho-Cybernetics*(New York: Simon & Schuster, 1960).

Mauss, M., *The Gift: Forms and Functions of Exchange in Archaic Societies*(London: Routledge, 1990[1922]).

McCarty, K., Darwin, H., Cornelissen, P., Saxton, T., Tovée, M., Caplan, N., & Neave, N., "Optimal asymmetry and other motion parameters that characterise high-quality female dance," *Scientific Reports* 7(1), 42435(2017).

McCauley, Robert N. & Lawson, Thomas, *Bringing Ritual to Mind: Psychological Foundations of Cultural Forms*(Cambridge: Cambridge University Press, 2002).

McClenon, J., "Shamanic healing, human evolution, and the origin of religion," *Journal for the Scientific Study of Religion* 36(3)(1997), p.345.

McCormick, A., "Infant mortality and child-naming: A genealogical exploration of American trends," *Journal of Public and Professional Sociology* 3(1)(2010).

McCullough, M. E., Hoyt, W. T., Larson, D. B., Koenig, H. G., & Thoresen, C., "Religious involvement and mortality: A meta-analytic review," *Health Psychology* 19(3)(2000), pp.211~222.

McCullough, M. E. & Willoughby, B. L. B., "Religion, selfregulation, and self-control: Associations, explanations, and implications," *Psychological Bulletin* 135(2009), pp.69~93.

McElreath, R., Boyd, R., & Richerson, P. J., "Shared norms and the evolution of ethnic markers," *Current Anthropology* 44(2003), pp.122~130.

McGuigan, N., Makinson, J., & Whiten, A., "From overimitation to super-copying: Adults imitate causally irrelevant aspects of tool use with higher fidelity than young children," *British Journal of Psychology* 102(1)(2011), pp.1~18.

Meggitt, M. J., "Gadjari among the Walbiri aborigines of central Australia," *Oceania* 36(1966), pp.283~315.

Memish, Z. A., Stephens, G. M., Steffen, R., & Ahmed, Q. A., "Emergence of medicine for mass gatherings: Lessons from the hajj," *Lancet Infectious Diseases* 12(1)(2012), pp.56~65.

Meredith, M., *Elephant Destiny: Biography of an Endangered Species in Africa*(Canada: PublicAffairs, 2004).

Miller, L., Rozin, P., & Fiske, A. P., "Food sharing and feeding another person suggest intimacy: Two studies of American college students," *European Journal of Social Psychology* 28(1998), pp.423~436.

Montepare, J. M. & Zebrowitz, L. A., "A cross-cultural comparison of impressions created by age-related variations in gait," *Journal of Nonverbal Behavior* 17(1993), pp.55~68.

Nadal, R. & Carlin, J., *Rafa: My Story*(London: Sphere, 2011).

Neave, N., McCarty, K., Freynik, J., Caplan, N., Hönekopp, J., & Fink, B., "Male dance moves that catch a woman's eye," *Biology Letters* 7(2)(2010), pp.221~224.

Nemeroff, C. & Rozin, P., "The contagion concept in adult thinking in the United States: Transmission of germs and interpersonal influence," *Ethos* 22(1994), pp.158~186.

Newberg, A. & Waldman, M. R., *How God Changes Your Brain*(New York: Ballantine Books, 2010).

Newson, M., Bortolini, T., Buhrmester, M., da Silva, S. R., da Aquino, J. N. Q., & Whitehouse, H., "Brazil's football warriors: Social bonding and inter-group violence," *Evolution and Human Behavior* 39(6)(2018), pp.675~683.

Nielbo, K. L. & Sørensen, J., "Spontaneous processing of functional and non-functional action sequences," *Religion, Brain & Behavior* 1(1)(2011), pp.18~30.

Nielbo, K. L., Schjoedt, U., & Sørensen, J., "Hierarchical organization of segmentation in non-functional action sequences," *Journal for the Cognitive Science of Religion* 1(2012), pp.71~97.

Nielbo, K. L., Michal, F., Mort, J. Zamir, R., & Eilam, D., "Structural differences among individuals, genders and generations as the key for ritual transmission, stereotypy and flexibility," *Behaviour* 154(2017), pp.93~114.

Nielsen, M., "The social glue of cumulative culture and ritual behavior," *Child Development Perspectives* 12(2018), pp.264~268.

Nielsen, M., Kapitány, R., & Elkins, R., "The perpetuation of ritualistic actions as revealed by young children's transmission of normative behavior," *Evolution and Human Behavior* 36(3)(2015), pp.191~198.

Nielsen, M., Tomaselli, K., & Kapitány, R., "The influence of goal demotion on children's reproduction of ritual behavior," *Evolution and Human Behavior* 39(2018), pp.343~348.

Norenzayan, Ara, *Big Gods: How Religion Transformed Cooperation and Conflict*(Princeton, NJ: Princeton University Press, 2013).

Norton, M. I. & Gino, F., "Rituals alleviate grieving for loved ones, lovers, and lotteries," *Journal of Experimental Psychology: General* 143(1)(2014), pp.266~272.

OECD, Hours Worked (Indicator), doi: 10.1787/47be1c78-en, 2020, 2020. 9. 13. 최종 접속.

Over, H. & Carpenter, M., "Priming third-party ostracism increases affiliative imitation in children," *Developmental Science* 12(2009), F1~F8.

______, "Putting the social into social learning: Explaining both selectivity and fidelity in children's copying behavior," *Journal of Comparative Psychology* 126(2)(2012), p.182.

Ozbay, F., Johnson, D., Dimoulas, E., Morgan, C., Charney, D., & Southwick, S., "Social support and resilience to stress: From neurobiology to clinical practice," *Psychiatry* 4(5), pp.35~40.

Ozenc, F. & Hagan, Margaret, "Ritual design: Crafting team rituals for meaningful organizational change," *Advances Intelligent Systems and Computing: Proceedings of the Applied Human Factors and Ergonomics International Conference*(New York: Springer Press, 2017).

Park, J. H., Schaller, M., & Vugt, M. V., "Psychology of human kin recognition: Heuristic cues, erroneous inferences, and their implications," *Review of General Psychology* 12(2007), pp.215~235.

Pawlina, W., Hammer, R. R., Strauss, J. D., Heath, S. G., Zhao, K. D., Sahota, S., Regnier, T. D., et al., "The hand that gives the rose," *Mayo Clinic Proceedings* 86(2)(2011), pp.139~144.

Perrot, C., et al., "Sexual display complexity varies nonlinearly with age and predicts breeding status in greater flamingos," *Nature Scientific Reports* 6, 36242(2016).

Poole, J., *Coming of Age with Elephants*(Chicago, IL: Trafalgar Square, 1996).

Power, E. A., "Discerning devotion: Testing the signaling theory of religion," *Evolution and Human Behavior* 38(1)(2017a), pp.82~91.

______, "Social support networks and religiosity in rural South India," *Nature Human Behaviour* 1(3)(2017b), pp.1~6.

______, "Collective ritual and social support networks in rural South India," *Proceedings of the Royal Society B: Biological Sciences*

285(2018), 20180023.

Rakoczy, H., Warneken, F., & Tomasello, M., "The sources of normativity: Young children's awareness of the normative structure of games," *Developmental Psychology* 44(3)(2008), pp.875~881.

Rappaport, Roy, *Ritual and Religion in the Making of Humanity* (Cambridge: Cambridge University Press, 1999).

Reddish, P., Fischer, R., & Bulbulia, J., "Let's dance together: Synchrony, shared intentionality and cooperation," *PLOS ONE* 8(8)(2013), e71182.

Reggente, M. A. L., Alves, F., Nicolau, C., Freitas, L., Cagnazzi, D., Baird, R. W., & Galli, P., "Nurturant behavior toward dead conspecifics in free-ranging mammals: New records for odontocetes and a general review," *Journal of Mammalogy* 97(5)(2016), pp.1428~1434.

Rielly, R. J., "Confronting the tiger: Small unit cohesion in battle," *Military Review* 80(2000), pp.61~65.

Rossano, M. J., "The religious mind and the evolution of religion," *Review of General Psychology* 10(4)(2006), pp.346~364.

Rossano, Matt J., *Supernatural Selection: How Religion Evolved*(Oxford: Oxford University Press, 2010).

Ruffle, B. & Sosis, R., "Does it pay to pray? Costly ritual and cooperation," *The B. E. Journal of Economic Analysis & Policy* 7(1), 18(2007).

Sahlins, M. D., "Poor man, rich man, big-man, chief: Political types in Melanesia and Polynesia," *Comparative Studies in Society and*

History 5(3)(1963), pp.285~303.

Sahlins, M., "Notes on the original affluent society," R. B. Lee & I. DeVore (eds.), *Man the Hunter*(New York: Routledge, 1968).

Sahlins, Marshall, *Stone Age Economics*(Chicago, IL: Aldine, 1972).

Schachner, A. & Carey, S., "Reasoning about 'irrational' actions: When intentional movements cannot be explained, the movements themselves are seen as the goal," *Cognition* 129(2)(2013), pp.309~327.

Schippers, M. C. & Van Lange, P. A. M., "The psychological benefits of superstitious rituals in top sport: A study among top sportspersons," *Journal of Applied Social Psychology* 36(10)(2006), pp.2532~2553.

Schmidt, Justin O., *The Sting of the Wild*(Baltimore, MD: Johns Hopkins University Press, 2016).

Scott, James., *Against the Grain: A Deep History of the Earliest States* (New Haven, CT, and London: Yale University Press, 2017).

Shaver, J. H., Lang, M., Krátký, J., Klocová, E. K., Kundt, R., & Xygalatas, D., "The boundaries of trust: Cross-religious and cross-ethnic field experiments in Mauritius," *Evolutionary Psychology* 16(4)(2018), pp.1~15.

Shev, A. B., DeVaul, D. L., Beaulieu-Prévost, D., Heller, S. M., & the 2019 Census Lab, *Black Rock City Census: 2013-2019 Population Analysis*(Black Rock, NE: Black Rock City Census, 2020).

Singh, P., Tewari, S., Kesberg, R., Karl, J., Bulbulia, J., & Fischer, R., "Time investments in rituals are associated with social bonding, affect and subjective health: A longitudinal study of Diwali in two Indian communities," *Philosophical Transactions of the Royal Society B: Biological Sciences* 375(1805)(2020), 20190430.

Skinner, B. F., "'Superstition' in the pigeon," *Journal of Experimental Psychology* 121(3)(1948), pp.273~274.

Slone, J., "The attraction of religion: A sexual selectionist account," J. Bulbulia, R. Sosis, E. Harris, R. Genet, C. Genet, & K. Wyman (eds.), *The Evolution of Religion*(Santa Margarita, CA: Collins Foundation Press, 2008).

Snodgrass, J., Most, D., & Upadhyay, C., "Religious ritual is good medicine for indigenous Indian conservation refugees: Implications for global mental health," *Current Anthropology* 58(2)(2017), pp.257~284.

Soler, M., "Costly signaling, ritual and cooperation: Evidence from Candomblé, an Afro-Brazilian religion," *Evolution and Human Behavior* 33(4)(2012), pp.346~356.

Sosis, R., "Psalms for safety," *Current Anthropology* 48(6)(2007), pp.903~911.

Sosis, R. & Bressler, E., "Cooperation and commune longevity: A test of the costly signaling theory of religion," *Cross-Cultural Research* 37(2)(2003), pp.211~239.

Sosis, R., Kress, H., & Boster, J., "Scars for war: Evaluating alternative signaling explanations for cross-cultural variance in ritual costs," *Evolution and Human Behavior* 28(2007), pp.234~247.

Sosis, R. & Handwerker, P., "Psalms and coping with uncertainty," *American Anthropologist* 113(1)(2011), pp.40~55.

Stein, D., Schroeder, J., Hobson, N., Gino, F., & Norton, M. I.,

"When alterations are violations: Moral outrage and punishment in response to (even minor) alterations to rituals," *Journal of Personality and Social Psychology* 123(1)(2022), pp.123~153.

Štrkalj, Goran & Pather, Nalini (eds.), *Commemorations and Memorials: Exploring the Human Face of Anatomy*(Singapore: World Scientific Publishing Co., 2017).

Swann, W. B., Gómez, A., Seyle, D. C., Morales, J. F., & Huici, C., "Identity fusion: The interplay of personal and social identities in extreme group behavior," *Journal of Personality and Social Psychology* 96(5)(2009), pp.995~1011.

Swann, W. B., Gómez, A., Huici, C., Morales, J. F., & Hixon, J. G., "Identity fusion and self-sacrifice: Arousal as a catalyst of pro-group fighting, dying, and helping behavior," *Journal of Personality and Social Psychology* 99(5)(2010), pp.824~841.

Tajfel, H., "Experiments in intergroup discrimination," *Scientific American* 223(1970), pp.96~102.

Tewari, S., Khan, S., Hopkins, N., Srinivasan, N., & Reicher, S., "Participation in mass gatherings can benefit well-being: Longitudinal and control data from a North Indian Hindupilgrimage event," *PLOS ONE* 7(10)(2012), e47291.

Tian, A. D., Schroeder, J., Häubl, G., Risen, J. L., Norton, M. I., & Gino, F., "Enacting rituals to improve selfcontrol," *Journal of Personality and Social Psychology* 114(2018), pp.851~876.

Todd, M. & Brown, C., "Characteristics associated with superstitious behavior in track and field athletes: Are there NCAA divisional level differences?," *Journal of Sport Behavior* 26(2)(2003), pp.168~187.

Udupa, K., Sathyaprabha, T. N., Thirthalli, J., Kishore, K. R., Lavekar, G. S., Raju, T. R., & Gangadhar, B. N., "Alteration of cardiac autonomic functions in patients with major depression: A study using heart rate variability measures," *Journal of Affective Disorders* 100(2007), pp.137~141.

van Leeuwen, E. J. C., Cronin, K. A., Haun, D. B. M., Mundry, R., & Bodamer, M. D., "Neighbouring chimpanzee communities show different preferences in social grooming behaviour," *Proceedings of the Royal Society B: Biological Sciences* 279(1746)(2012), pp.4362~4367.

Veblen, Thorstein, *The Theory of the Leisure Class: An Economic Study in the Evolution of Institutions*(London: George Allen, 1899).

Wagner, G. A. & Morris, E. K., "'Superstitious' behavior in children," *The Psychological Record* 37(4)(1987), pp.471~488.

Walker, C. J., "Experiencing flow: Is doing it together better than doing it alone?," *The Journal of Positive Psychology* 5(1)(2010), pp.3~11.

Watson, T., "Whales mourn their dead, just like us," *National Geographic*, 2016. 7. 18.

Watson-Jones, R., Whitehouse, H., & Legare, C., "In-Group ostracism increases high-fidelity imitation in early childhood," *Psychological Science* 27(1)(2015), pp.34~42.

Wayne, H., "Bronislaw Malinowski: The influence of various women on his life and works," *American Ethnologist* 12(3)(1985), pp.529~540.

Wen, N., Herrmann, P., & Legare, C., "Ritual increases children's affiliation with in-group members," *Evolution and Human Behaviour* 37(1)(2016), pp.54~60.

Wen, N. J., Willard, A. K., Caughy, M., & Legare, C. H., "Watch me, watch you: Ritual participation increases in-group displays and out-group monitoring in children," *Philosophical Transactions of the Royal Society B: Biological Sciences* 375(1805), 20190437.

Whitehouse, H., "Rites of terror: Emotion, metaphor and memory in Melanesian initiation cults," *The Journal of the Royal Anthropological Institute* 2(1996), pp.703~715.

Whitehouse, H., *Modes of Religiosity*(Walnut Creek, CA: Altamira, 2004).

______, "Dying for the group: Towards a general theory of extreme self-sacrifice," *Behavioral and Brain Sciences* 41(2018), e192.

Whitehouse, H. & Lanman, J. A., "The ties that bind us," *Current Anthropology* 55(6)(2014), pp.674~695.

Whitson, J. A. & Galinsky, A. D., "Lacking control increases illusory pattern perception," *Science* 322(5898)(2008), pp.115~117.

Wilks, M., Kapitány, R., & Nielsen, M., "Preschool children's learning proclivities: When the ritual stance trumps the instrumental stance," *British Journal of Developmental Psychology* 34(3)(2016), pp.402~414.

Wiltermuth, S. & Heath, C., "Synchrony and cooperation," *Psychological Science* 20(1)(2009), pp.1~5.

Wood, C., "Ritual well-being: Toward a social signaling model of religion and mental health," *Religion, Brain & Behavior* 7(3)(2016), pp.262~265.

Woolley, J. D. & Rhoads, A. M., "Now I'm 3: Young children's concepts of age, aging, and birthdays," *Imagination, Cognition and Personality* 38(3)(2017), pp.268~289.

Woolley, K. & Fishbach, A., "A recipe for friendship: Similar food consumption promotes trust and cooperation," *Journal of Consumer Psychology* 27(2017), pp.1~10.

______, "Shared plates, shared minds: Consuming from a shared plate promotes cooperation," *Psychological Science* 30(4)(2018), pp.541~552.

Wright, P. B. & Erdal, K. J., "Sport superstition as a function of skill level and task difficulty," *Journal of Sport Behavior* 31(2)(2008), pp.187~199.

Xygalatas, D., "Firewalking in Northern Greece: A cognitive approach to high-arousal rituals"(Doctoral dissertation, Queen's University Belfast, 2007).

______, *The Burning Saints: Cognition and Culture in the Fire-walking Rituals of the Anastenaria*(London: Routledge, 2012).

______, "The biosocial basis of collective effervescence: An experimental anthropological study of a fire-walking ritual," *Fieldwork in Religion* 9(1)(2014), pp.53~67.

Xygalatas, D., Konvalinka, I., Roepstorff, A., & Bulbulia, J., "Quantifying collective effervescence: Heart-rate dynamics at a fire-walking ritual," *Communicative & Integrative Biology* 4(6)(2011), pp.735~738.

Xygalatas, D., Schjødt, U., Bulbulia, J., Konvalinka, I., Jegindø, E., Reddish, P., Geertz, A. W., & Roepstorff, A., "Autobiographical memory in a fire-walking ritual," *Journal of Cognition and Culture* 13(1~2)(2013a), pp.1~16.

Xygalatas, D., Mitkidis, P, Fischer, R., Reddish, P., Skewes, J., Geertz, A. W., Roepstorff, A., and Bulbulia, J., "Extreme rituals promote prosociality," *Psychological Science* 24(8)(2013b), pp.1602~1605.

Xygalatas, D. & Lang, M., "Prosociality and religion," N. Kasumi Clements (ed.), *Mental Religion*(New York: Macmillan, 2016), pp.119~133.

Xygalatas, D., Kotherová, S., Maňo, P., Kundt, R., Cigán, J., Kundtová Klocová, E., & Lang, M., "Big gods in small places: The random allocation game in Mauritius," *Religion, Brain and Behavior* 8(2)(2017), pp.243~261.

Xygalatas, D., Khan, S., Lang, M., Kundt, R., Kundtová-Klocová, E., Kratky, J., & Shaver, J., "Effects of extreme ritual practices on health and well-being," *Current Anthropology* 60(5)(2019), pp.699~707.

Xygalatas, D., Maňo, P., & Baranowski Pinto, Gabriela, "Ritualization increases the perceived efficacy of instrumental actions," *Cognition* 215, 104823(2021a).

Xygalatas, D., Mano, P., Bahna, V., Kundt, R., Kundtová-Klocová, E., & Shaver, J., "Social inequality and signaling in a costly ritual," *Evolution and Human Behavior* 42(2021b), pp.524~533.

Xygalatas, D. & Mano, P., *Ritual exegesis among Mauritian Hindus* (forthcoming).

Yerkes, R. M. & Dodson, J. D., "The relation of strength of stimulus to rapidity of habit-formation," *Journal of Comparative Neurology and Psychology* 18(1908), pp.459~482.

Young, F., *Initiation Ceremonies: A Cross-Cultural Study of Status Dramatization*(Indianapolis, IN: Bobbs-Merrill, 1965).

Young, Sharon M. & Benyshek, Daniel C., "In search of human placentophagy: A cross-cultural survey of human placenta consumption, disposal practices, and cultural beliefs," *Ecology of Food and Nutrition* 49(6)(2010), pp.467~484.

Zacks, J. M. & Tversky, B., "Event structure in perception and conception," *Psychological Bulletin* 127(1)(2001), pp.3~21.

Zahavi, Amotz, "Mate selection: A selection for a handicap," *Journal of Theoretical Biology* 53(1)(1975), pp.205~214.

Zahran, S., Snodgrass, J., Maranon, D., Upadhyay, C., Granger, D., & Bailey, S., "Stress and telomere shortening among central Indian conservation refugees," *Proceedings of the National Academy of Sciences of the United States of America* 112(9)(2015), E928~936.

Zak, Paul J., *The Moral Molecule: The Source of Love and Prosperity* (Boston, MA: Dutton, 2012).

Zaugg, M. K., "Superstitious Beliefs of Basketball Players," Graduate thesis(University of Montana, 1980).

Zeitlyn, D., "Mambila Traditional Religion: Sua in Somie," Doctoral thesis(University of Cambridge, 1990).

Zohar, A. & Felz, L., "Ritualistic behaviour in young children," *Journal of Abnormal Child Psychology* 29(2)(2001), pp.121~128.

인간은 의례를 갈망한다

1판 1쇄 찍음 2024년 5월 10일
1판 1쇄 펴냄 2024년 5월 17일

지은이 디미트리스 지갈라타스
옮긴이 김미선
발행인 박근섭·박상준
펴낸곳 (주)민음사

출판등록 1966. 5. 19. 제16-490호
주소 서울시 강남구 도산대로 1길 62(신사동)
강남출판문화센터 5층(06027)
대표전화 02-515-2000
팩시밀리 02-515-2007
홈페이지 www.minumsa.com

ISBN 978-89-374-5670-1 03400